高等院校精品教材系列

自动生产线安装与调试

（第2版）

宋云艳　王雪丽　主　编

唐　敏　陈丽敏　宋　楠　副主编

電子工業出版社

Publishing House of Electronics Industry

北京·BEIJING

内 容 简 介

本教材是在长春职业技术学院和中国职业技术教育学会"十二五"规划重点研究课题成果的基础上编写的新形态教材，以自动生产线安装与调试过程中所需的知识和技能为对象，介绍了自动生产线的安装、调试方法与技巧。全书分为基础篇和实践篇两大部分。基础篇以自动生产线核心技术为主，介绍了气动技术、传感器技术、变频控制技术在自动生产线中的应用，步进电动机及控制，伺服电动机及控制，可编程序逻辑控制器技术在自动生产线中的应用，人机界面在自动生产线中的应用等内容。实践篇以 YL-335B 型自动生产线为载体，按照自动生产线的工作过程及各工作站的工作情况，设计了 6 个实践项目，即供料站、加工站、装配站、分拣站、输送站的安装与调试，以及自动生产线整体联调。本教材注重对学生进行自动生产线安装与调试的综合实践能力及安装与调试过程中相关工作手册的填写和整理能力的培养。

本教材可作为高职、高专院校的教材，也可作为应用型本科、成人教育、自学考试、电视大学、中职学校及培训班的教材，还可作为对自动生产线感兴趣的人员的参考用书。

本教材配有免费的微课视频、电子教学课件、练习题参考答案，详见前言。

图书在版编目（CIP）数据

自动生产线安装与调试 / 宋云艳，王雪丽主编．—2 版．—北京：电子工业出版社，2023.12

高等院校精品教材系列

ISBN 978-7-121-47023-3

Ⅰ．①自… Ⅱ．①宋… ②王… Ⅲ．①自动生产线－安装－高等学校－教材②自动生产线－调试－高等学校－教材 Ⅳ．①TP278

中国国家版本馆 CIP 数据核字（2024）第 014196 号

责任编辑：陈健德（E-mail:chenjd@phei.com.cn）
印　　刷：天津千鹤文化传播有限公司
装　　订：天津千鹤文化传播有限公司
出版发行：电子工业出版社
　　　　　北京市海淀区万寿路 173 信箱　　邮编　100036
开　　本：787×1 092　1/16　　印张：15　　字数：384 千字
版　　次：2012 年 9 月第 1 版
　　　　　2023 年 12 月第 2 版
印　　次：2023 年 12 月第 1 次印刷
定　　价：55.00 元

凡所购买电子工业出版社图书有缺损问题，请向购买书店调换。若书店售缺，请与本社发行部联系，联系及邮购电话：（010）88254888，88258888。

质量投诉请发邮件至 zlts@phei.com.cn，盗版侵权举报请发邮件至 dbqq@phei.com.cn。

本书咨询联系方式：chenjd@phei.com.cn。

前言

近年来，随着我国工业技术的快速发展，机械制造业企业规模的迅速扩大，自动生产线的应用范围越来越广，社会对相关专业技能型人才的需求明显上升。为了培养更多高素质的专门人才，编者编写了本教材。本课题组在长春职业技术学院和中国职业技术教育学会的大力支持下设立了“十二五”规划重点研究课题——“以工作过程系统化为导向的自动生产线安装与调试课程改革和建设成果”和“基于技能大赛的自动生产线安装与调试课程的实践研究”，并在这两个课题研究成果的基础上编写了本教材。

本教材以 YL-335B 型自动生产线为载体，按照自动生产线的工作过程进行实践项目设计，体现了由简单到复杂、由单一到综合的工作过程。每个项目都包括项目描述、项目要求、项目资讯、项目实施等环节。每个项目都是一个独立的工作过程。为了更好地进行实践教学及实现知识拓展，在实践篇前加入了基础篇，基础篇不仅涵盖了实践项目中所需的理论知识和相关技能，还对自动生产线需要的知识加以扩展，使本教材的内容在适度、够用的原则下，为学生知识扩展和能力提高打好基础。

基础篇以自动生产线核心技术为主，介绍了气动技术、传感器技术、变频控制技术在自动生产线中的应用，步进电动机及控制，伺服电动机及控制，可编程序逻辑控制器技术在自动生产线中的应用，人机界面在自动生产线中的应用等内容。实践篇以 YL-335B 型自动生产线为载体，按照自动生产线的工作过程及各工作站的工作情况，设计了 6 个实践项目，即供料站、加工站、装配站、分拣站、输送站的安装与调试，以及自动生产线整体联调。本教材注重对学生进行自动生产线安装与调试的综合实践能力及安装与调试过程中相关工作手册的填写和整理能力的培养。

本教材可作为高职、高专院校的教材，也可作为应用型本科、成人教育、自学考试、电视大学、中职学校及培训班的教材，还可作为对自动生产线感兴趣的人员的参考用书。

本教材由长春职业技术学院宋云艳、王雪丽任主编，长春职业技术学院唐敏、陈丽敏、宋楠任副主编。长春职业技术学院李冠男、李宏超参与了本教材的编写。宋云艳及王雪丽完成全书的统稿工作。项目 2~项目 6 由宋云艳编写，单元 5~单元 7 由王雪丽编写，项目 1 由唐敏编写，单元 1 由陈丽敏编写，单元 2 由宋楠编写，单元 3 由李冠男编写，单元 4 由李宏超编写。在本教材的编写过程中，得到了浙江亚龙教育装备股份有限公司技术工程师的持续指导及学校各位领导和老师的大力帮助，在此一并表示感谢。

由于编者水平有限，书中不妥之处在所难免，敬请专家和读者批评指正。

为了方便教师教学，本教材配有免费的微课视频、电子教学课件、练习题参考答案，请有需要的读者登录华信教育资源网（http://www.hxedu.com.cn）免费注册后进行下载，有问题时请在网站留言或与电子工业出版社联系（E-mail:hxedu@phei.com.cn）。

目　录

基础篇　自动生产线核心技术

实践篇 自动生产线安装与调试

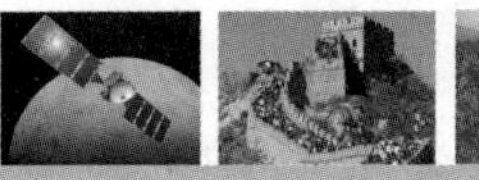

基础篇　自动生产线核心技术

人们通常将按规定的程序自动进行工作的机电一体化设备称为自动生产线。自动生产线可以在无人干预的情况下按规定的程序或指令自动进行操作或控制，其目标是“稳、准、快”。在20世纪20年代之前，在汽车工业中出现了流水生产线和半自动生产线。自动生产线是在流水生产线基础上发展起来的，它不仅要求生产线上的各种机械加工装置能自动地完成预定的各道工序及工艺流程，加工出成品，而且要求装卸工件、定位夹紧、工件在各工序间的传送、分拣及包装等工序都能自动进行。自动生产线可以把人从繁重的体力劳动、部分脑力劳动及恶劣、危险的工作环境中解放出来，极大地提高了劳动生产率，增强了人类认识世界和改造世界的能力。

自动生产线的最大特点是它的综合性和系统性，综合性指的是自动生产线将机械技术、微电子技术、电工电子技术、传感测试技术、接口技术、信息变换技术、网络通信技术等多种技术有机地结合，并综合应用到生产设备中；系统性指的是生产线的传感检测、传输与处理、控制、执行与驱动等机构在微处理单元的控制下协调有序地工作，有机地融合在一起。

本篇以自动生产线核心技术为主，介绍气动技术、传感器技术、变频控制技术在自动生产线中的应用，步进电动机及控制，伺服电动机及控制，可编程逻辑控制器技术应用，网络通信及人机界面等相关知识。

单元1　气动技术在自动生产线中的应用

扫一扫看本单元教学课件

自动生产线中的许多动作（如机械手的抓取动作）都是通过气压传动来实现的。气压传动系统以压缩空气为工作介质来进行能量与信号的传递，首先利用空气压缩机将电动机或其他原动机输出的机械能转化为空气的压力能，然后在控制元件的控制和辅助元件的配合下，通过执行元件将空气的压力能转变为机械能，从而完成直线或回转运动并对外做功。

1.1　气源装置与气动辅助元件

气源装置与气动辅助元件是气动系统中两个不可缺少的重要组成部分。气源装置为系统提供足够清洁、干燥的且具有一定压力和流量的压缩空气；气动辅助元件是元件连接、提高系统可靠性、延长使用寿命及改善工作环境等所必需的。

1. 气源装置

气源装置是将原动机输出的机械能转变为空气的压力能，为气压传动系统提供动力的部分。这部分零件性能的好坏直接关系到气压传动系统能否正常工作。气源装置通常由以下几部分组成：空气压缩机，储存、净化空气的装置和设备，传输压缩空气的管路系统。气源装置的主要设备是空气压缩机。一般情况下，空气压缩机和一些辅助气动元件组成气泵来产生动力气源。

空气压缩机是产生和输送压缩空气的装置，它将机械能转化为气体的压力能，一般由电动机带动，按其工作原理不同可分为容积式和动力式两类。一般采用容积式空气压缩机。容积式空气压缩机通过机件的运动使气缸容积的大小发生周期性变化，从而完成对空气的吸入和压缩过程。

空气压缩机的选用：空气压缩机的选用应以气压传动系统所需的工作压力和流量两个参数为依据。一般气动系统需要的工作压力为 0.5～0.8MPa，因此选用额定排气压力为 0.7～1MPa 的低压空气压缩机。

空气压缩机或空气站的供气量（自由流量）q_Z 可按下式估算：

$$q_Z = \varphi K_1 K_2 \sum_{i=1}^{n} q_{i\max} \qquad (\mathrm{m^3/s})$$

式中，$q_{i\max}$ 为系统内第 i 台设备的最大自由空气耗量（$\mathrm{m^3/s}$）；n 为系统内所用气动设备总数；φ为利用系数；K_1 为漏损系数；K_2 为备用系数。

由空气压缩机输出的压缩空气虽然能满足一定的压力和流量要求，但不能直接被气动装置使用，要去除压缩空气中的水分和其他杂质才能被气动装置所使用。

2. 气动辅助元件

气动辅助元件包括空气过滤器、油雾器、消声器、管道、管路附件等，是保证气压传动系统正常工作必不可少的组成部分。

空气过滤器（又称分水滤气器）用于去除压缩空气中的油污、水分和灰尘等杂质。油雾

器是一种特殊的注油装置，油雾器可使润滑油雾化，并使润滑油随气流进入需要润滑的部件，在那里气流会撞壁，使润滑油附着在部件上，达到润滑的目的。在气动系统中，分水滤气器、减压阀和油雾器常组合在一起使用，它们被称为气动三联件，其安装次序如图 1-1 所示。

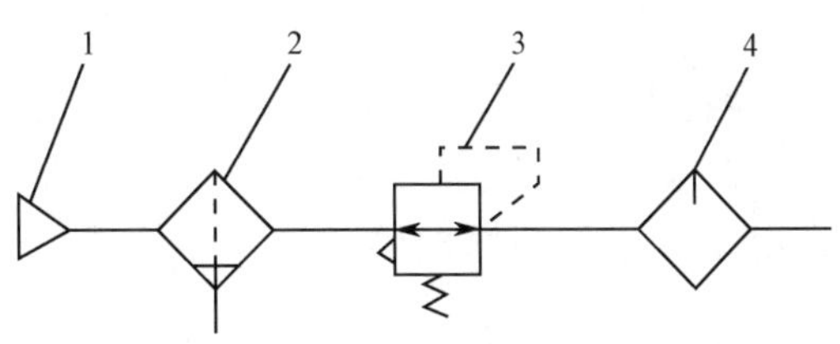

1—气源；2—分水滤气器；3—减压阀；4—油雾器。

图 1-1　气动三联件安装次序图

消声器是通过阻尼或增加排气面积等方法降低气体速度和功率，从而降低噪声的。常用的消声器类型有吸收型、膨胀干涉型和膨胀干涉吸收型 3 种。

气源处理组件是气动控制系统的基本组成器件，它的作用是去除压缩空气中所含的凝结水及其他杂质，调节并保持恒定的工作压力。在使用时，应注意经常检查分水滤气器中凝结水的水位，在水位超过最高标线以前，必须将凝结水进行排放，以免其被重新吸入。

1.2　气动执行元件——气缸

气缸和气马达是气压传动系统的执行元件，它们将压缩空气的压力能转化为机械能，气缸用于实现直线往复运动或摆动，气马达则用于实现连续回转运动。

1．气缸的分类

按不同的标准，气缸有如下分类方式。

（1）按压缩空气作用在活塞端面上的方向分类，气缸可分为单作用气缸和双作用气缸。单作用气缸只有一个方向的运动靠气压传动，活塞的复位靠弹簧力或重力；双作用气缸活塞的往复运动全都通过压缩空气来完成。

（2）按结构特点分类，气缸可分为活塞式气缸、叶片式气缸、薄膜式气缸、气液阻尼缸。

（3）按气缸功能分类，气缸可分为普通气缸和特殊气缸。普通气缸包括单作用气缸和双作用气缸。特殊气缸包括气液阻尼缸、薄膜式气缸、冲击式气缸、增压气缸、步进气缸、回转气缸等。

2．单作用气缸

单作用气缸的工作原理是压缩空气仅在气缸的一端进入，并推动活塞运动，而活塞的返回则借助于其他外力（如重力、弹簧力等），其结构如图 1-2 所示。

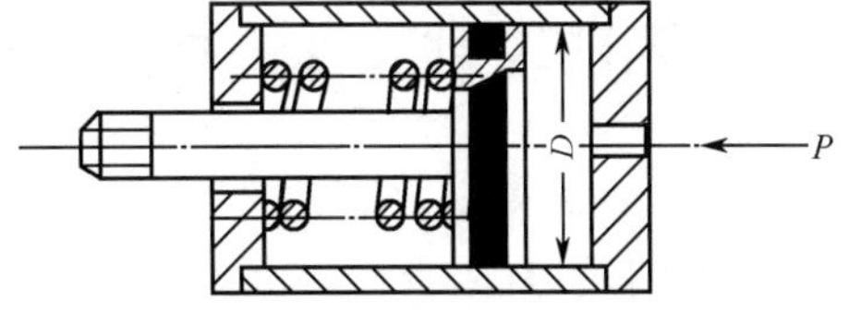

图 1-2　单作用气缸结构图

单作用气缸的特点如下。

（1）由于单边进气，所以结构简单，空气耗量小。

（2）由于通过弹簧复位，压缩空气的能量有一部分用来克服弹簧的反作用力，因而减小了活塞杆的输出推力。

（3）有效行程短。

（4）由于活塞杆的推力和运动速度在行程中是变化的，因此，单作用气缸多用于行程短

及对活塞杆推力、运动速度要求不高的场合，如定位和夹紧装置等。

3．双作用气缸

在双作用气缸中，活塞的往复运动均通过压缩空气来完成。单杆双作用直线气缸是目前使用最广泛的一种普通气缸，其结构如图 1-3 所示。气缸的两个端盖上都设有进、排气孔，压缩空气从无杆侧端盖气孔进入时，推动活塞杆做伸出运动；反之，压缩空气从有杆侧端盖气孔进入时，推动活塞杆做缩回运动。双作用气缸具有结构简单、输出力稳定、行程可根据需要选择的优点，但由于是利用压缩空气交替作用于活塞上实现伸缩运动的，回缩时压缩空气的有效作用面积较小，所以回缩时产生的力要小于伸出时产生的推力。双作用气缸一般用于包装机械、食品机械、加工机械等设备上。

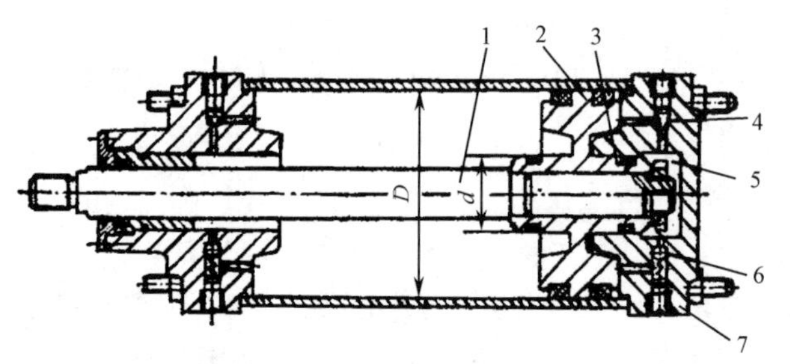

1—活塞杆；2—活塞；3—缓冲气缸；4—节流阀；5—进、排气孔；6—单向阀；7—端盖。

图 1-3　单杆双作用直线气缸结构图

4．薄膜式气缸

薄膜式气缸也称薄型气缸，其结构如图 1-4 所示。薄膜式气缸利用压缩空气通过膜片推动活塞往复运动，它具有结构紧凑、简单、容易制造、成本低、维修方便、寿命长、泄漏少、效率高等优点，适用于气动夹具、自动调节阀及短行程场合。薄膜式气缸主要由缸体、膜片和活塞杆等零件组成，可以是单作用式的，也可以是双作用式的。

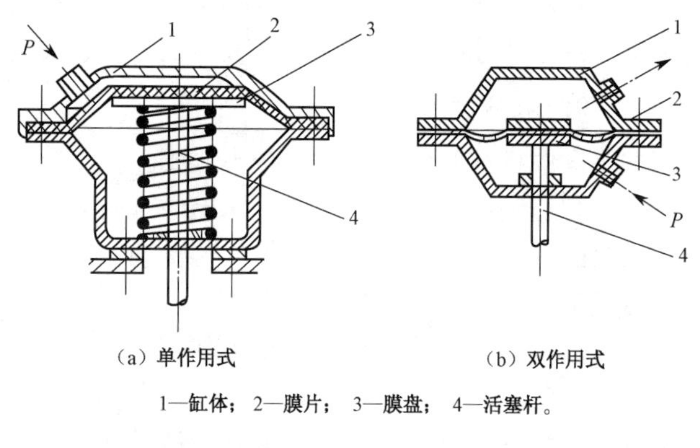

1—缸体；2—膜片；3—膜盘；4—活塞杆。

图 1-4　薄膜式气缸结构图

1.3　气动控制元件与基本回路

在气动系统中，气动控制元件是控制和调节压缩空气压力、流量、流动方向和发送信号的重要元件，利用它们可以组成各种气动回路（简称气路），使气动执行元件按要求正常工作。按功能和用途分类，气动控制元件可分为压力控制阀、流量控制阀和方向控制阀 3 大类，此外，还有通过改变气流方向和通断以实现各种逻辑功能的气动逻辑元件等。

1.3.1　压力控制阀与压力控制回路

压力控制阀主要用来控制系统中气体的压力，以满足各种压力要求。压力控制阀可分为三类：一是起降压、稳压作用的减压阀；二是起限压、安全保护作用的安全阀，即溢流阀；三是根据气路压力不同进行某种控制的顺序阀。

1. 安全阀

安全阀在系统中起安全保护作用。当系统压力超过规定值时，安全阀打开，将一部分气体排入大气，使系统压力不超过允许值，从而保证系统不因压力过高而发生事故。安全阀的结构和图形符号如图 1-5 所示。

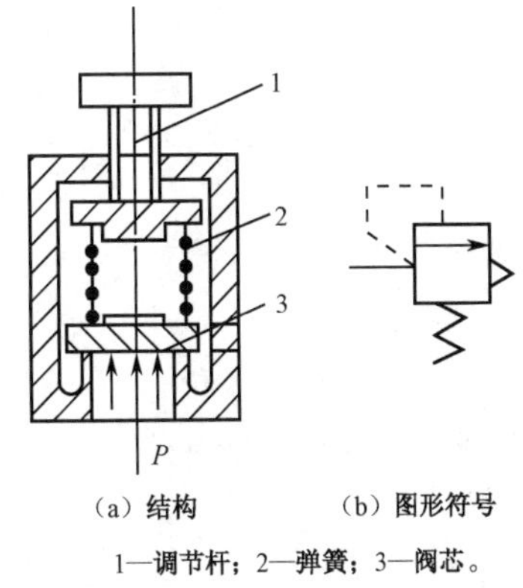

（a）结构　　（b）图形符号

1—调节杆；2—弹簧；3—阀芯。

图 1-5　安全阀的结构和图形符号

2. 减压阀

减压阀的作用是将供气气源压力减到装置所需的值，并保证减压后压力值稳定。减压阀的基本性能包括调压范围、压力特性和流量特性。压力特性和流量特性是减压阀的两个重要特性，是选择和使用减压阀的重要依据。选用减压阀时要先根据使用要求选定其类型和调压精度，再根据所需最大输出流量来选择其通径。减压阀的结构如图 1-6 所示，减压阀的气源压力应高于最高输出压力 0.1MPa。减压阀一般安装在分水滤气器之后、油雾器之前，如图 1-7 所示，并注意不要将其进、出口接反。在不使用减压阀时，应将其旋钮松开，以免膜片经常受压变形而影响其性能。

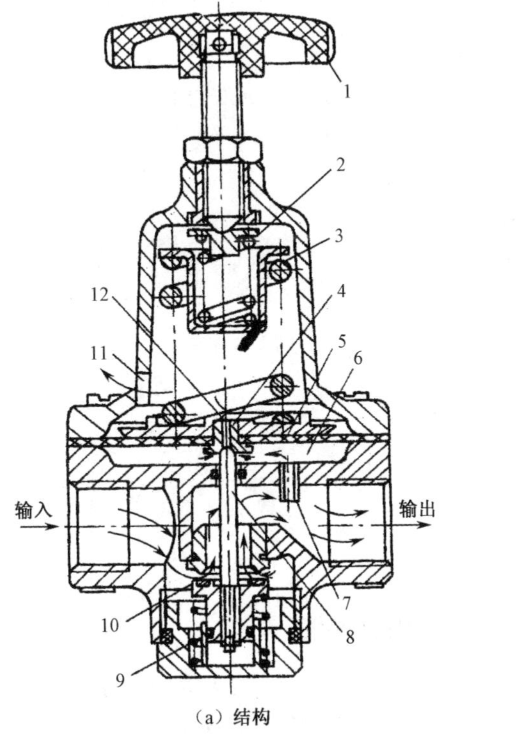

（a）结构

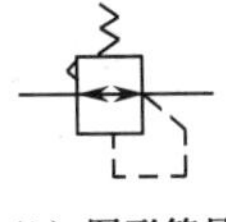
（b）图形符号

1—旋钮；2、3—弹簧；4—溢流阀座；5—膜片；6—膜片气室；7—阻尼管；8—阀芯；9—复位；10—进气孔；11—排气孔；12—溢流孔。

图 1-6　减压阀的结构

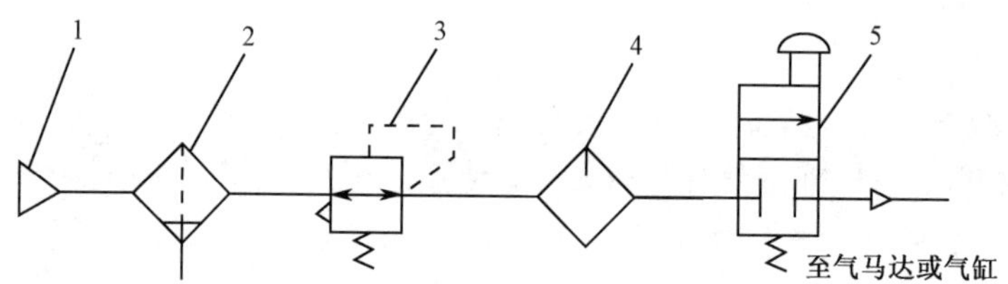

1—气源；2—分水滤气器；3—减压阀；4—油雾器；5—换向阀。

图 1-7　减压阀的安装位置

3. 压力控制回路

压力控制回路是指使回路中的压力保持在一定的范围内或使回路得到高低不同的压力的基本回路。常用的压力控制回路有一次压力控制回路和二次压力控制回路。

1）一次压力控制回路

一次压力控制回路用于控制储气罐的压力，使之不超过规定的压力值。常采用外控溢流阀和电接点压力表来控制空气压缩机的转/停，使储气罐内的压力保持在规定的范围内。采用电接点压力表对电动机及其控制的要求较高，常用于对小型空压机的控制。一次压力控制回路如图 1-8 所示。

2）二次压力控制回路

二次压力控制回路主要对气动系统的气源压力进行控制。在气动系统中，经常将分水滤气器、减压阀和油雾器合称为气动三联件。图 1-9 所示为由气动三联件组成的二次压力控制回路。

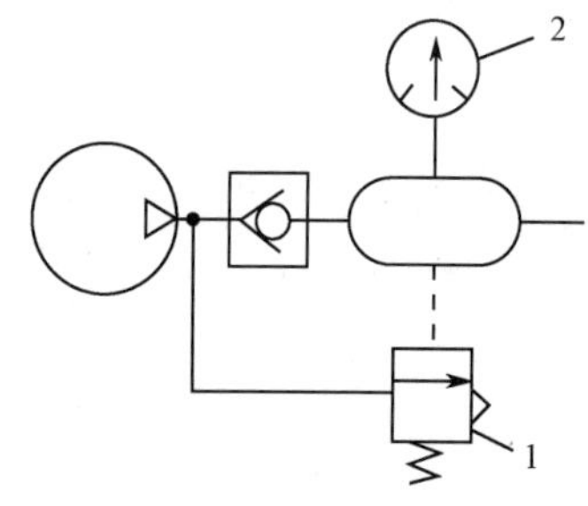

1—溢流阀；2—电接点压力表。

图 1-8　一次压力控制回路

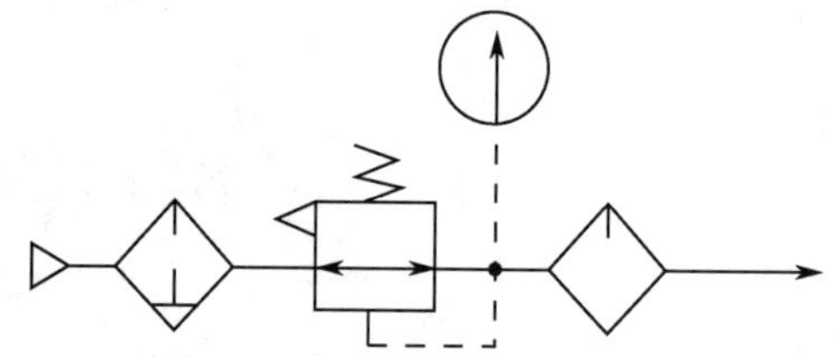

图 1-9　由气动三联件组成的二次压力控制回路

1.3.2　流量控制阀与速度控制回路

为了使气缸的动作平稳可靠，应对气缸的运动速度加以控制，常用的方法是使用流量控制阀来实现。流量控制阀是通过控制气体流量来控制气动执行元件的运动速度的，而气体流量的控制是通过改变流量控制阀的流通面积来实现的。常用的流量控制阀有节流阀、单向节流阀、排气节流阀等。

1. 单向节流阀

单向节流阀是由单向阀和节流阀并联而成的组合控制阀，其结构和图形符号如图 1-10 所

示。当气体由 *P* 口向 *A* 口流动时，节流阀节流；当气体由 *A* 口向 *P* 口流动时，单向阀打开，不节流。单向节流阀常用于气缸的调速和延时回路。

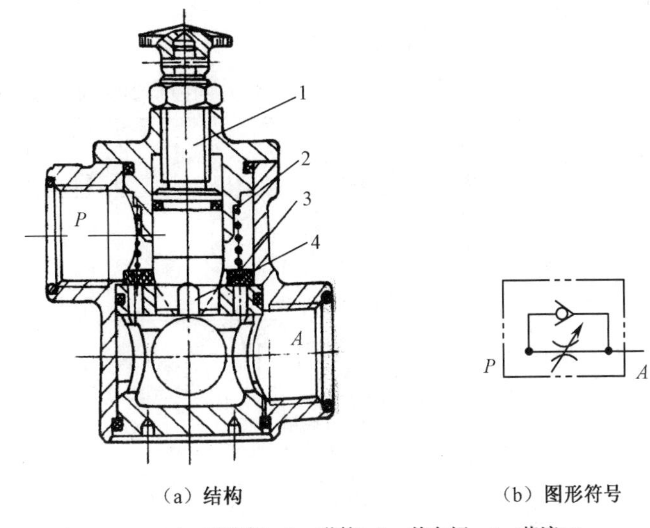

（a）结构　　（b）图形符号

1—调节杆；2—弹簧；3—单向阀；4—节流口。

图 1-10　单向节流阀的结构和图形符号

2．速度控制回路

双作用气缸有进气节流和排气节流两种调整方式。图 1-11（a）所示为进气节流调整回路，进气节流时，当负载方向与活塞方向相反时，活塞运动易出现不平衡现象，即爬行现象；而当负载方向与活塞方向一致时，负载易产生跑空现象，使气缸失去控制。因此，进气节流调整回路多用于垂直安装的气缸。对于水平安装的气缸，其调整回路一般采用如图 1-11（b）所示的排气节流调整回路。图 1-12 所示为由节流阀组成的速度控制回路图，当压缩空气从 *A* 端进气、从 *B* 端排气时，单向节流阀 1 的单向阀开启，向气缸无杆腔快速充气；由于单向节流阀 2 的单向阀关闭，有杆腔的压缩空气只能经节流阀排气，调节节流阀 2 的开度，便可改变气缸伸出时的运动速度。反之，调节节流阀 1 的开度则可改变气缸缩回时的运动速度。这种控制方式可以使活塞运行稳定，是目前最常用的方式。

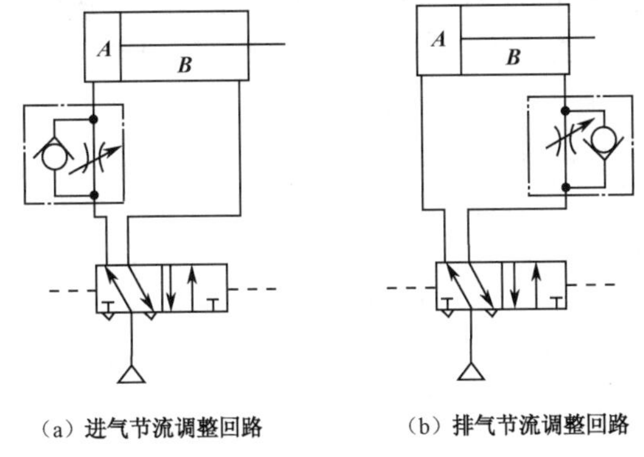

（a）进气节流调整回路　　（b）排气节流调整回路

图 1-11　双作用气缸单向调整回路

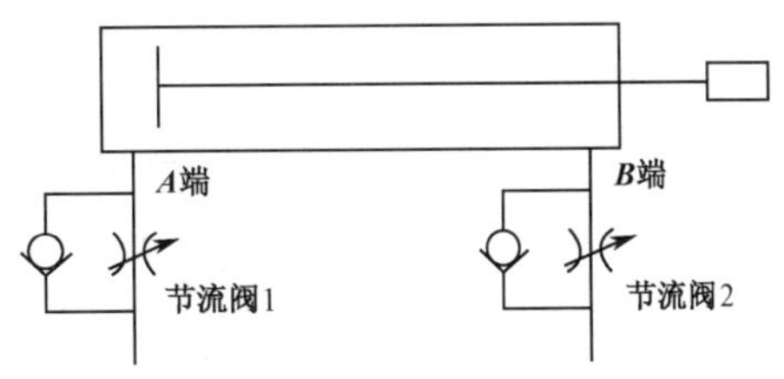

图 1-12　由节流阀组成的速度控制回路图

1.3.3　方向控制阀与气动控制回路

1．方向控制阀

方向控制阀是用来控制压缩空气的流动方向和气流通断的。气动方向控制阀按阀芯结构不同可分为滑阀式、截止式、平面式、旋塞式和膜片式等，其中以滑阀式和截止式应用较多；按控制方式不同可分为电磁控制式、气压控制式、机械控制式、人力控制式和时间控制式等；

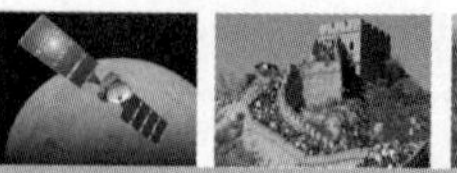

按作用特点不同可分为单向型和换向型；按通口数和阀芯工作位置数目不同可分为二位两通、二位三通、三位五通等多种。方向控制阀的通口和工作位置如表 1-1 所示。

表 1-1　方向控制阀的通口和工作位置

项　目	二　位	三　位		
		中间封闭式	中间泄压式	中间加压式
两通	A P 常断　A P 常通	—	—	—
三通	A P T 常通　A P T 常断	A P T	—	—
四通	A B P T	A B P T	A B P T	A B P T
五通	A B T_1 P T_2	A B T_1 P T_2	A B T_1 P T_2	A B T_1P T_2

2．电磁换向阀

电磁换向阀利用电磁铁吸力推动阀芯来改变阀的工作位置，以控制气流的流动方向，由于它可借助于按钮开关、行程开关、接近开关等发出的信号进行控制，易于实现电-气联合控制，能实现远距离操作，应用范围较广。电磁换向阀按通口数和阀芯工作位置数目的不同可分为二位两通、二位三通、三位五通等多种；按电磁铁驱动线圈的数目的不同可分为单电控电磁换向阀和双电控电磁换向阀。阀用电磁铁根据所用电源的不同可分为交流型、直流型和本整型 3 种。本整型即交流本机整流型，这种电磁铁本身带有半波整流器，可以在直接使用交流电的同时具有直流电磁铁的结构和特性。在使用时，要根据控制要求选择合适的电磁换向阀。

图 1-13 所示为直动式单电控二位三通电磁换向阀的工作原理图。

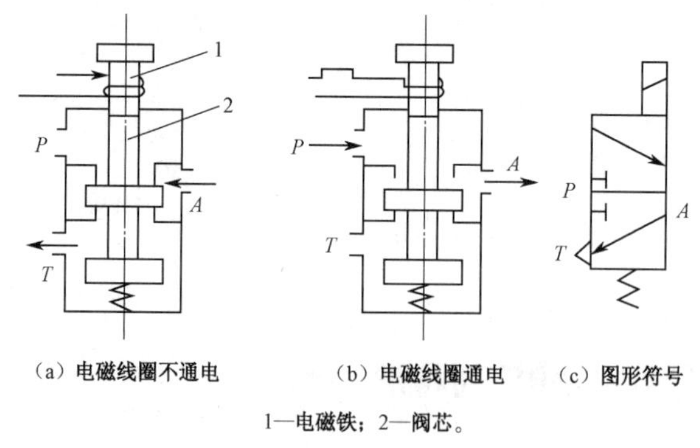

（a）电磁线圈不通电　（b）电磁线圈通电　（c）图形符号

1—电磁铁；2—阀芯。

图 1-13　直动式单电控二位三通电磁换向阀的工作原理图

直动式单电控二位三通电磁换向阀的工作原理：当电磁铁断电时，阀芯被弹簧推向上端，*T* 和 *A* 接通；当电磁铁通电时，铁芯通过推杆将阀芯推向下端，*P* 和 *A* 接通。

图 1-14 所示为直动式双电控二位五通电磁换向阀的工作原理图。图 1-15 所示为先导式双电控电磁换向阀的工作原理图。

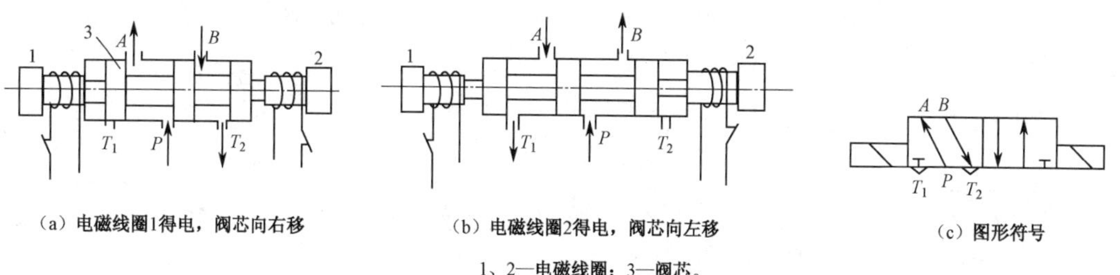

（a）电磁线圈1得电，阀芯向右移　（b）电磁线圈2得电，阀芯向左移　（c）图形符号

1、2—电磁线圈；3—阀芯。

图 1-14　直动式双电控二位五通电磁换向阀的工作原理图

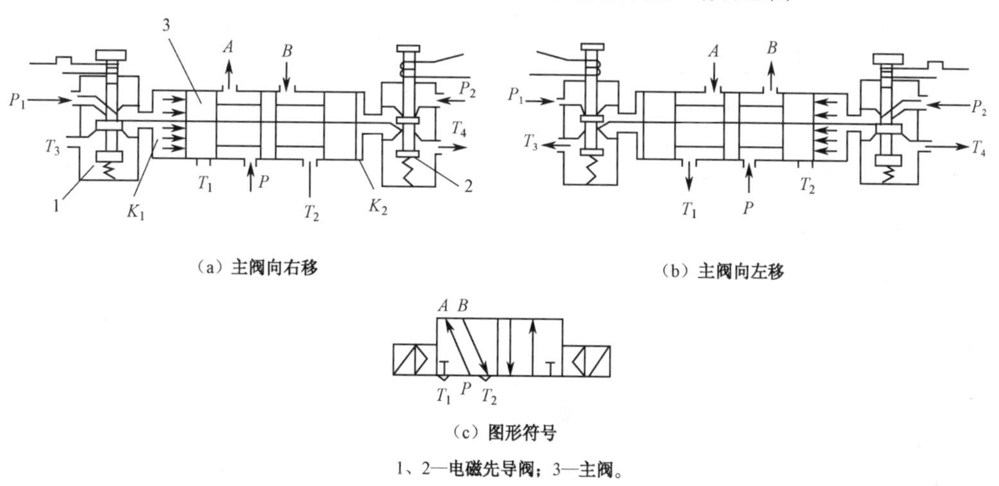

（a）主阀向右移　（b）主阀向左移

（c）图形符号

1、2—电磁先导阀；3—主阀。

图 1-15　先导式双电控电磁换向阀的工作原理图

1.4　气压传动系统的安装调试与故障分析

气压传动系统的工作是否稳定，关键在于气动元件的正确选择及安装。必须经常检查维护，才能及时发现气动元件及系统的故障先兆并进行处理，保证气动元件正常工作，延长其使用寿命。

1．气动系统的使用和维护

为使气动系统能够长期稳定地工作，相应的维护措施如下。

（1）每天应将分水滤气器中的水排掉，检查油雾器的油面高度及油雾器的调节情况。

（2）每周应检查信号发生器上是否有灰尘或铁屑，查看减压阀上的压力表，检查油雾器的工作是否正常。

（3）每 3 个月检查一次管道连接处的密封状况。

（4）每 6 个月检查一次气缸内活塞杆的支撑点是否磨损。

2．气动系统主要元件的常见故障和排除方法

通常，一个新设计安装的气动系统被调整好后，在一段时间内较少出现故障，在使用几

年后才会出现正常磨损。一般系统发生故障的原因如下。

（1）元件的堵塞。

（2）控制系统的内部故障。一般情况下，控制系统发生故障的概率远远小于与外部接触的传感器或机器本身的故障概率。

方向阀常见故障及排除方法如表 1-2 所示，气缸常见故障及排除方法如表 1-3 所示。

表 1-2　方向阀常见故障及排除方法

序号	故障	原因	排除方法
1	不能换向	阀的滑动阻力大，润滑不良	进行润滑
		O 形阀密封圈变形	更换密封圈
		灰尘卡住滑动部分	清除灰尘
		弹簧损坏	更换弹簧
		阀操纵力小	检查阀操纵部分
		活塞密封圈磨损	更换密封圈
		膜片破裂	更换膜片
2	阀产生振动	空气压力低（先导式）	提高操纵压力，采用直动式
		电源电压低（电磁换向阀）	提高电源电压，使用低电压线圈
3	交流电磁铁有蜂鸣声	I 形活动铁芯密封不良	检查铁芯接触和密封性，必要时更换铁芯组件
		灰尘进入 I、T 形铁芯的滑动部分，使活动铁芯不能密切接触	清除灰尘
		T 形活动铁芯的铆钉脱落，铁芯叠层分开不能吸合	更换活动铁芯
		短路环损坏	更换固定铁芯
		电源电压低，外部导线拉得太紧	引线应宽裕
4	电磁铁动作时间偏差大或不能动作	活动铁芯锈蚀，不能移动；在湿度高的环境中使用气动元件时，由于密封不完善而向磁铁部分泄漏空气； 电源电压低； 灰尘进入活动铁芯的滑动部分，使运动状况恶化	铁芯除锈； 处理好对外部的密封，更换坏的密封件； 提高电源电压或使用符合电压要求的线圈； 清除灰尘
5	线圈烧毁	环境温度高； 快速循环使用； 因为吸引时电流大，单位时间耗电多，温度升高，使绝缘损坏而短路； 灰尘夹在阀和铁芯之间，不能吸引活动铁芯； 线圈上有残余电压	按产品规定的温度范围使用； 使用高级电磁换向阀； 使用气动逻辑回路； 清除灰尘； 使用正常电源电压，使用符合电压要求的线圈
6	切断电源，活动铁芯不能退回	灰尘进入活动铁芯滑动部分	清除灰尘

表 1-3　气缸常见故障及排除方法

序号	故障	原因	排除方法
1	外泄漏； 活塞杆与密封衬套间漏气； 气缸体与端盖间漏气； 从缓冲装置的调节螺钉处漏气； 内泄漏； 活塞两端串气	衬套密封磨损，润滑油不足； 活塞杆偏心； 活塞杆有伤痕； 活塞杆与密封衬套的配合面内有杂质，密封圈损坏； 润滑不良，活塞杆被卡住； 活塞配合面有缺陷，杂质挤入密封圈	更换衬套密封圈，加强润滑； 重新安装，使活塞杆不受偏心负荷； 更换活塞杆； 去除杂质、安装防尘盖； 更换密封圈； 重新安装； 缺陷严重的更换零件，去除杂质
2	输出力不足，动作不平稳	润滑不良； 活塞或活塞杆卡住； 气缸体内表面有锈蚀或缺陷； 进入了冷凝水、杂质	调节或更换油雾器； 检查安装情况，消除偏心； 根据缺陷大小，决定排除故障办法； 加强对分水滤气器和分水排水器的管理，定期排放污水
3	缓冲效果不好	缓冲部分的密封圈密封性能差； 调节螺钉损坏； 气缸速度太快	更换密封圈； 更换螺钉； 研究缓冲机构的结构是否合适

单元2 传感器技术在自动生产线中的应用

在生产中，当工件进入自动生产线的各个工作站时，人的眼睛可以观察到工件，但自动生产线如何来判别工件呢？在自动生产线中各种信号的判别和控制都来自传感器。传感器是一种能检测到某种特定的被测量，并按照一定的规律将被测量转换成可用输出电信号的器件或装置。传感器就像人的眼睛、耳朵、鼻子等器官，是自动生产线的检测元件。在自动生产线中使用的传感器一般为非接触式传感器，有时也称接近开关，它能在一定的距离内检测有无物体接近，当物体与其接近并达到设定的距离时，它就会发出动作信号。接近开关的核心部分是感辨头，它必须对正在接近的物体有很强的感辨能力。

扫一扫看本单元教学课件

2.1 接近开关

2.1.1 磁性开关

在自动生产线中使用的很多气缸的缸筒都采用了导磁性弱、隔磁性强的材料，如硬铝、不锈钢等。在非磁性体的活塞上安装一个永久磁铁的磁环，这样就提供了一个反映气缸活塞位置的磁场。

有触点式的磁性开关用舌簧开关作为磁场检测元件。舌簧开关成型于合成树脂块内，一般还有动作指示灯、过电压保护电路塑封在内。图2-1所示为带磁性开关的气缸的工作原理图。当气缸中随活塞移动的磁环接近舌簧开关时，舌簧开关的两个簧片被磁化而相互吸引，触点闭合；当磁环移开舌簧开关后，簧片失磁，触点断开。触点闭合或断开时，磁性开关发出电控信号，在PLC（Programmable Logic Controller，可编程序逻辑控制器）的自动控制中，可以利用电控信号判断气缸活塞的运动状态或根据气缸活塞所处的位置来检测活塞的运动行程。

在磁性开关上设置的LED用于显示其信号状态，供调试时使用。磁性开关动作时，输出信号“1”，LED亮；磁性开关不动作时，输出信号“0”，LED灭。

磁性开关的安装位置可以调整，调整方法是松开它的紧定螺栓，使磁性开关顺着气缸滑动，到达指定位置后，再旋紧紧定螺栓。

磁性开关有蓝色和棕色两根引出线，使用时，蓝色引出线应连接到PLC输入公共端，棕色引出线应连接到PLC输入端。磁性开关的内部电路图如图2-2所示。

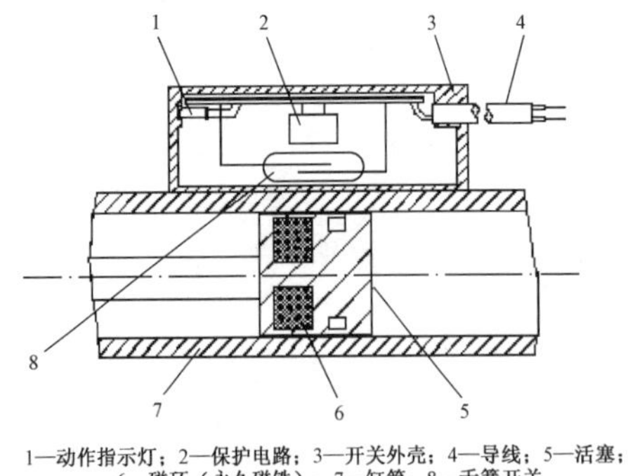

1—动作指示灯；2—保护电路；3—开关外壳；4—导线；5—活塞；6—磁环（永久磁铁）；7—缸筒；8—舌簧开关。

图2-1 带磁性开关的气缸的工作原理图

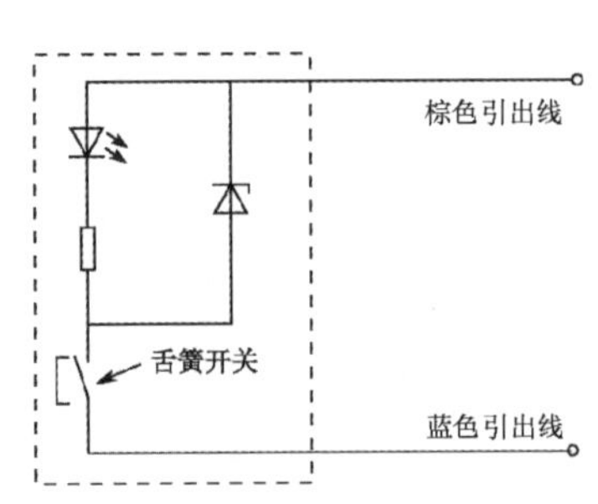

图2-2 磁性开关的内部电路图

2.1.2 光电式接近开关

光电式传感器也称光电开关，是利用光的各种性质，检测物体的有无或表面状态变化等的传感器。其中，输出形式为开关量的传感器也称光电式接近开关。

光电式接近开关主要由光发射器和光接收器组成。如果光发射器发射的光线因检测物体的不同而被遮盖或反射，那么到达光接收器的量将会发生变化。光接收器的敏感元件将检测出这种变化，并将其转换为电气信号，进行输出。光发射器发射的光线大多使用可见光（主要为红色，也用绿色、蓝色来判断颜色）和红外光。

按照光接收器接收光的方式不同，光电式接近开关可分为对射式、漫射式（漫反射式）和反射式 3 种，如图 2-3 所示。

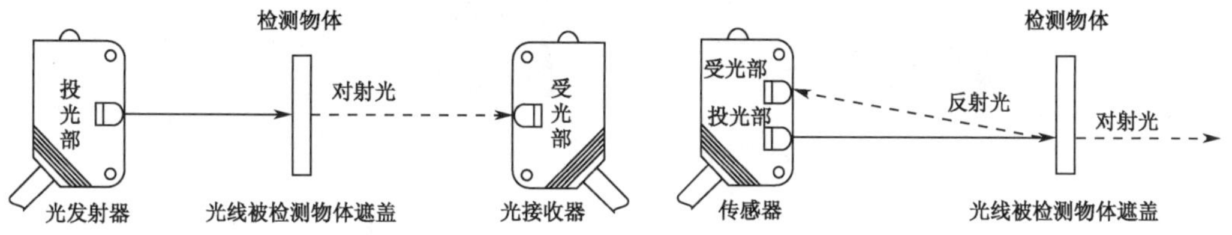

（a）对射式光电式接近开关　　（b）漫射式（漫反射式）光电式接近开关

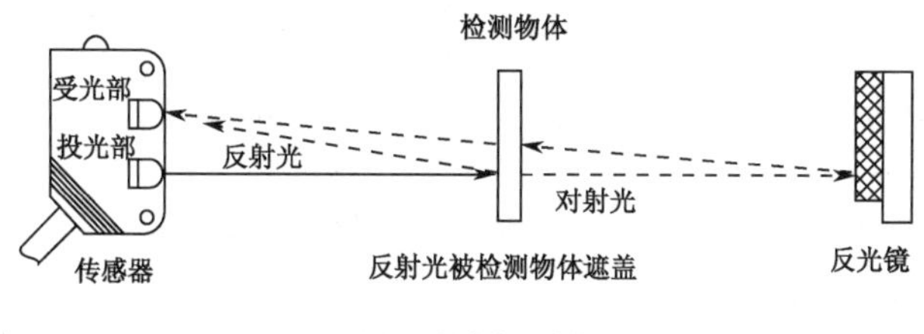

（c）反射式光电式接近开关

图 2-3　光电式接近开关工作原理示意图

图 2-3（b）所示为漫射式光电式接近开关的工作原理示意图。漫射式光电式接近开关是利用光照射到检测物体上后反射回来的光线工作的，由于物体反射的光线为漫射光，故称为漫射式光电式接近开关。它的光发射器与光接收器处于同一侧位置，且为一体化结构。在工作时，光发射器始终发射检测光，若接近开关前方的一定距离内没有物体，则没有光被反射到接收器，接近开关处于常态而不动作；反之，若接近开关前方的一定距离内出现物体，只要反射回来的光强度足够，则接收器接收到足够的漫射光就会使接近开关动作而改变输出的状态。

图 2-4 所示为 CX-441（E3Z-L61）型光电式接近开关的外形、调节旋钮和指示灯，该光电式接近开关为细小光束型，NPN 型晶体管集电极开路输出，该光电式接近开关的端面上有距离调节旋钮、动作转换开关和指示灯。动作转换开关的功能是选择受光动作（Light）或遮光动作（Drag）模式。当此开关按顺时针方向充分旋转时（L 侧），该光电式接近开关进入检测-ON 模式；当此开关按逆时针方向充分旋转时（D 侧），该光电式接近开关进入检测-OFF 模式。距离调节旋钮是 5 周回转调节器，调整距离时注意逐步轻微旋转，若充分旋转，则距离调节器会空转。调整的方法是，首先按逆时针方向将距离调节器充分旋转到最小检测距离（E3Z-L61 型光电式接近开关的最小检测距离约为 20mm）；然后根据要求距离

放置检测物体，按顺时针方向逐步旋转距离调节器，找到传感器进入检测状态的点；最后拉开检测物体距离，按顺时针方向进一步旋转距离调节旋钮，找到传感器再次进入检测状态的点，一旦进入该点，立即按逆时针方向旋转距离调节器，直到传感器回到非检测状态的点。以上两点之间的中点为稳定检测物体的最佳位置。CX-441（E3Z-L61）型光电式接近开关的电路原理图如图 2-5 所示。

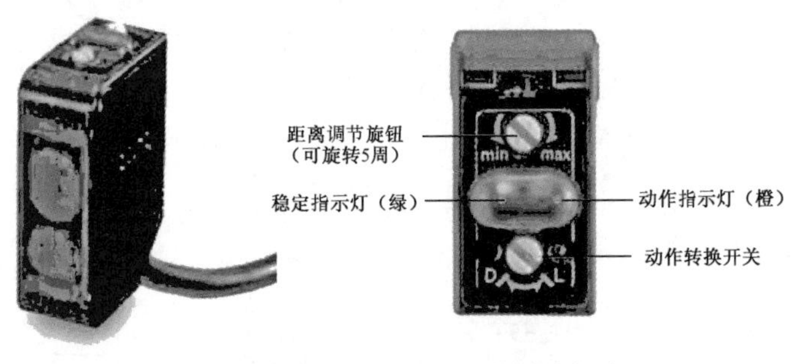

（a）E3Z-L型光电式接近开关的外形　　（b）调节旋钮和指示灯

图 2-4　CX-441（E3Z-L61）型光电式接近开关的外形、调节旋钮和指示灯

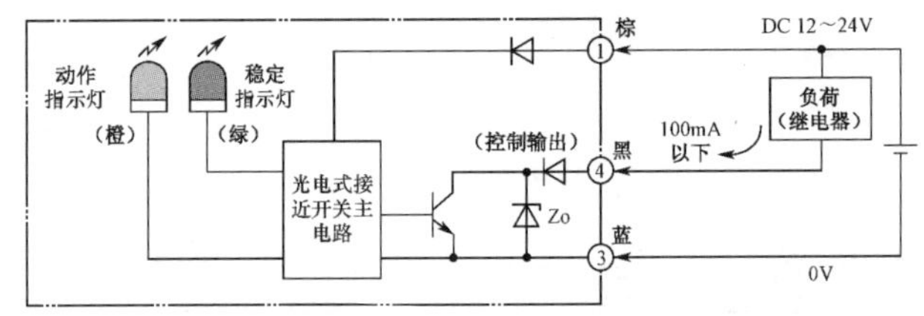

图 2-5　CX-441（E3Z-L61）型光电式接近开关的电路原理图

2.1.3　电感式接近开关

扫一扫看电感式接近开关介绍微课视频

电感式接近开关是利用电涡流效应制造的传感器。电涡流效应是指，当金属物体处于一个交变的磁场中时，在金属内部会产生交变的电涡流，该电涡流会反作用于产生它的磁场的一种物理效应。如果这个交变的磁场是由一个电感线圈产生的，那么这个电感线圈中的电流就会发生变化，以平衡电涡流产生的磁场。

利用这一原理，以高频振荡器（LC 振荡器）中的电感线圈为检测元件，当被测金属物体接近电感线圈时，产生涡流效应，引起振荡器振幅或频率的变化，由传感器的信号调理电路（包括检波、放大、整形、输出等电路）将该变化转换成开关量输出，从而达到检测的目的。电感式接近开关的接线图及内部工作原理图如图 2-6 所示。电感式接近开关的电涡流探头如图 2-7 所示。

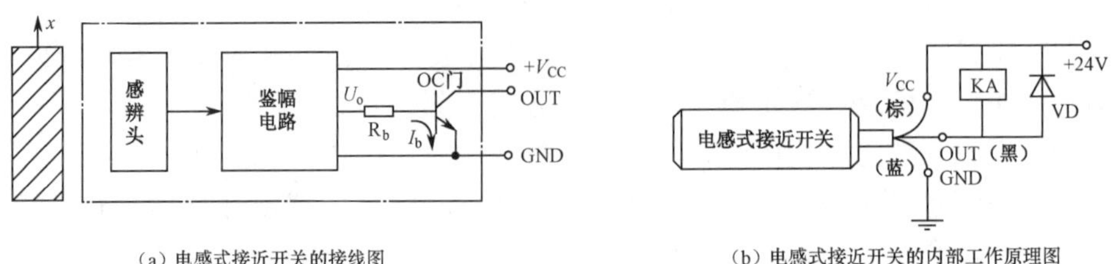

（a）电感式接近开关的接线图　　（b）电感式接近开关的内部工作原理图

图 2-6　电感式接近开关的接线图及内部工作原理图

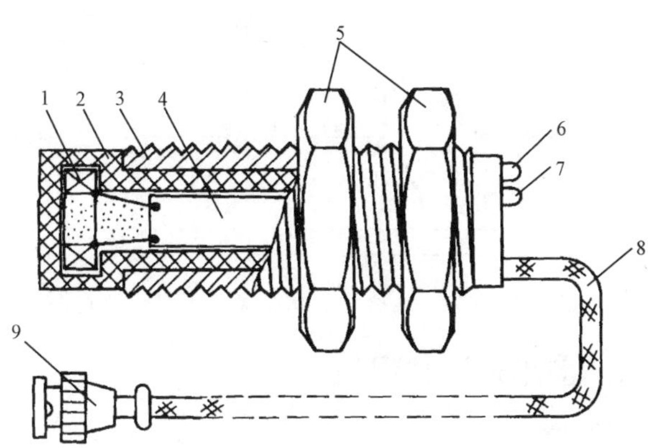

1—电涡流线圈；2—探头壳体；3—壳体上的位置调节螺纹；4—印制电路板；5—夹持螺母；
6—电源指示灯；7—阈值指示灯；8—输出屏蔽电缆线；9—电缆插头。

图 2-7　电感式接近开关的电涡流探头

2.1.4　光纤式接近开关

光纤式接近开关也称光纤传感器，是光电传感器的一种。光纤式接近开关具有如下优点：抗电磁干扰，可工作于恶劣环境，传输距离长，使用寿命长，此外，由于光纤头具有较小的体积，所以可以安装在空间很小的地方，测量范围广，在自动生产线中得到了广泛应用。

光纤式接近开关的放大器的灵敏度调节范围较大。当放大器的灵敏度调得较低时，对于反射性较差的黑色物体，光纤检测头无法接收到反射信号；而对于反射性较好的白色物体，光纤检测头可以接收到反射信号。反之，若调高放大器的灵敏度，则即使检测对反射性较差的黑色物体，光纤检测头也可以接收到反射信号。

光纤式接近开关由光纤检测头和光纤放大器两部分组成。光纤检测头和光纤放大器是分离的两个部分，光纤检测头的尾端部分分成两条光纤，使用时需要将两条光纤分别插入放大器的两个光纤孔。光纤式接近开关组件如图 2-8 所示。

光纤式接近开关组件的俯视图如图 2-9 所示，调节其中部的 8 旋转灵敏度高速旋钮就能进行放大器灵敏度调节（顺时针旋转时灵敏度增高）。调节灵敏度时，会看到入光量指示灯发光的变化。当光纤检测头检测到物体时，动作指示灯会亮，提示检测到物体。

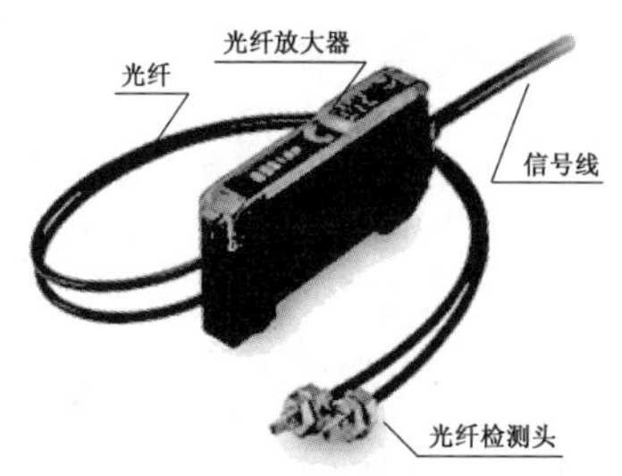

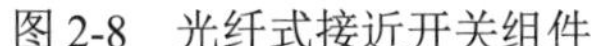

图 2-8　光纤式接近开关组件

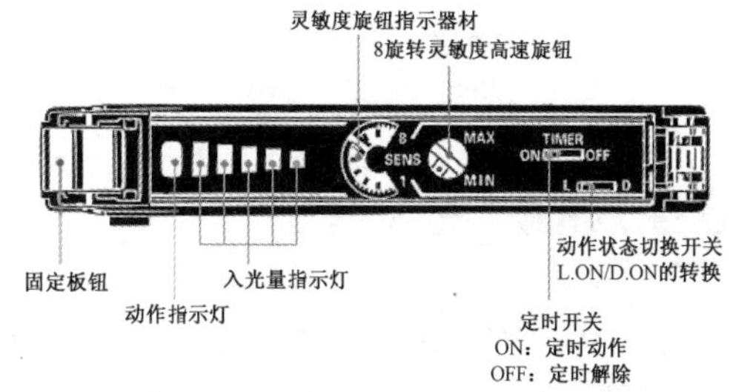

图 2-9　光纤式接近开关组件的俯视图

E3X-NA11 型光纤式接近开关电路框图如图 2-10 所示，接线时请注意根据导线颜色判断电源极性和信号输出线，切勿将信号输出线直接连接到电源+24V 端。

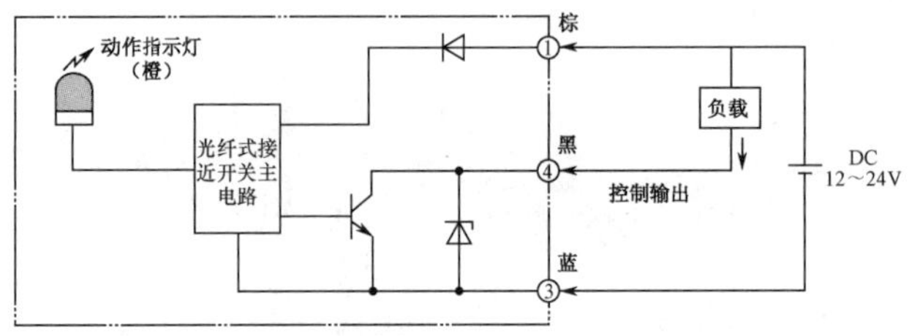

图 2-10　E3X-NA11 型光纤式接近开关电路框图

2.1.5　接近开关的图形符号和安装

1．接近开关的图形符号

部分接近开关的图形符号如图 2-11 所示，图 2-11（a）、图 2-11（b）、图 2-11（c）3 种情况均使用 NPN 型三极管集电极开路输出。如果使用 PNP 型三极管，正负极性应反过来。

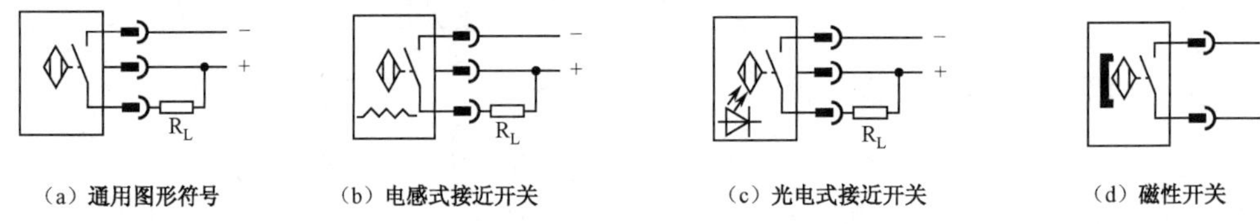

图 2-11　部分接近开关的图形符号

2．接近开关的安装

在接近开关的选用和安装中，必须认真考虑检测距离和设定距离，保证生产线上的传感器可靠动作。安装距离注意说明如图 2-12 所示。

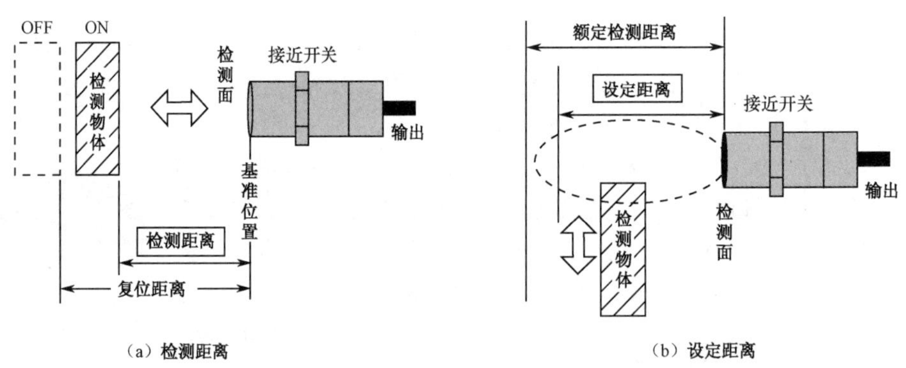

图 2-12　安装距离注意说明

2.2　数字式位置传感器

在自动生产线中要进行精确的位置控制，就需要进行位置测量。数字式位置传感器能够满足自动生产线高精度、大量程、数字化和高可靠性的要求，目前应用较广的有旋转编码器和光栅等。

数字式位置传感器可以单独组成数字显示装置（简称数显），专门用于位置测量和测量结果显示，也可以和数控系统等组成位置控制系统。

2.2.1　数字式位置传感器的分类

1. 按位置传感器的测量对象是否为要求测量的量本身来分

按位置传感器的测量对象是否为要求测量的量本身来分，数字式位置传感器可分为直接测量位置传感器和间接测量位置传感器，直接测量位置传感器和间接测量位置传感器有直线式和旋转式两大类。

若位置传感器所测量的对象是要求测量的量本身，即直线式位置传感器测直线位移、旋转式传感器测角位移，则该测量方式为直接测量。例如，直接用于直线位移测量的直线光栅和长磁栅等，直接用于角度测量的角编码器、圆光栅、圆磁栅等。若旋转式位置传感器测量的回转运动只是中间值，需要推算出与之关联的移动部件的直线位移，则该测量方式为间接测量。图 2-13 所示为直接测量和间接测量示意图。

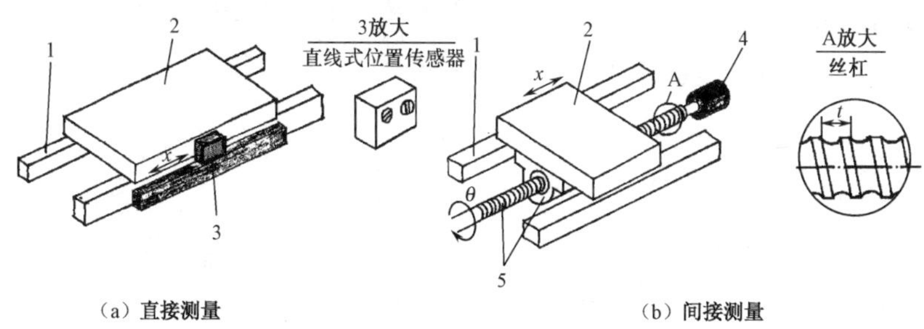

图 2-13　直接测量和间接测量示意图

图 2-13 中，丝杠的正、反向旋转通过螺母带动运动部件做正、反向直线运动。

若测量对象为运动部件的直线位移，则安装在移动部件上的直线式位置传感器进行直接测量，如图 2-13（a）所示；而安装在丝杠上的旋转式位置传感器通过测量丝杠旋转的角度可间接获得移动部件的直线位移，即间接测量，如图 2-13（b）所示。

用直线式位置传感器进行直线位移的直接测量时，传感器必须与直线行程等长，测量范围受传感器长度的限制，但测量精度高；而用旋转式位置传感器进行间接测量时无长度限制，但由于存在着直线与旋转运动的中间传递误差，如机械传动链中的间隙等，故测量精度不及直接测量。能够将旋转运动转换成直线运动的机械传动装置除丝杠-螺母外，还有齿轮-齿条等传动装置。

2. 按测量的基准来分

按测量的基准来分，数字式位置传感器的测量方式分为增量式测量和绝对式测量。增量式测量的特点是只能获得位移增量。在图 2-13 中，移动部件每移动一个基本长度单位，位置传感器便发出一个测量信号，此信号通常是脉冲形式的。这样，一个脉冲所代表的基本长度单位就是分辨力，对脉冲计数，便可得到位移量。典型的增量式位置传感器有旋转编码器、光栅等。这里主要介绍旋转编码器。

2.2.2　旋转编码器

1. 旋转编码器的原理及结构

旋转编码器通过光电转换，将输出至轴上的机械几何位移量转换成脉冲或数字信号，主

要用于速度或位置（角度）的检测。典型的旋转编码器是由光栅盘（又称码盘）和光电检测装置组成的。光栅盘（码盘）是指在一定直径的圆板上等分地开通若干长方形狭缝。由于码盘与电动机同轴，电动机旋转时，码盘与电动机同速旋转，经发光二极管等电子元件组成的检测装置检测输出若干脉冲信号，其原理示意图如图 2-14 所示。通过计算旋转编码器每秒输出脉冲的个数就能得到当前电动机的转速。

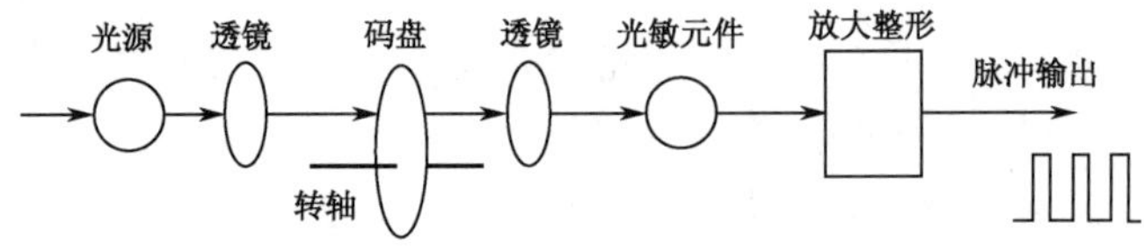

图 2-14　旋转编码器原理示意图

一般来说，根据旋转编码器产生脉冲的方式不同，可以将旋转编码器分为增量式旋转编码器、绝对式旋转编码器及复合式旋转编码器三大类。在自动生产线上常采用的是增量式旋转编码器。

增量式旋转编码器通常为光电码盘，其结构形式如图 2-15 所示。码盘与转轴连在一起。码盘可用玻璃材料制成，表面镀上一层不透光的金属铬，并在边缘制成向心透光狭缝。透光狭缝在码盘圆周上等分，数量从几百条到几千条不等。这样，整个码盘圆周上就等分成 n 个透光的槽。除此之外，增量式旋转编码器也可用不锈钢薄板制成，并在圆周边缘切割出均匀分布的透光槽，其余部分均不透光。最常用的光电码盘的光源是自身有聚光效果的 LED。当光电码盘随工作轴一起转动时，在光源的照射下，透过光电码盘和光栏板狭缝形成忽明忽暗的光信号，光敏元件将此光信号转换成电脉冲信号，通过信号处理电路的整形、放大、细分、辨向后，向控制系统输出脉冲信号，也可由数码管直接显示位移量。旋转编码器的测量精度取决于它所能分辨的最小角度，而这与光电码盘圆周上的狭缝条纹数 n 有关，即分辨角度为

$$a=\frac{360^\circ}{n}$$

$$\text{分辨率}=\frac{1}{n}$$

若条纹数为 1024，则能分辨的最小角度 $a = 360^\circ/1024 = 0.352^\circ$。

为了得到码盘转动的绝对位置，还须设置一个基准点，如图 2-15 中的零标志位光槽，又称“一转脉冲”；为了判断光电码盘旋转的方向，将光栏板上的两个狭缝距离设置为码盘上的两个狭缝距离的（m+1/4）倍，m 为正整数，并设置了两组光敏元件，如图 2-15 中的 A、B 光敏元件。增量式旋转编码器直接利用光电转换原理输出 3 组方波脉冲，分别为 A 相、B 相和 Z 相，其中，A、B 两组脉冲的相位差为 90°，用于辨向。当 A 相脉冲超前 B 相脉冲时，码盘正转，而当 B 相脉冲超前 A 相脉冲时，码盘反转。Z 相表示码盘每转一圈产生一个脉冲，用于基准点定位，如图 2-16 所示。

2. 旋转编码器的应用

旋转编码器除了能直接测量角位移或间接测量直线位移，还有以下用途。

1）数字测速

利用旋转编码器输出的信号是脉冲信号的原理，可以通过测量脉冲频率来测量转速。旋转编码器可与 PLC 的高速脉冲器指令配合使用，具体方法见实践篇项目 4。

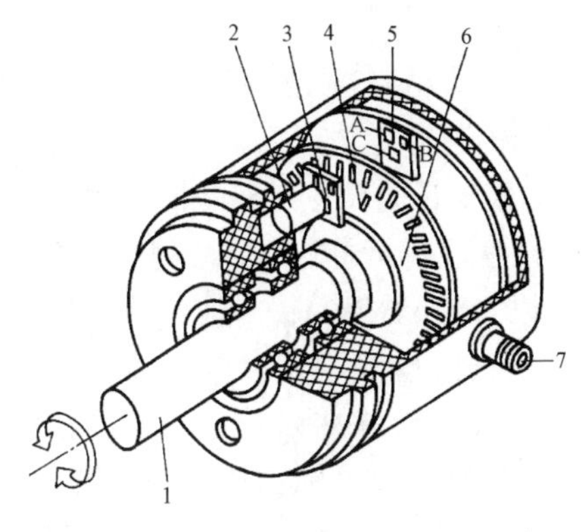

1—转轴；2—LED；3—光栏板；4—零标志位光槽；5—光敏元件；6—码盘；7—电源及信号连接座。

图 2-15　增量式旋转编码器结构示意图

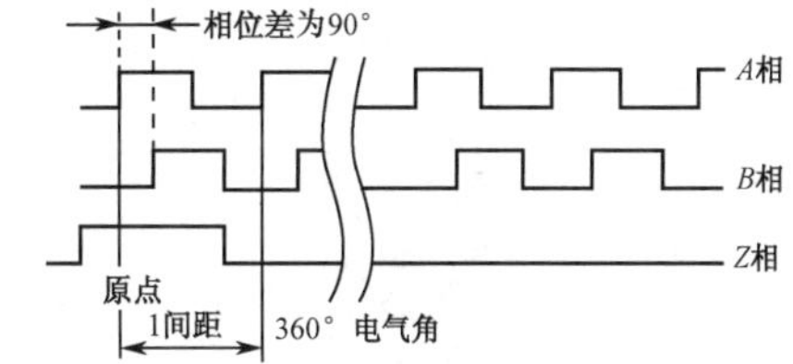

图 2-16　增量式旋转编码器输出的 3 组方波脉冲

2）在交流伺服电动机中的应用

交流伺服电动机是当前伺服控制技术中的最新技术之一。在交流伺服电动机的运行过程中，旋转编码器可以确定各个时刻转子相对于定子绕组转过的角度，从而控制电动机的运行。图 2-17 所示为交流伺服电动机及控制系统。

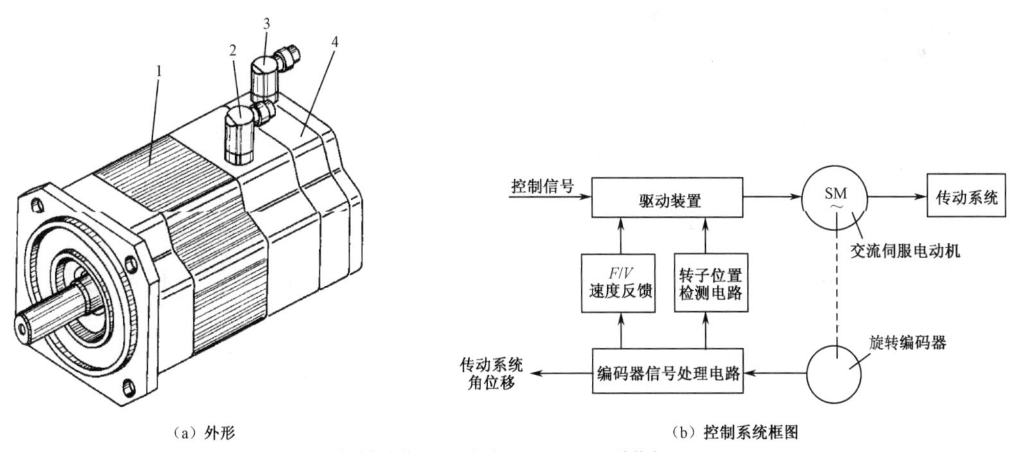

1—电动机本体；2—三相电源（U、V、W）连接座；3—光电编码器信号输出及电源连接座；4—光电编码器。

图 2-17　交流伺服电动机及控制系统

2.3　模拟量传感器

在控制系统中，无论输入还是输出，一个参数要么是模拟量，要么是开关量。

开关量只有两种状态，即开关的导通和断开、继电器的闭合和打开、电磁换向阀的通和断。第 2.2 节介绍的只能检测信号有无的传感器都是开关量传感器。

在控制系统中，有些信号量是一个在一定范围内变化的连续数值，如温度，从 0～100℃，

压力从0～10MPa，高度从1～5m，电动阀门的开度从0～100%等，这些量都是模拟量。自动生产线中经常要检测信号的变化情况，需要用到模拟量传感器。模拟量传感器发出的是连续信号，用电压、电流、电阻等表示被测参数的大小，如温度传感器、压力传感器等都是常见的模拟量传感器。

最常见的模拟量是12位的，即精度为2^{-12}，最高精度约为万分之二点五。当然，在实际的控制系统中，模拟量的精度还要受模拟/数字转换器和仪表的精度限制，通常不能达到这么高。

下面以U-GAGE(R)超声波传感器为例介绍模拟量传感器的检测原理。超声波传感器发射超声波的脉冲，该脉冲以一定的速度在空气中传播，一部分能量被目标物反射回传感器。传感器测量出超声波到达目标物并返回传感器所需的总时间，推算出传感器到目标物的距离。

超声波传感器的外观如图2-18所示，左边的指示灯为电源和信号强度指示灯，右边的指示灯（OUT灯）为信号输出指示灯，TEACH按钮为调节按钮。

图2-18　超声波传感器的外观

1．工作原理

如图2-19所示，超声波传感器的工作区域可分为4个：最小工作范围、最大工作范围、近限设定点、远限设定点。

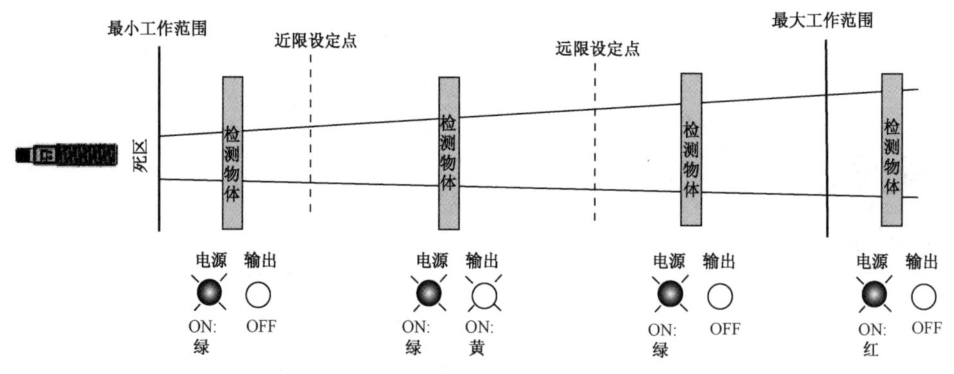

图2-19　超声波传感器的工作原理图

（1）检测物体在最小工作范围和最大工作范围内，电源和信号强度指示灯变为绿色，代表检测物体在可工作区域内。

（2）检测物体在近限设定点和远限设定点内时，信号输出指示灯变为黄色，代表检测物体在设定点范围内，有信号输出。

（3）检测物体在最小工作范围和最大工作范围外时，电源和信号强度指示灯变为红色，信号输出指示灯变为白色，代表检测物体在工作范围外，无信号输出。

2．参数设置

近限和远限手动设置操作如下。

进入编程模式：长按 TEACH 按钮直到 OUT 灯变红。

设置近限：短按 TEACH 按钮，设置完成后 OUT 灯闪烁。

设置远限：短按 TEACH 按钮，设置完成后退出编程模式，进入 RUN 模式，OUT 灯变回初始状态。

近限或远限没有设置完成前，长按 TEACH 按钮，退出编程模式。

在编程模式下，设置近限前，若时间超过 120s，则退出编程模式。

3．超声波传感器接线说明

超声波传感器接线说明如图 2-20 所示。

棕色（bn）线：+24V。

蓝色（bu）线：0V（模拟量输出公共端）。

白色（wh）线：模拟量输出端。

黑色（bk）线：开关量信号端。

灰色（gy）线：远程终端。

屏蔽（shield）线：接地端。

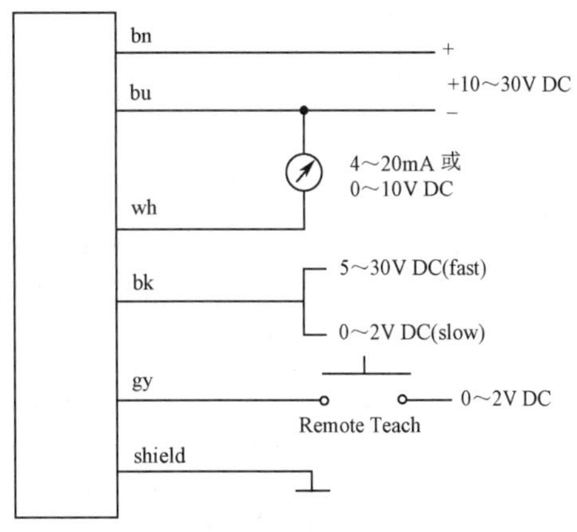

图 2-20　超声波传感器接线说明

单元3　变频控制技术在自动生产线中的应用

3.1　变频器的分类与参数设置

根据电动机学原理可知，三相交流异步电动机的转速 n 可表示为

$$n=\frac{60f_1}{p}(1-s)$$

式中，f_1 为定子的供电频率；p 为电动机的磁极对数；s 为转差率，$s=\frac{n_0-n}{n_0}$；n_0 为同步转速，$n_0=\frac{60f_1}{p}$。

异步电动机的调速方式主要有3种，即变极调速、变转差率调速和变频率调速。通过改变频率可以实现无级调速。变频器就是为电动机提供可变频率的装置。

变频器是将固定电压、固定频率的交流电变成可调电压、可调频率的交流电的装置。交流电动机高频调速技术具有节能、改善工艺流程、提高产品质量和便于自动控制等诸多优势，是被公认的非常有发展前途的调速方式。变频技术主要用于交流电动机的调速，交流电动机的结构参数、机械特性及其所带负载的特性对变频器的正常工作有着极大的影响。

3.1.1　变频器的分类

1. 按变频器的原理分类

按变频器的原理分类，变频器可分为交-交变频器、交-直变频器、交-直-交变频器。

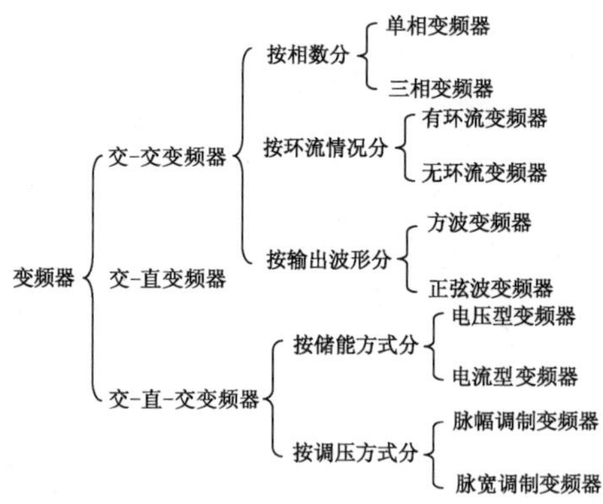

交-交变频器也称直接变频器，它只有一个变换环节，即把恒频（CVCF）的交流电源转换为变频（VVVF）电源。

交-直-交变频器又称间接变频器，它先将工频交流电通过整流器变成直流电，再经逆变器将直流电变成频率和电压可调的交流电。

2. 按变频器的控制方式分类

按变频器的控制方式分类，变频器可分为压频比（U/f）控制变频器、转差率（SF）控制变频器、矢量控制（VC）变频器和直接转矩控制变频器等。

3．按变频器的用途分类

按变频器的用途分类，变频器可分为通用变频器、专用变频器。

3.1.2　变频器的参数预置

在变频器运行前，需要预置功能参数、选择运行模式、给出启动信号。

1．变频器运行前的功能参数预置

1）预置功能参数

变频器运行时的基本参数和功能参数是通过预置功能参数得到的，因此它是变频器运行的一个环节。基本参数是指变频器运行所必须具有的参数，主要包括：转矩补偿，上、下限基本频率，加、减速时间，电子热保护等。在大多数变频器功能码表中都有基本功能一栏，其中包括这些基本参数。功能参数是根据选用的功能而需要预置的参数，如 PID 调节的功能参数等。如果不预置功能参数，那么变频器的参数按出厂时的设定选取。

预置功能参数的过程如下。

（1）查询功能码表，找出需要预置参数的功能码。

（2）在参数设定模式下，找到该功能码的修改数据。

现代变频器可设定的功能有数十种甚至上百种，为了区分这些功能，各变频器生产厂家都以一定的方式对各种功能进行了编码，这种表示各种功能的代码称为功能码。不同变频器生产厂家对功能码的编制方法是不一样的。

各种功能所需要设定的数据或代码称为数据码，设定变频器程序的一般步骤如下。

（1）按模式转换键，使变频器处于程序设定状态。

（2）按数字键或数字增减键，找出需要预置的功能号。

（3）按读出键或设定键，读出该功能中原有的数据，如果需要修改，那么按数字键或数字增减键来修改数据码。

（4）按写入键或设定键，将修改后的数据码写入存储器中。

（5）判断预置是否结束，若未结束，则转入第（2）步继续预置其他功能；若已结束，则按模式转换键，使变频器进入运行状态。

变频器的功能参数预置完成后，可先在输出端不接电动机的情况下，就几个较易观察的项目（如升速和降速时间、点动频率等）检查变频器的执行情况是否与预置相符合，并检查三相输出电压是否平衡。

2）选择运行模式

运行模式是指变频器运行时，给定频率和启动信号从哪里给出。根据给出位置的不同，运行模式主要可分为面板操作和外部操作（端子操作）。

外部操作的给定信号由来自变频器的控制机（上位机）如 PLC、单片机、PC 等实现控制。选择运行模式，大多采用功能预置的方法。

3）给出启动信号

经过以上两步，已经做好了运行变频器的准备，只要启动信号一到，变频器就按照预置的功能参数运转。启动信号也可以分为面板操作和外部操作（端子操作）。外部操作也可以由

PLC 等实现自动控制。

2. 变频器的运行功能参数

1）加速时间

启动变频器时，启动频率可以很低，加速时间可以自行给定，这样就能有效地解决启动电流大和机械冲击的问题。加速时间是指工作频率从 0Hz 上升至基本频率所需的时间，各种变频器都提供了在一定范围内可以任意给定加速时间的功能。用户可以根据电力拖动系统的情况自行给定一个加速时间。加速时间越长，启动电流就越小，启动也越平缓，但延长了电力拖动系统的过渡过程，对于某些频繁启动的机械来说，将会降低其生产效率。因此，给定加速时间的基本原则是在电动机的启动电流不超过允许值的前提下，尽量地缩短加速时间。由于影响加速过程的因素是电力拖动系统的惯性，所以电力拖动系统的惯性越大，加速难度越大，加速时间也应该长一些。但在具体的操作过程中，由于计算非常复杂，可以先将加速时间设置得长一些，观察启动电流的大小，再慢慢缩短加速时间。

2）加速模式

不同的生产机械对加速过程的要求是不同的。根据各种负载的不同要求，变频器给出了各种不同的加速曲线（模式）供用户选择。常见的曲线有线性方式、S 形方式和半 S 形方式等。

（1）在线性方式加速过程中，频率与时间呈线性关系，如图 3-1（a）所示，如果没有特殊要求，那么负载一般选用线性方式。

（2）S 形方式的初始阶段加速较缓慢，中间阶段为线性加速，尾段加速度又逐渐减为零，如图 3-1（b）所示。这种曲线适用于带式输送机一类的负载。这类负载往往满载启动，传送带上的物体静摩擦力较小，刚启动时加速较慢，以防止输送带上的物体滑倒，到尾段加速度减慢也是这个原因。

（3）半 S 形方式加速时一半为 S 形方式，另一半为线性方式，如图 3-1（c）所示。对于风机和泵类负载，低速时负载较轻，加速过程可以快一些，随着转速的加快，其阻尼转矩迅速增大，加速过程应适当减慢，反映在图上，就是加速的前半段为线性方式，后半段为 S 形方式。对于一些惯性较大的负载，加速初期加速过程较慢，到加速的后半段可以适当加快其加速过程，反映在图上，就是加速的前半段为 S 形方式，后半段为线性方式。

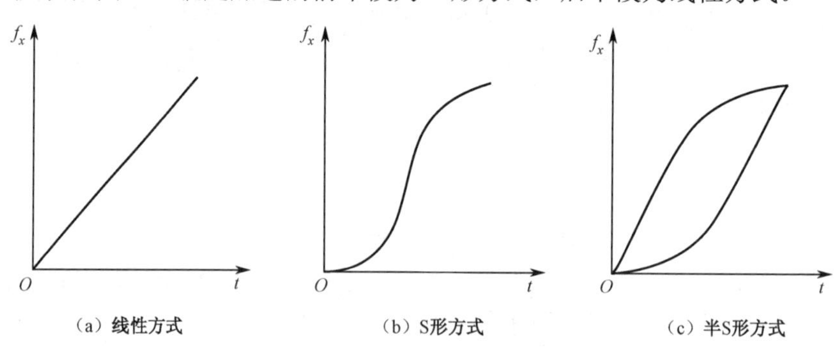

图 3-1　变频器的加速曲线

3）减速时间

在变频调速时，减速是通过逐步降低给定频率来实现的。在频率下降的过程中，电动机

处于再生制动状态。如果电力拖动系统的惯性较大，频率下降又很快，那么电动机将处于强烈的再生制动状态，从而产生过电流和过电压，使变频器跳闸。为避免上述情况的发生，可以在减速时间和减速方式上进行合理的选择。

减速时间是指变频器的输出频率从基本频率降至0Hz所需的时间。减速时间的给定方法同加速时间一样，其值的大小主要考虑系统的惯性。惯性越大，减速时间越长。一般情况下，加速和减速选择同样的时间。

4）减速模式

减速模式设置与加速模式相似，也要根据负载情况而定，减速曲线也有线性、S形和半S形等几种方式。

5）多功能端子

多功能端子也称可编程输入输出控制端子。多功能端子的功能可由用户根据需要通过功能代码进行设置，以节省变频器控制端子的数量。

6）程序控制

程序控制也称简易PLC控制。对于一个需要多挡转速操作的电力拖动系统来说，多挡转速的选择可通过外部控制来切换，也可依靠变频器内部定时器来自动运行。这种自动运行的方式称为程序控制。程序控制过程及操作过程见3.2节的实例4。

3．变频器的频率参数及预置

变频器的运行涉及多项频率参数，需要对各参数进行功能预置，才能使电动机变频调速后的特性满足生产机械的要求。这里介绍一些和频率有关的参数及其预置。

1）给定频率

给定频率是用户根据生产工艺的需求所设定的变频器输出频率。例如，原来工频供电的风机电动机现改为变频调速供电，就可设置给定频率为50Hz，其设置方法有两种：一种是用变频器的操作面板来输入频率的数字量“50”；另一种是从控制接线端上用外部给定（电压或电流）信号进行调节，最常见的形式就是通过外接电位器来完成的。

2）输出频率

输出频率即变频器实际输出的频率。当电动机所带的负载变化时，为使电力拖动系统稳定，此时变频器的输出频率会根据系统情况不断地调整，因此输出频率是在给定频率附近经常变化的。从另一个角度来说，变频器的输出频率就是整个电力拖动系统的运行频率。

3）基准频率

基准频率也称基本频率，一般以电动机的额定频率作为基准频率的给定值。基准电压是指输出频率达到基准频率时变频器的输出电压，基准电压通常取电动机的额定电压U_N。

4）上限频率和下限频率

上限频率和下限频率是指变频器输出的最高频率和最低频率。根据电力拖动系统所带的负载不同，有时要对电动机的最高转速和最低转速给予限制，以保证电力拖动系统的安全和产品的质量，另外，由对操作面板的误操作及外部指令信号的误动作引起的频率过高和过低，可通过设置上限频率和下限频率起到保护作用。常用的方法就是为变频器的上限频率和下限频率赋值。

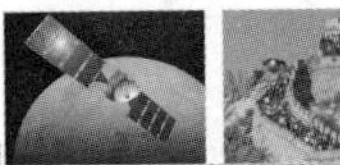

3.2 变频器在交流电动机调速控制中的应用

变频技术主要用于交流电动机的调速。下面就以西门子 MM420 变频器控制交流电动机调速的过程为例说明变频器在交流电动机调速控制中的应用。西门子 MM420（MICROMASTER420）属于用于控制三相交流电动机速度的变频器系列，其外形如图 3-2 所示，该变频器的额定参数如下。

（1）电源电压：380～480V，三相交流。

（2）额定输出功率：0.75kW。

（3）额定输入电流：2.4A。

（4）额定输出电流：2.1A。

（5）外形尺寸：A 型。

（6）操作面板：基本操作板（BOP）。

图 3-2　MM420 变频器的外形图

3.2.1 变频器的安装与接线

1．MM420 变频器的安装和拆卸

在工程使用中，MM420 变频器通常被安装在配电箱内的 DIN 导轨上。MM420 变频器安装和拆卸的步骤如图 3-3 所示。

在 DIN 导轨上安装变频器的步骤如下。

（1）用导轨的上闩销将变频器固定到导轨的安装位置上。

（2）向导轨上按压变频器，直到导轨的下闩销嵌入到位。

从 DIN 导轨上拆卸变频器的步骤如下。

（1）为了松开变频器的释放机构，将螺丝刀插入释放机构中。

（2）向下施加压力，导轨的下闩销就会松开。

（3）将变频器从导轨上取下。

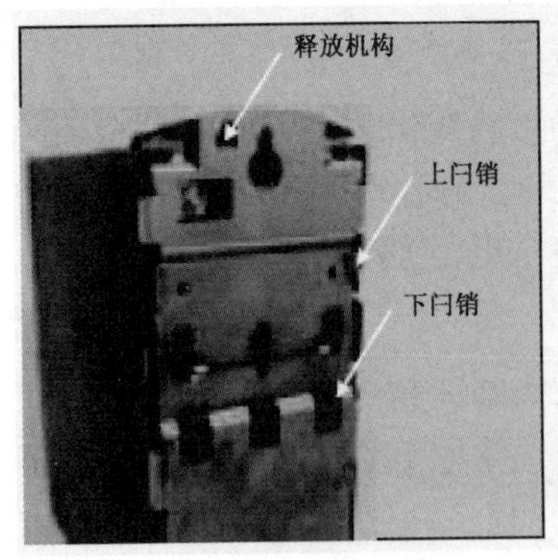

（a）变频器背面的固定机构

（b）在DIN导轨上安装变频器

（c）从DIN导轨上拆卸变频器

图 3-3　MM420 变频器安装和拆卸的步骤

2．MM420 变频器的接线

打开变频器的盖子后，就可以连接电源和电动机的接线端子了。接线端子在变频器机壳下

盖板内，拆卸盖板后可以看到变频器的接线端子。MM420 变频器的接线端子如图 3-4 所示。

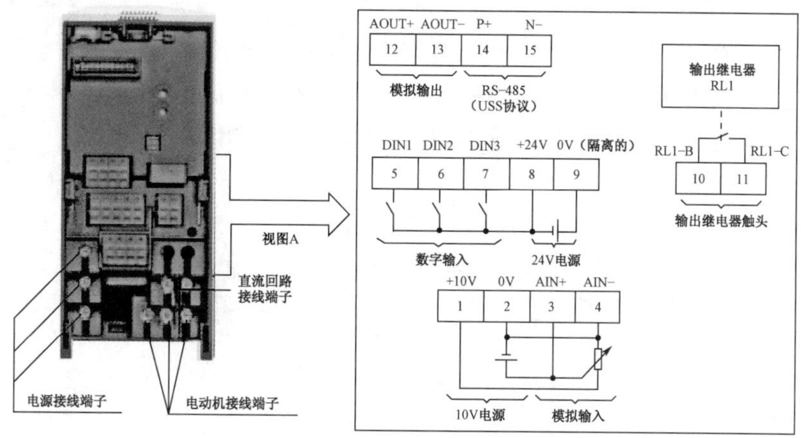

图 3-4　MM420 变频器的接线端子

（1）变频器主电路的接线。将三相电源连接到图 3-4 所示的电源接线端子，将电动机接线端子引出线连接到电动机。注意，接地线 PE 必须连接到变频器接地端子，并连接到交流电动机的外壳。

（2）变频器控制电路的接线。MM420 变频器控制电路的接线图如图 3-5 所示。

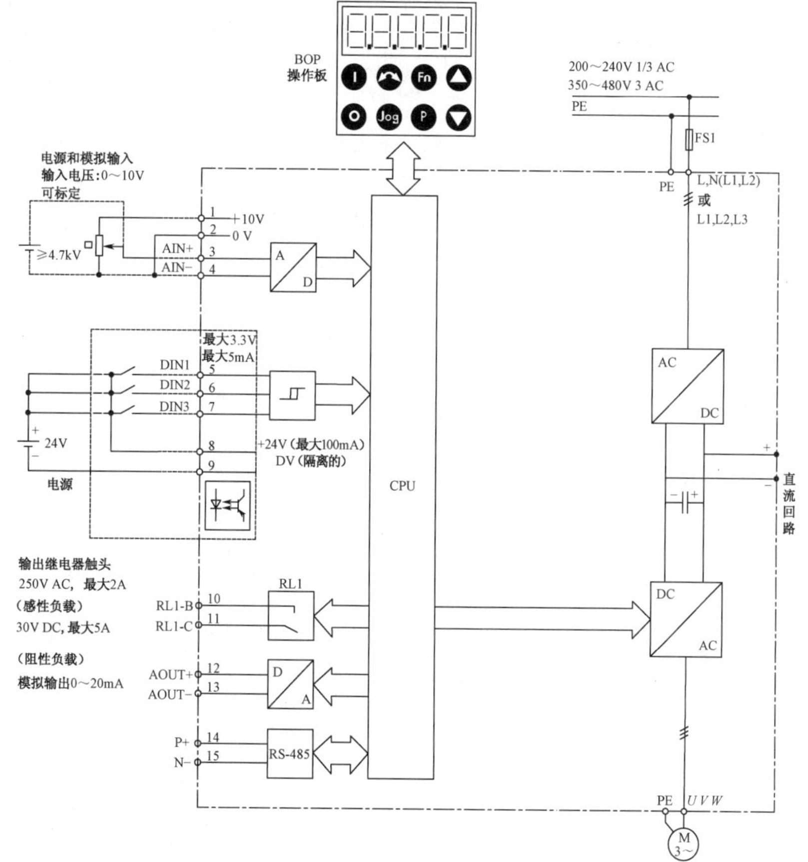

图 3-5　MM420 变频器控制电路的接线图

3．MM420 变频器的 BOP

图 3-6　BOP 的外形

图 3-6 所示为 BOP 的外形。利用 BOP 可以改变变频器的参数。

BOP 具有 7 段显示的 5 位数字，可以显示参数的序号和数值、报警和故障信息、设定值和实际值。参数的信息不能用 BOP 存储。

BOP 具有 8 个按钮，表 3-1 所示为 BOP 上的按钮及其功能。

表 3-1　BOP 上的按钮及其功能

显示/按钮	功　能	功能的说明
r0000	状态显示	LCD 显示变频器当前的设定值
I	启动变频器	按此键启动变频器。默认值运行时，此键是被封锁的，为了使此键的操作有效，应设定 P0700 = 1
0	停止变频器	OFF1：按此键，变频器将按选定的斜坡下降速率减速停车，默认值运行时，此键被封锁，为了使此键的操作有效，应设定 P0700 = 1； OFF2：按此键两次（或一次，但时间较长），电动机将在惯性作用下自由停车。此功能总是“使能”的
	改变电动机的转动方向	按此键可以改变电动机的转动方向，电动机反转时，用负号表示或用闪烁的小数点表示。默认值运行时，此键是被封锁的，为了使此键的操作有效，应设定 P0700 = 1
jog	电动机点动	在变频器无输出的情况下按此键，将使电动机启动，并按预设定的点动频率运行。释放此键时，变频器停车。如果变频器/电动机正在运行，按此键将不起作用
Fn	功能	1）此键用于浏览辅助信息。 变频器运行过程中，在显示任何一个参数时按下此键并保持不动 2s，将显示以下参数值（在变频器运行中从任意一个参数开始）。 （1）直流回路电压（用 *d* 表示，单位为 V）。 （2）输出电流（A）。 （3）输出频率（Hz）。 （4）输出电压（用 *o* 表示，单位为 V）。 （5）由 P0005 选定的数值。如果 P0005 选择显示上述参数中的任何一个（3、4 或 5），这里将不再显示。 连续多次按下此键将轮流显示以上参数。 2）跳转功能 在显示任何一个参数（rXXXX 或 PXXXX）时短时间按下此键，将立即跳转到 r0000，如果需要的话，可以继续修改其他参数。跳转到 r0000 后，按此键将返回原来的显示点
P	访问参数	按此键即可访问参数
	增加数值	按此键即可增加面板上显示的参数值

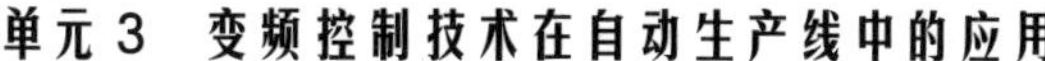

续表

显示/按钮	功　能	功能的说明
	减少数值	按此键即可减少面板上显示的参数值

3.2.2　变频器的性能参数

1．变频器参数的组成

变频器的参数由字母和参数号组成，参数号是指该参数的编号，参数号用 0000～9999 的 4 位数字表示。在参数号的前面冠以一个小写字母“r”时，表示该参数是“只读”的参数。其他所有参数号的前面都冠以一个大写字母“P”。这些参数的设定值可以直接在标题栏的“最小值”和“最大值”范围内进行修改。还有些参数带有下标，表示该参数是一个带下标的参数，并且指定了下标的有效序号。通过下标可以对同一参数的用途进行扩展，或者对不同的控制对象，自动改变所显示的或所设定的参数。

2．常用的参数

MM420 变频器有 2000 个参数，在这里只介绍常用的参数。

1）参数 P0003

参数 P0003 用于定义用户访问参数组的等级，其设置范围为 1～4。

（1）1（标准级）：可以访问最经常使用的参数。

（2）2（扩展级）：允许扩展访问参数的范围，如变频器的 I/O 功能。

（3）3（专家级）：只供专家使用。

（4）4（维修级）：只供授权的维修人员使用——具有密码保护。

该参数默认设置为等级 1（标准级），对于大多数简单的应用对象，采用标准级就可以满足要求了。用户可以修改设定值，但建议不要设置为等级 4（维修级），因为用 BOP 或 AOP（高级操作面板）看不到第 4 访问级的参数。

2）参数 P0004

参数 P0004（参数过滤器）的作用是根据所选定的一组功能，对参数进行过滤（或筛选），并集中对过滤出的一组参数进行访问，从而可以更方便地进行调试。参数 P0004 的设定值如表 3-2 所示，默认的设定值为 0。

表 3-2　参数 P0004 的设定值

设　定　值	所指定参数值意义	设　定　值	所指定参数值意义
0	全部参数	12	驱动装置的特征
2	变频器参数	13	电动机的控制
3	电动机参数	20	通信
7	命令，二进制 I/O	21	报警/警告/监控
8	模-数转换和数-模转换	22	工艺参量控制器（如 PID）
10	设定值通道/ RFG（斜坡函数发生器）		

3）参数 P0010

参数 P0010 是调试参数过滤器，可以对与调试相关的参数进行过滤，只筛选出那些与特定功能组有关的参数。P0010 的可能设定值为 0（准备）、1（快速调试）、2（变频器）、29（下载）、30（工厂的默认设定值）。P0010 的默认设定值为 0。

4）参数 P0700

参数 P0700 用于指定命令源。参数 P0700 的设定值如表 3-3 所示，默认的设定值为 2。

表 3-3　参数 P0700 的设定值

设　定　值	所指定参数值意义	设　定　值	所指定参数值意义
0	工厂的默认设定值	4	通过 BOP 链路的 USS 设置
1	BOP（键盘）设置	5	通过 COM 链路的 USS 设置
2	由端子排输入	6	通过 COM 链路的通信板（CB）设置

注意，当改变这一参数时，同时使所选项目的全部设定值复位为工厂的默认设定值。例如，把它的设定值由 1 改为 2 时，所有的数字输入都将复位为默认的设定值。

5）参数 P0701、P0702、P0703

参数 P0701、P0702、P0703 均属于“命令，二进制 I/O”参数组（P0004=7）。参数 P0701、P0702、P0703 的设定值如表 3-4 所示。

表 3-4　参数 P0701、P0702、P0703 的设定值

设　定　值	所指定参数值意义	设　定　值	所指定参数值意义
0	禁止数字输入	14	MOP 降速（降低频率）
1	接通正转/停车命令 1	15	固定频率设定值（直接选择）
2	接通反转/停车命令 1	16	固定频率设定值（直接选择 ＋ON 命令）
3	按惯性自由停车	17	固定频率设定值[二进制编码的十进制数（BCD 码）选择 ＋ON 命令]
4	按斜坡函数曲线快速降速停车	21	本地/远程控制
9	故障确认	25	直流注入制动
10	正向点动	29	由外部信号触发跳闸
11	反向点动	33	禁止附加频率设定值
12	反转	99	使能 BICO 参数化
13	MOP（电动电位计）升速（提高频率）		

由表 3-4 可见，参数 P0701、P0702、P0703 的设定值取值为 15、16、17 时，选择固定频率的方式确定输出频率（FF 方式）。这 3 种选择说明如下。

（1）直接选择（P0701—P0703 = 15）。在这种操作方式下，一个数字输入选择一个固定频率。如果有几个固定频率输入同时被激活，那么选定的频率是它们的总和，如 FF1 + FF2 + FF3。在这种方式下，还需要一个 ON 命令才能使变频器投入运行。

（2）直接选择 ＋ON 命令（P0701—P0703 = 16）。选择固定频率时，既有选定的固定频率，又有 ON 命令，把它们组合在一起。在这种操作方式下，一个数字输入选择一个固定频率。如果有几个固定频率输入同时被激活，那么选定的频率是它们的总和，如 FF1 + FF2 + FF3。

（3）二进制编码的十进制数（BCD 码）选择 + ON 命令（P0701—P0703 = 17）。使用这种方法最多可以选择 7 个固定频率。固定频率的数值选择如表 3-5 所示。

表 3-5　固定频率的数值选择

参数 P0701-P0703 的设定值	参 数 号	固定频率	DIN3	DIN2	DIN1
P0701—P0703 = 0		OFF	不激活	不激活	不激活
P0701—P0703 = 17	P1001	FF1	不激活	不激活	激活
	P1002	FF2	不激活	激活	不激活
	P1003	FF3	不激活	激活	激活
	P1004	FF4	激活	不激活	不激活
	P1005	FF5	激活	不激活	激活
	P1006	FF6	激活	激活	不激活
	P1007	FF7	激活	激活	激活

6）参数 P1000

参数 P1000 用于选择频率设定值的信号源。其设定值范围为 0～66，默认的设定值为 2。实际上，当设定值≥10 时，频率设定值将来源于两个信号源的叠加。其中，主设定值由最低一位数字（个位数）来选择（0～6），而附加设定值由最高一位数字（十位数）来选择（x0～x6，其中，x 的取值范围为 1～6）。下面只说明常用主设定值信号源的意义。

（1）0：无主设定值。

（2）1：MOP（电动电位差计）设定值。取此值时，选择 BOP 的按键指定输出频率。

（3）模拟设定值。输出频率由 3～4 端子两端的模拟电压（0～10V）设定。

（4）固定频率。输出频率由数字输入端子 DIN1～DIN3 的状态指定，用于多段速控制。

（5）通过 COM 链路的 USS 设定输出频率，即通过按 USS 协议的串行通信线路设定输出频率。

（6）参数 P1080。参数 P1080 用于设定最低频率，属于“设定值通道”参数组（P0004=10），默认值为 0.00Hz。

7）参数 P2000

参数 P2000 用于设定基准频率，是串行链路、模拟 I/O 和 PID 控制器采用的满刻度频率设定值，属于“通信”参数组（P0004=20），默认值为 50.00Hz。

8）参数 P1082

参数 P1082 用于设定最高频率，也属于“设定值通道”参数组（P0004=10），默认值为 50.00Hz。参数 P1082 限制了电动机运行的最高频率。因此，在最高频率要求高于 50.00Hz 的情况下，需要修改 P1082 参数。

电动机运行的加、减速度的快慢，可用斜坡上升和下降时间表征，分别由参数 P1120 和 P1121 设定。这两个参数均属于“设定值通道”参数组，并且可在快速调试时设定。

9）参数 P1120

参数 P1120 用于设定斜坡上升时间，即电动机从静止状态加速到最高频率（P1082）所用的时间。设定范围为 0～650s，默认值为 10s。

10）参数 P1121

参数 P1121 用于设定斜坡下降时间，即电动机从最高频率（P1082）减速到静止停车所用的时间。设定范围为 0～650s，默认值为 10s。

> **注意：** 如果设定的斜坡上升时间太短，那么有可能导致变频器过电流跳闸；同样，如果设定的斜坡下降时间太短，那么有可能导致变频器过电流或过电压跳闸。

11）电动机参数

（1）P0304：电动机额定电压（V）。

（2）P0305：电动机额定电流（A）。

（3）P0307：电动机额定功率（kW）。

（4）P0310：电动机额定频率（Hz）。

（5）P0311：电动机额定转速（r/min）。

12）参数 P3900

参数 P3900 与快速调试的设定有关，当其被设定为 1 时，快速调试的进行与参数 P3900 的设定有关，快速调试结束后，要完成必要的电动机计算，除了快速调试提到的参数不被复位，其他所有的参数（P0010=1 不包括在内）复位为工厂的默认设定值。当 P3900=1 并完成快速调试后，变频器就已经做好了运行准备。

3. 参数设置方法

用 BOP 可以修改和设定系统参数，使变频器具有期望的特性，如斜坡时间、最小和最大频率等。选择的参数号和设定的参数值在五位数字的 LCD 上显示。

更改参数值的步骤可大致归纳为：①查找所选定的参数号；②进入参数值访问级，修改参数值；③确认并存储修改好的参数值。

表 3-6 所示为改变参数 P0004 的数值的步骤。

表 3-6 改变参数 P0004 的数值的步骤

序　号	操作内容	显示的结果
1	按 P 访问参数	r0000
2	按 ▲ 直到显示出 P0004	P0004
3	按 P 进入参数值访问级	0
4	按 ▲ 或 ▼ 达到所需的数值	3
5	按 P 确认并存储参数的数值	P0004
6	使用者只能看到命令参数	—

4. MM420 变频器的参数访问及常用参数设置举例

MM420 变频器有数千个参数，为了能快速访问指定的参数，MM420 采用把参数分类、

屏蔽（过滤）不需要访问的类别的方法实现。

参数 P0004 就是实现这种参数过滤功能的重要参数。当完成了 P0004 的设定以后再进行参数查找时，在 LCD 上只能看到 P0004 设定值所指定类别的参数。

实例 1　用 BOP 进行变频器的快速调试。

快速调试包括电动机参数和斜坡函数的参数设定，而且电动机参数的修改仅当快速调试时有效。在进行快速调试以前，必须完成变频器的机械和电气安装。当选择 P0010=1 时，进行快速调试。

表 3-7 所示为设置电动机参数表。

表 3-7　设置电动机参数表

参数号	出厂值	设定值	说明
P0003	1	1	设一定用户访问级为标准级
P0010	0	1	快速调试
P0100	0	0	设置使用地区，0=欧洲，功率以 kW 表示，频率为 50Hz
P0304	400	380	电动机额定电压（V）
P0305	1.90	0.18	电动机额定电流（A）
P0307	0.75	0.03	电动机额定功率（kW）
P0310	50	50	电动机额定频率（Hz）
P0311	1395	1300	电动机额定转速（r/min）

实例 2　将变频器复位为工厂的默认设定值。

如果用户在参数调试过程中遇到问题，并且希望重新开始调试，那么通常首先将变频器的全部参数复位为工厂的默认设定值，再重新调试。为此，应按照下面的数值设定参数：①设定 P0010＝30；②设定 P0970＝1。按下 P 键，便开始参数的复位。变频器将自动地将它的所有参数都复位为各自的默认设定值。复位为工厂默认设定值的时间大约为 60s。

实例 3　电动机速度的连续调整。

变频器的参数为出厂默认值时，命令源参数 P0700=2，指定命令源为“外部 I/O”；频率设定值信号源 P1000=2，指定频率设定信号源为“模拟量输入”。这时，只需在 AIN+（端子③）与 AIN-（端子④）加上模拟电压（DC 0～10V 可调），并使数字输入 DIN1 信号为 ON，即可启动电动机，实现电动机速度的连续调整。

（1）模拟电压信号从变频器内部 DC 10V 电源获得。

按图 3-5 所示的接线，用一个 4.7kV 电位器连接内部电源+10V 端（端子①）和 0V 端（端子②），中间抽头与 AIN+（端子③）相连。连接主电路后接通电源，使 DIN1 端子的开关短接，即可启动/停止变频器，旋动电位器即可改变频率，实现电动机速度的连续调整。

电动机速度的调整范围：上述电动机速度的调整操作中，电动机的最低速度取决于参数 P1080（最低频率），最高速度取决于参数 P2000（基准频率）。

（2）模拟电压信号由外部给定，电动机可正反转。

参数 P0700（命令源选择）、P1000（频率设定值选择）应为默认设置，即 P0700=2（由端子排输入），P1000=2（模拟输入）。从模拟输入端③（AIN+）和④（AIN−）输入来自外部的 0～10V 直流电压（如从 PLC 的 D/A 模块获得），即可连续调节输出频率的大小。

用数字输入端口 DIN1 和 DIN2 控制电动机的正反转方向时，可通过设定参数 P0701、

P0702 实现。例如，使 P0701=1（DIN1 ON 接通正转，OFF 停止），P0702=2（DIN2 ON 接通反转，OFF 停止）。

实例 4 多段速控制。

例如，要求电动机能实现正反转和高、中、低 3 种转速的调整，电动机高速时运行频率为 40Hz，中速时运行频率为 25Hz，低速时运行频率为 15Hz。

当变频器的命令源参数 P0700=2（外部 I/O）时，选择频率设定的信号源参数 P1000=3（固定频率），并设定数字输入端子 DIN1、DIN2、DIN3 等相应的功能后，就可以通过外接的开关器件的组合通断改变输入端子的状态实现电动机速度的有级调整了。这种控制频率的方式称为多段速控制功能。

（1）选择数字输入 1（DIN1）功能的参数为 P0701，默认值为 1。

（2）选择数字输入 2（DIN2）功能的参数为 P0702，默认值为 12。

（3）选择数字输入 3（DIN3）功能的参数为 P0703，默认值为 9。

为了实现多段速控制功能，应该修改这 3 个参数，为 DIN1、DIN2、DIN3 端子赋予相应的功能。

综上所述，实现多段速控制的参数设置步骤如下。

（1）先设定 P0004=7，选择外部 I/O 参数组，然后设定 P0700=2；指定命令源为“由端子排输入”。

（2）设定 P0701、P0702、P0703 为 15～17，确定数字输入 DIN1、DIN2、DIN3 的功能。

（3）先设定 P0004=10，选择设定值通道参数组，然后设定 P1000=3，指定频率设定值信号源为固定频率。

（4）设定相应的固定频率值，即设定参数 P1001～P1007 有关对应项。

根据控制要求，3 段固定频率控制参数表如表 3-8 所示。

表 3-8 3 段固定频率控制参数表

步骤号	参数号	出厂值	设定值	说明
1	P0003	1	1	设定用户访问级为标准级
2	P0004	0	7	命令组为命令和数字 I/O
3	P0700	2	2	命令源选择由端子排输入
4	P0003	1	2	设定用户访问级为扩展级
5	P0701	1	16	将 DIN1 功能设定为固定频率设定值（直接选择+ON）
6	P0702	12	16	将 DIN2 功能设定为固定频率设定值（直接选择+ON）
7	P0703	9	12	将 DIN3 功能设定为接通时反转
8	P0004	0	10	将命令组设定为设定值通道和斜坡函数发生器
9	P1000	2	3	将频率给定输入方式设定为固定频率设定值
10	P1001	0	25	固定频率 1
11	P1002	5	15	固定频率 2

设定上述参数后，将 DIN1 置为高电平、DIN2 置为低电平，变频器输出 25Hz（中速）；将 DIN1 置为低电平，DIN2 置为高电平，变频器输出 15Hz（低速）；将 DIN1 置为高电平、DIN2 置为高电平、变频器输出 40Hz（高速）；将 DIN3 置为高电平，电动机反转。

单元 4　步进电动机及控制

4.1　步进电动机的工作原理与选用

步进电动机是一种将电脉冲信号转换成机械角位移的电磁机械装置。每输入一个电脉冲信号，电动机就转动一个角度，它的运动形式是步进式的，所以称为步进电动机。步进电动机具有较好的定位精度、无漂移和无积累定位误差的优点，能跟踪一定频率范围的脉冲列，可作为同步电动机使用，广泛地应用于各种小型自动化设备及仪器中。

1．步进电动机的分类

按转矩产生的原理分类，步进电动机可分为：①反应式步进电动机；②永磁式步进电动机；③混合式步进电动机。

按电流的极性分类，步进电动机可分为：①单极性步进电动机；②双极性步进电动机。

按控制绕组数量分类，步进电动机可分为：①二相步进电动机；②三相步进电动机；③四相步进电动机；④五相步进电动机；⑤六相步进电动机。

按运动的形式分类，步进电动机可分为：①旋转步进电动机；②直线步进电动机；③平面步进电动机。

2．步进电动机的工作原理

下面以三相反应式步进电动机为例，简介步进电动机的工作原理。

图 4-1 所示为三相反应式步进电动机的原理图。三相反应式步进电动机的定子铁芯为凸极式，共有 3 对（6 个）磁极，每两个空间相对的磁极上绕有一相控制绕组。三相反应式步进电动机的转子由软磁性材料制成，转子铁芯为凸极式，只有 4 个齿，齿宽等于定子的极宽。

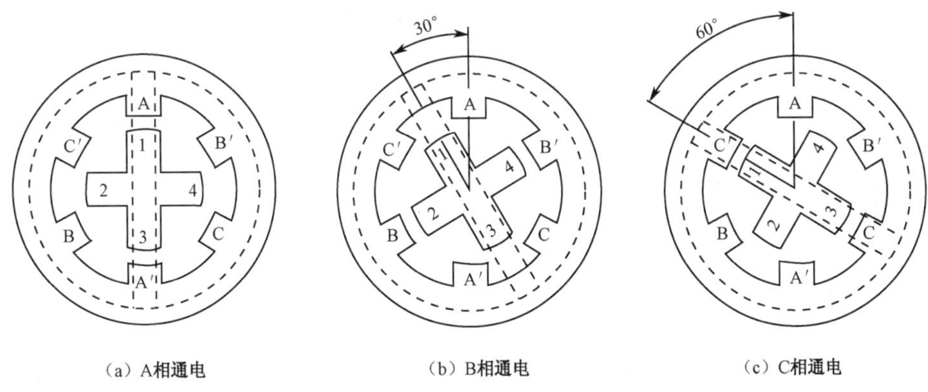

图 4-1　三相反应式步进电动机的原理图

当 A 相控制绕组通电时，其余两相均不通电，电动机内建立以定子 A 相极为轴线的磁场。由于磁通具有力图走磁阻最小路径的特点，使转子齿 1、3 的轴线与定子 A 相极轴线对齐，如图 4-1（a）所示。当 A 相控制绕组断电、B 相控制绕组通电时，转子在反应转矩的作用下逆时针转过 30°，使转子齿 2、4 的轴线与定子 B 相极轴线对齐，即转子走了一步，如图 4-1（b）所示。若断开 B 相，使 C 相控制绕组通电，转子逆时针方向又转过 30°，使转

子齿 1、3 的轴线与定子 C 相极轴线对齐，如图 4-1（c）所示。如此按 A→B→C→A 的顺序轮流通电，电动机就会一步一步地逆时针转动。其转速取决于各相控制绕组通电与断电的频率，其旋转方向取决于控制绕组轮流通电的顺序。若按 A→C→B→A 的顺序通电，则电动机按顺时针方向转动。

上述通电方式称为三相单三拍。相数是指产生不同对极 N、S 磁场的激磁线圈对数，常用 m 表示；三相是指三相步进电动机。拍数是指完成一个磁场周期性变化所需的脉冲数或导电状态，用 n 表示，或指电动机转过一个齿距角所需的脉冲数，或指控制绕组每改变一次通电的导电状态数。三拍是指改变三次通电状态为一个循环，单三拍是指每次只有一相控制绕组通电。对应一个脉冲信号，电动机转子转过的角位移用 θ 表示，即每一拍转子转过的角度。

$$\theta = \frac{360^\circ}{Z_r m}$$

式中，θ 为步距角；Z_r 为转子齿数；m 为每个通电循环周期的拍数。

电动机三相单三拍运行时的步距角为 30°。

如果把控制绕组的通电方式改为 A→AB→B→BC→C→CA→A，即一相通电接着二相通电，间隔地轮流进行，那么完成一个循环需要改变 6 次通电状态，这种通电方式称为三相单、双六拍通电方式。当 A、B 两相绕组同时通电时，转子齿的位置应同时考虑到两对定子极的作用，只有 A 相极和 B 相极对转子齿所产生的磁拉力相平衡的中间位置，才是转子的平衡位置。这样，单、双六拍通电方式下转子平衡位置增加了一倍，步距角为 15°。

为了获得小步距角，将电动机的定子、转子都做成多齿的，结构图如图 4-2 所示。

例如，Kinco 生产的 3S57Q-04056 型号三相步进电动机，它的步距角在整步方式下为 1.8°，在半步方式下为 0.9°。

除了步距角，步进电动机还有保持转矩、阻尼转矩等技术参数，这些参数的物理意义请参阅有关步进电动机的专门资料。3S57Q-04056 部分技术参数如表 4-1 所示。

表 4-1　3S57Q-04056 部分技术参数

参数名称	步距角	相电流	保持转矩	阻尼转矩	电动机惯量
参　数　值	1.8°	5.8A	1.0N·m	0.04N·m	0.3kg·cm²

3．步进电动机的使用

（1）正确地安装。安装步进电动机时，必须严格按照产品说明的要求进行安装。步进电动机是精密装置，安装时注意不要敲打它的轴端，更不要拆卸电动机。

（2）正确地接线。不同的步进电动机的接线有所不同，3S57Q-04056 接线图如图 4-3 所示。三相绕组的 6 根引出线必须按头尾相连的原则连接成三角形。改变绕组的通电顺序就能改变步进电动机的转动方向。

（3）控制步进电动机运行时，应注意考虑防止步进电动机在运行中失步的问题。

步进电动机失步包括丢步和越步。丢步时，转子前进的步数小于脉冲数；越步时，转子前进的步数大于脉冲数。丢步严重时，转子将停留在一个位置上或围绕一个位置振动；越步严重时，设备将发生过冲。

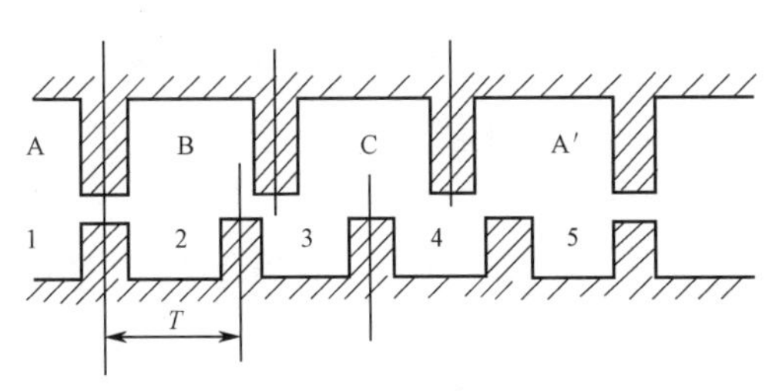

图 4-2　结构图

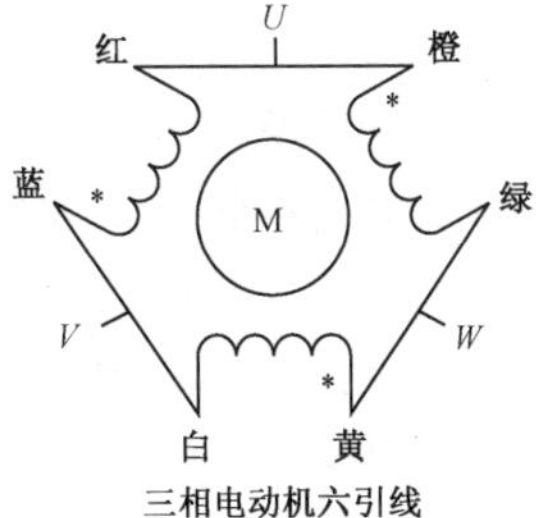

线色	电动机信号
红色	U
橙色	
蓝色	V
白色	
黄色	W
绿色	

图 4-3　3S57Q-04056 接线图

4．步进电动机的选择

步进电动机有步距角（涉及相数）、静力矩及电流 3 大要素。一旦 3 大要素确定，步进电动机的型号便确定下来了。

1）步距角的选择

步进电动机的步距角取决于负载精度的要求，将负载的最小分辨率（当量）换算到步进电动机轴上，可得出每个当量步进电动机应转过多少角度（包括减速）。步进电动机的步距角应等于或小于此角度。目前市场上步进电动机的步距角一般有 0.36°/0.72°（五相步进电动机）、0.9°/1.8°（二、四相步进电动机）、1.5°/3°（三相步进电动机）等。

2）静力矩的选择

步进电动机的动态力矩很难一次确定，往往需要先确定电动机的静力矩。静力矩选择的依据是电动机工作的负载，而负载可分为惯性负载和摩擦负载两种。单一的惯性负载和单一的摩擦负载是不存在的。直接启动电动机时（一般由低速开始），两种负载均要考虑，加速启动时主要考虑惯性负载，恒速运行时只考虑摩擦负载。一般情况下，静力矩应为摩擦负载的 2～3 倍，静力矩一旦选定，电动机的机座及长度便能确定下来（几何尺寸）。

3）电流的选择

对于静力矩相同的步进电动机，由于电流参数不同，其运行特性差别很大，可依据矩频特性曲线图，判断步进电动机的电流（参考驱动电源及驱动电压）。

供电电源的电流一般根据驱动器的输出相电流 I 来确定。如果采用线性电源，那么电源电流一般可取 I 的 1.1～1.3 倍；如果采用开关电源，那么电源电流一般可取 I 的 1.5～2.0 倍。

4.2　步进电动机的驱动装置

步进电动机需要专门的驱动装置（驱动器）供电，驱动器和步进电动机是一个有机的整体，步进电动机的运行性能是电动机及其驱动器二者配合所反映的综合效果。一般来说，每一台步进电动机大都有其对应的驱动器。例如，Kinco 三相步进电动机 3S57Q-04056 的配套驱动器是 Kinco 3M458 三相步进电动机驱动器。Kinco 3M458 三相步进电动机驱动器外观如图 4-4 所示。

图 4-4　Kinco 3M458 三相步进电动机驱动器外观

步进电动机驱动器包括脉冲分配器和脉冲放大器两部分，主要解决向步进电动机的各相绕组分配输出脉冲和功率放大两个

问题。

脉冲分配器是一个数字逻辑单元，它接收来自控制器的脉冲信号和转向信号，将脉冲信号按一定的逻辑关系分配到每一相脉冲放大器上，使步进电动机按选定的运行方式工作。由于步进电动机各相绕组是按一定的通电顺序并不断循环来实现步进功能的，因此脉冲分配器也称为环形分配器。实现这种分配功能的方法有多种，环形分配器可以由双稳态触发器和门电路组成，也可以由可编程逻辑器件组成。

脉冲放大器用于进行脉冲功率放大。因为从脉冲分配器输出的电流很小（毫安级），而步进电动机工作时需要的电流较大，因此需要进行功率放大。此外，输出的脉冲波形、幅度、波形前沿陡度等因素对步进电动机运行性能有重要的影响。

步进电动机驱动器采用交流伺服驱动原理，将直流电压通过脉冲宽度调制技术变为三相阶梯式正弦波形电流，如图 4-5 所示。

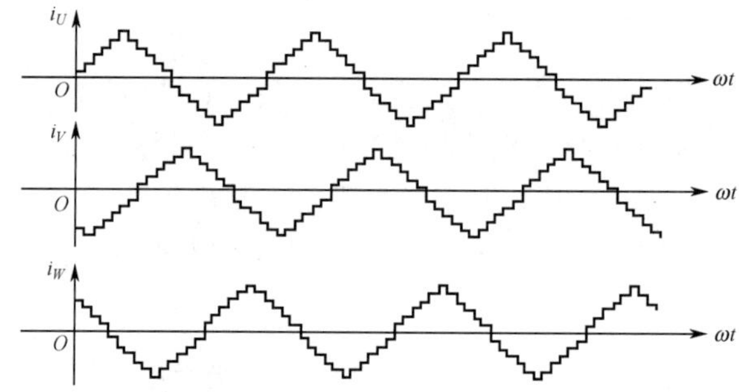

图 4-5　相位差为 120° 的三相阶梯式正弦波形电流

阶梯式正弦波形电流按固定时序分别流过三路绕组，其每个阶梯对应电动机转动一步。

通过改变驱动器输出正弦电流的频率来改变电动机转速，而输出的阶梯数确定了每步转过的角度，角度越小，其阶梯数就越多，从理论上说此角度可以设定得足够小，所以细分数可以很大，这种控制方式称为细分驱动方式。步进电动机的细分技术实质上是一种电子阻尼技术，其主要目的是减弱或消除步进电动机的低频振动，提高电动机的运转精度只是细分技术的一个附带功能。例如，对于步进角为 1.8° 的两相混合式步进电动机，如果细分驱动器的细分数设置为 4，那么电动机的运转分辨率为每个脉冲 0.45° ，电动机的精度能否达到或接近 0.45° ，还取决于细分驱动器的细分电流控制精度等其他因素。不同厂家的细分驱动器精度可能差别很大，细分数越大，精度越难控制。Kinco 3M458 三相步进电动机驱动器最高可达 10000 步/转的驱动细分功能，细分可以通过拨动开关设定。

在 Kinco 3M458 驱动器的侧面连接端子中间有一个红色的 8 位 DIP 功能设定开关，这个开关可以用来设定驱动器的工作方式和工作参数，包括细分设置、静态电流设置和运行电流设置。图 4-6 所示为 3M458 DIP 开关功能划分说明，表 4-2 和表 4-3 所示为细分设置表和输出电流设置表。

DIP开关的正视图

ON 1 2 3 4 5 6 7 8

开关序号	ON功能	OFF功能
DIP1～DIP3	细分设置用	细分设置用
DIP4	静态电流全流	静态电流半流
DIP5～DIP8	运行电流设置用	运行电流设置用

图 4-6　3M458 DIP 开关功能划分说明

表 4-2　细分设置表

DIP1	DIP2	DIP3	细　分
ON	ON	ON	400 步/转
ON	ON	OFF	500 步/转
ON	OFF	ON	600 步/转
ON	OFF	OFF	1000 步/转
OFF	ON	ON	2000 步/转
OFF	ON	OFF	4000 步/转
OFF	OFF	ON	5000 步/转
OFF	OFF	OFF	10000 步/转

表 4-3　输出电流设置表

DIP5	DIP6	DIP7	DIP8	输出电流
OFF	OFF	OFF	OFF	3.0A
OFF	OFF	OFF	ON	4.0A
OFF	OFF	ON	ON	4.6A
OFF	ON	ON	ON	5.2A
ON	ON	ON	ON	5.8A

可以对步进电动机驱动器采取如下措施，以改善步进电动机的运行性能。

（1）提高步进电动机驱动器内部驱动直流电压，提供更好的高速性能。

（2）步进电动机驱动器具有电动机静态锁紧状态下的自动半流功能，可大大降低电动机的发热量。由于步进电动机静止时的电流很大，所以一般驱动器都提供半流功能。

（3）为调试方便，在步进电动机驱动器上还设有一对脱机信号输入线 FREE+和 FREE，当脱机信号为 ON 时，驱动器将断开输入到步进电动机的电源回路。

4.3　步进驱动控制

与 Kinco 三相步进电动机 3S57Q-04056 配套的驱动器是 Kinco 3M458 三相步进电动机驱动器，Kinco 3M458 的典型接线图如图 4-7 所示。

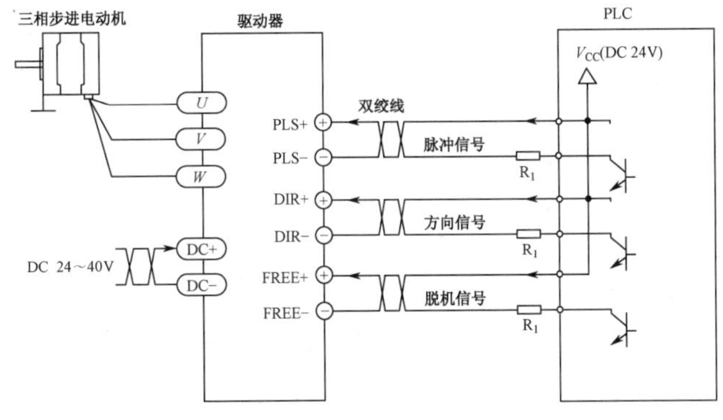

图 4-7　Kinco 3M458 的典型接线图

PLS+、PLS 控制步进电动机的转速和位移量，DIR+、DIR 控制步进电动机的运动方向。

单元 5 伺服电动机及控制

现代高性能控制系统对电动机提出如下要求。

（1）从最低速到最高速电动机都能平稳运转，转矩波动要小，尤其在低速如 0.1r/min 或更低速时，仍有平稳的速度而无爬行现象。

（2）电动机应具有较长时间的过载能力，以满足低速大转矩的要求。一般直流伺服电动机要求在数分钟内过载 4～6 倍而不损坏。

（3）为了满足快速响应的要求，电动机应具有较小的转动惯量和较大的堵转转矩，并具有尽可能小的时间常数和启动电压。

（4）电动机应能承受频繁启动、制动和反转。

伺服电动机能满足这些要求，伺服电动机与伺服驱动器组成的现代高性能伺服系统能实现上述要求的控制。目前，交流伺服系统应用最为广泛，现代高性能控制系统大多数采用永磁交流伺服系统，其中包括交流伺服电动机和交流伺服驱动器两部分。

5.1 交流伺服电动机的结构与工作原理

1．交流伺服电动机的结构

交流伺服电动机是无刷电动机，分为同步电动机和异步电动机，目前运动控制中一般都采用同步电动机，它的功率范围大、惯量大、最高转动速度低，且转动速度随着功率增大而快速降低，因而适合做低速平稳运行的应用。

交流伺服电动机定子的构造与电容分相式单相异步电动机相似。其定子上装有两个位置互差 90° 的绕组，一个是励磁绕组 R_f，它始终接在交流电压 U_f 上；另一个是控制绕组 L，连接控制信号电压 U_c，所以交流伺服电动机又称两个伺服电动机。

交流伺服电动机的转子通常做成鼠笼式，但为了使交流伺服电动机具有较宽的调速范围、线性的机械特性，无自转现象和具有快速响应的性能，它与普通电动机相比，应具有转子电阻大和转动惯量小这两个特点。目前应用较多的转子结构有两种形式：一种是采用具有高电阻率的导电材料做成的高电阻率导条鼠笼转子，为了减小转子的转动惯量，转子做得细长；另一种是采用铝合金制成的空心杯形转子，杯壁很薄，仅为 0.2～0.3mm，为了减小磁路的磁阻，要在空心杯形转子内放置固定的内定子。空心杯形转子的转动惯量很小，反应迅速，而且运转平稳，因此被广泛采用。

2．交流伺服电动机的工作原理

交流伺服电动机内部的转子是永磁铁，驱动器控制的 $U/V/W$ 三相电形成电磁场，转子在此磁场的作用下转动，同时电动机自带的编码器反馈信号给驱动器，驱动器将反馈值与目标值进行比较，调整转子转动的角度。这样，就能够很精确地控制电动机的转动，从而实现精确定位，定位精度可以达到 0.001mm。交流伺服电动机的精度决定于编码器的精度（线数）。

在没有控制电压时，交流伺服电动机的定子内只有励磁绕组产生的脉动磁场，转子静止不动。当有控制电压时，定子内便产生一个旋转磁场，转子沿旋转磁场的方向旋转，在负载恒定的情况下，电动机的转速随控制电压的大小而变化，当控制电压的相位相反时，交流伺服电动机将反转。

交流伺服电动机的工作原理与电容分相式单相异步电动机虽然相似，但前者的转子电阻比后者大得多，所以交流伺服电动机与单机异步电动机相比，有如下 3 个显著特点。

（1）启动转矩大。由于转子电阻大，其转矩特性曲线与普通异步电动机的转矩特性曲线有明显的区别。它可使临界转差率 $s_0>1$，这样不仅使转矩特性（机械特性）更接近于线性，而且具有较大的启动转矩。因此，定子一有控制电压，转子立即转动，即具有启动快、灵敏度高的特点。

（2）运行范围较广。

（3）无自转现象。正常运转的交流伺服电动机一旦失去控制电压，便会立即停止运转。当交流伺服电动机失去控制电压后，它处于单相运行状态，由于转子电阻大，定子中两个相反方向旋转的旋转磁场与转子作用所产生的两个转矩相互作用，避免自转。

交流伺服电动机的输出功率一般是 0.1～100W。当电源频率为 50Hz 时，电压有 36V、110V、220V、380V 几种；当电源频率为 400Hz 时，电压有 20V、26V、36V、115V 等多种。

交流伺服电动机运行平稳、噪声小，但控制特性是非线性的，并且由于转子电阻大、损耗大、效率低，因此与同容量直流伺服电动机相比，交流伺服电动机体积大、质量大，所以只适用于 0.5～100W 的小功率控制系统。

3．交流伺服电动机安装的注意事项

（1）在安装/拆卸耦合部件到交流伺服电动机轴端时，不要用锤子直接敲打轴端，否则容易损坏交流伺服电动机轴另一端的编码器。

（2）使轴端对齐到最佳状态，否则可能导致振动或轴承损坏。

5.2 交流伺服驱动器的结构与控制

伺服电动机和伺服驱动器共同组成伺服系统才能实现控制。

5.2.1 交流伺服驱动器的结构与工作原理

交流伺服驱动器主要包括伺服控制单元、功率驱动单元、通信接口单元、伺服电动机及相应的反馈检测器件，其中伺服控制单元包括位置控制器、速度控制器、转矩和电流控制器等。伺服系统控制结构如图 5-1 所示。

伺服驱动器均采用数字信号处理器（DSP）作为控制核心，其优点是可以实现比较复杂的控制算法，实现数字化、网络化和智能化。功率器件普遍采用以智能功率模块（IPM）为核心设计的驱动电路，智能功率模块内部集成了驱动电路，同时具有过电压、过电流、过热、欠压等故障检测保护电路，在主回路中还加入了软启动电路，以减小启动过程中对驱动器的冲击。

功率驱动单元首先通过整流电路对输入的三相电或市电进行整流，得到相应的直流电。然后通过三相正弦 PWM 电压型逆变器变频来驱动三相永磁式同步交流伺服电动机。

逆变部分（DC-AC）采用功率器件集成驱动电路、保护电路和功率开关于一体的智能功

率模块，主要拓扑结构采用了三相桥式电路，三相逆变电路如图 5-2 所示。三相逆变电路利用了脉宽调制技术（Pulse Width Modulation，PWM），通过改变功率晶体管交替导通的时间来改变逆变器输出波形的频率，改变每半个周期内晶体管的通断时间比，也就是说，通过改变脉冲宽度来改变逆变器输出电压的大小以达到调节功率的目的。

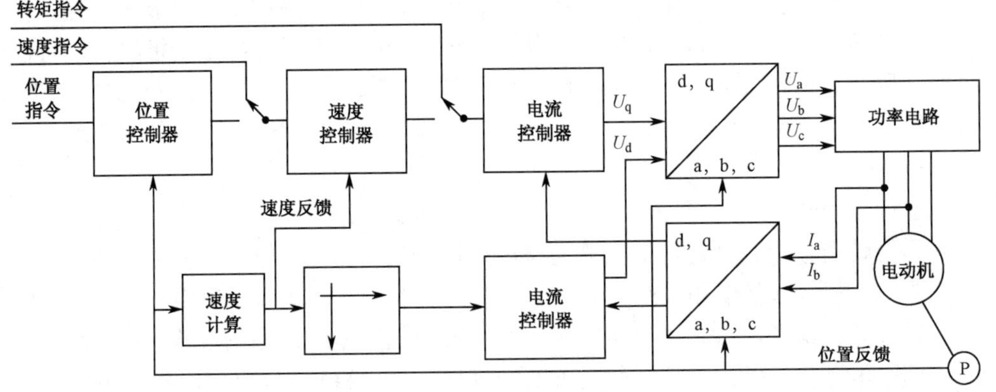

图 5-1　伺服系统控制结构

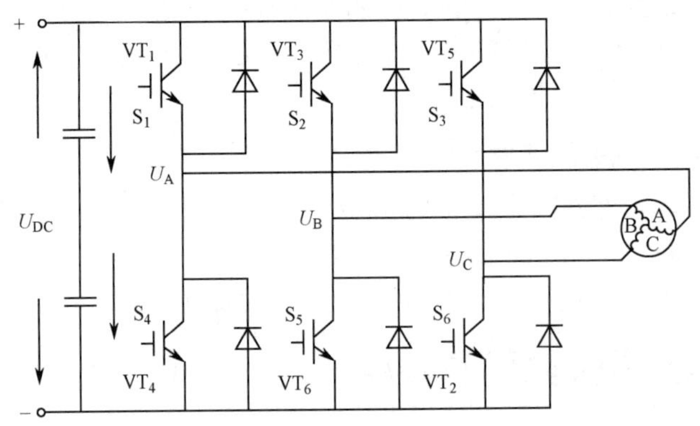

图 5-2　三相逆变电路

（1）伺服驱动器输出到伺服电动机的三相电压波形基本是正弦波（高次谐波被绕组电感滤除），而不是像步进电动机那样是三相脉冲序列，即使从位置控制器输入的是脉冲信号。

（2）伺服系统用作定位控制时，位置指令输入位置控制器，速度控制器输入端前面的电子开关切换到位置控制器输出端，同样，电流控制器输入端前面的电子开关切换到速度控制器输出端。因此，位置控制模式下的伺服系统是一个三闭环控制系统，两个内环分别是电流环和速度环。

由自动控制理论可知，这样的系统结构提高了系统的快速性、稳定性和抗干扰能力。在足够高的开环增益下，系统的稳态误差接近于零。这就是说，在稳态时，伺服电动机以指令脉冲和反馈脉冲近似相等时的速度运行。反之，在达到稳态前，系统将在偏差信号作用下驱动电动机加速或减速。若指令脉冲突然消失（如紧急停车时，PLC 立即停止向伺服驱动器发出驱动脉冲），伺服电动机仍会运行到反馈脉冲数等于指令脉冲消失前的脉冲数时才停止。

在位置控制模式下，等效的单闭环位置控制系统方框图如图 5-3 所示。

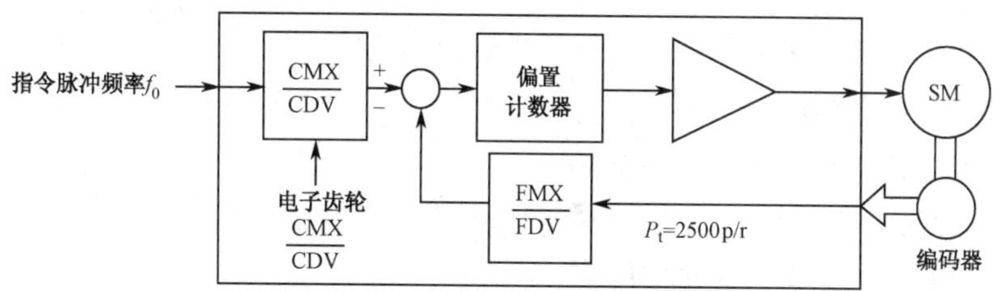

图 5-3　等效的单闭环位置控制系统方框图

图 5-3 中，指令脉冲信号和电动机编码器反馈脉冲信号进入驱动器后，均通过电子齿轮变换才进行偏差计算。电子齿轮实际是一个分-倍频器，合理搭配它们的分-倍频值，可以灵活地设置指令脉冲的行程。

5.2.2　交流伺服驱动器的性能参数

1．交流伺服驱动器接线

1）主回路接线

（1）R、S、T 电源线的连接。

（2）交流伺服驱动器 U、V、W 与交流伺服电动机电源线 U、V、W 之间的接线。

2）控制电源类接线

（1）r、t 控制电源接线。

（2）I/O 接口控制电源接线。

3）I/O 接口与反馈检测类接线

I/O 接口与反馈检测类接线的具体接线形式由实际硬件反馈信号需求决定。

2．性能参数

1）位置比例增益

（1）设置位置环调节器的比例增益。

（2）设定值越大，增益越高，刚度越大，相同频率指令脉冲条件下，位置滞后量越小，但数值太大可能会引起振荡或超调。

（3）参数值由具体的伺服系统型号和负载情况确定。

2）位置前馈增益

（1）设置位置环的前馈增益。

（2）设定值越大，表示在任何频率的指令脉冲下，位置滞后量越小。

（3）位置环的前馈增益大，控制系统的高速响应特性提高，但会使系统的位置不稳定，容易产生振荡。

（4）不需要很高的响应特性时，通常将本参数设置为 0，表示范围为 0～100%。

3）速度比例增益

（1）设置速度调节器的比例增益。

（2）设定值越大，增益越高，刚度越大，参数值根据具体的伺服驱动系统型号和负载值情况确定，一般情况下，负载惯量越大，设定值越大。

（3）在系统不产生振荡的条件下，尽量设置较大的值。

4）速度积分时间常数

（1）设置速度调节器的积分时间常数。

（2）设定值越小，积分速度越快，参数值根据具体的伺服驱动系统型号和负载情况确定，一般情况下，负载惯量越大，设定值越大。

（3）在系统不产生振荡的条件下，尽量设置较小的值。

5）速度反馈滤波因子

（1）设置速度反馈低通滤波器特性。

（2）数值越大，截止频率越低，电动机产生的噪声越小。如果负载惯量很大，那么可以适当减小设定值。如果数值太大，造成响应变慢，那么可能会引起振荡。

（3）数值越小，截止频率越高，速度反馈响应越快，如果需要较高的响应速度，那么可以适当减小设定值。

6）最大输出转矩设置

（1）设置交流伺服电动机的内部转矩限制值。

（2）设定值是额定转矩的百分比。

（3）任何时候，这个限制都有效。

7）定位完成范围

（1）设置位置控制方式下的定位完成脉冲范围。

（2）本参数提供了位置控制方式下驱动器判断是否完成定位的依据，当位置偏差计数器内的剩余脉冲数小于或等于本参数的设定值时，驱动器认为定位已完成，到位开关信号为ON，否则为OFF。

（3）在位置控制方式时，输出位置定位完成信号。

8）加、减速时间常数

（1）设定值表示电动机0～2000r/min的加速时间或2000～0r/min的减速时间。

（2）加、减速特性是指线性地到达速度范围。

9）电动机最大速度

（1）设置到达速度。

（2）在非位置控制方式下，如果电动机速度超过本设定值，那么速度到达开关信号为ON，否则为OFF。

（3）在位置控制方式下，不使用此参数。

（4）与旋转方向无关。

5.2.3 交流伺服驱动器的控制过程

下面以松下MADDT1207003交流伺服驱动器驱动MHMD022P1U交流伺服电动机为例，说明交流伺服驱动的控制过程。

1. 驱动装置型号的含义

MHMD022P1U 交流伺服电动机为大惯量的电动机（电动机类型为 MHMD），电动机的额定功率为 200W，电压规格为 200V，编码器为增量式编码器（P），脉冲数为 2500p/r，分辨率为 10000p（pulse），输出信号线数为 5。

MADDT1207003 的含义：MADDT 表示松下 A4 系列 A 型驱动器，T1 表示最大瞬时输出电流为 10A，2 表示电源电压规格为单相 200V，07 表示电流监测器的额定电流为 7.5A，003 表示脉冲控制专用。交流伺服驱动器的面板图如图 5-4 所示。

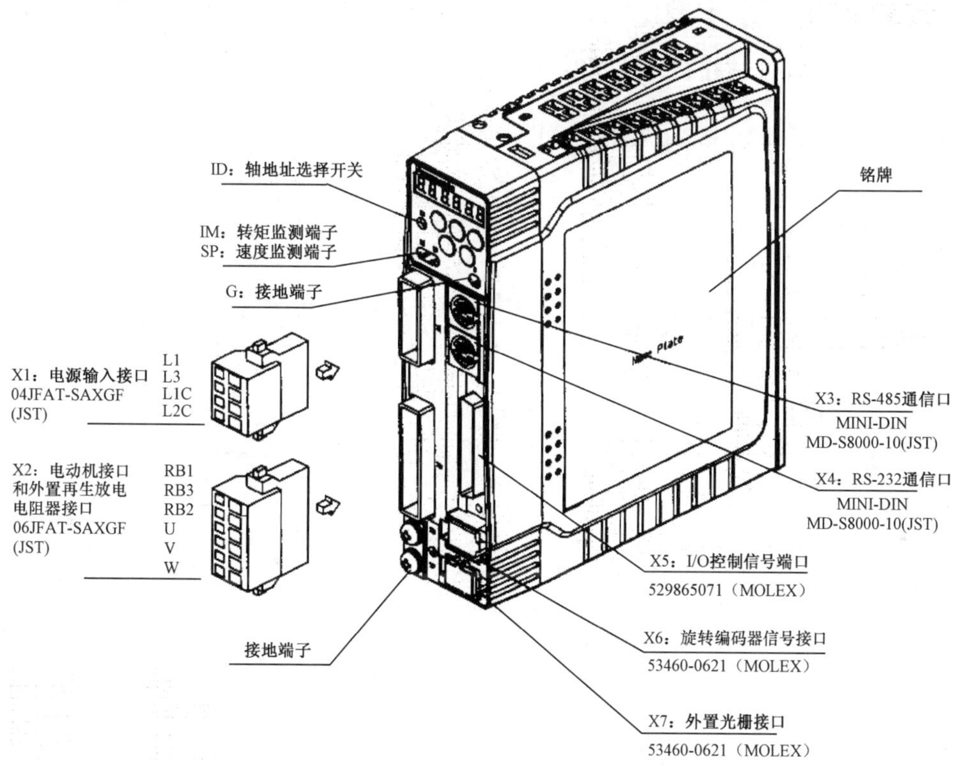

图 5-4　交流伺服驱动器的面板图

2. 接线

MADDT1207003 交流伺服驱动器的面板上有多个接线端口。

（1）X1：电源输入接口，AC 220V 电源连接到 L1、L3 主电源端子，同时连接到控制电源端子 L1C、L2C 上。

（2）X2：电动机接口和外置再生放电电阻器接口。U、V、W 端子用于连接电动机。必须注意，电源电压务必按照驱动器铭牌上的指示，电动机接线端子（U、V、W）不可以接地或短路，交流伺服电动机的旋转方向不像感应电动机可以通过交换三相相序来改变，必须保证驱动器上的 U、V、W、E 接线端子与电动机主回路接线端子按规定的次序一一对应，否则可能造成驱动器损坏。电动机的接线端子、驱动器的接地端子及滤波器的接地端子必须保证可靠地连接到同一个接地点上，机身也必须接地。RB1、RB2、RB3 端子是外置再生放电电阻器接口，MADDT1207003 的规格为 100Ω/10W。

（3）X6：旋转编码器信号接口，连接电缆应选用带有屏蔽层的双绞线，屏蔽层应接到电动机侧的接地端子上，并且应确保将编码器电缆屏蔽层连接到插头的外壳（FG）上。

（4）X5：I/O 控制信号端口，其部分引脚信号定义与选择的控制模式有关，不同模式下的接线请参考《松下 A 系列伺服电动机手册》。图 5-5 所示为位置控制模式下的控制信号接线图。

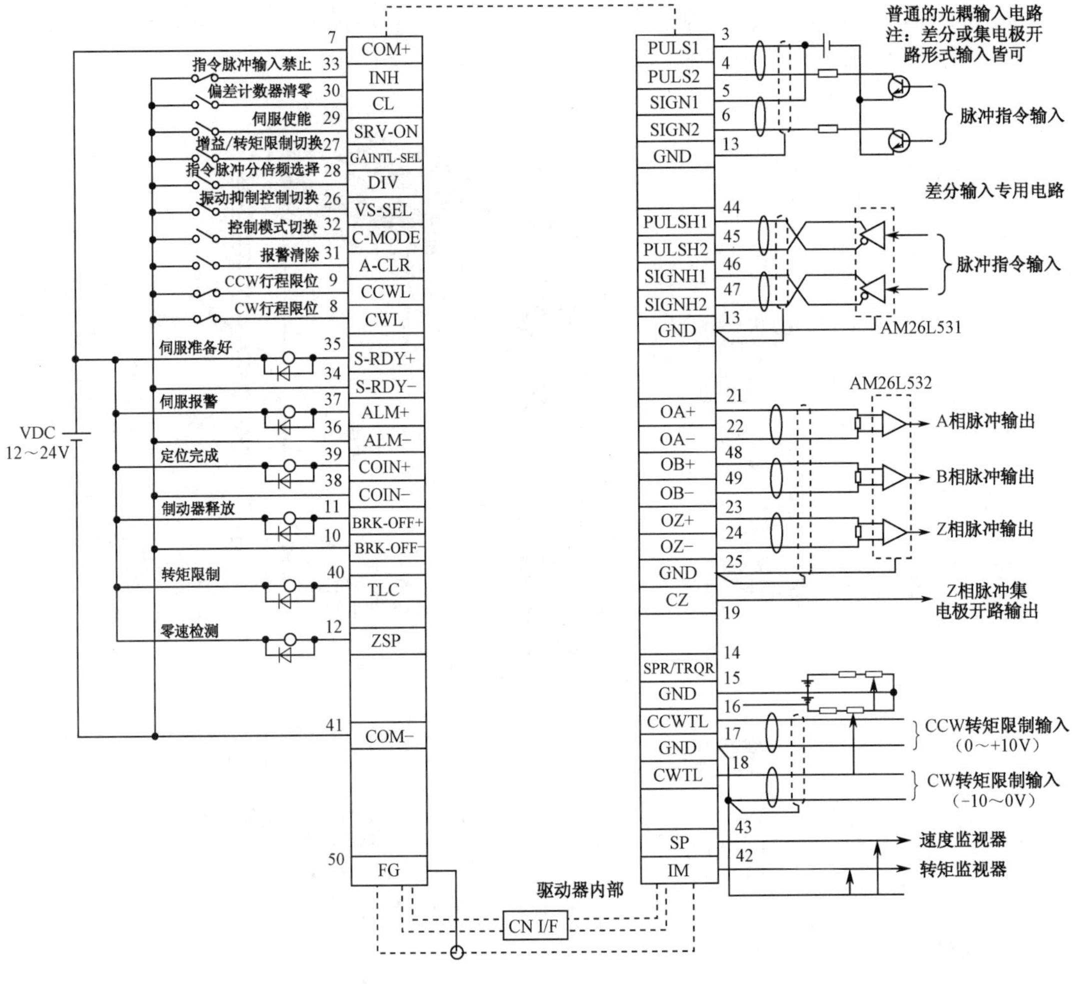

图 5-5　位置控制模式下的控制信号接线图

3．伺服驱动器的参数设置与调整

松下的伺服驱动器有 7 种控制运行方式，即位置控制、速度控制、转矩控制、位置/速度控制、位置/转矩控制、速度/转矩控制、全闭环控制。位置控制方式是指通过输入脉冲串来使电动机定位运行，电动机的转速与脉冲串频率相关，电动机转动的角度与脉冲个数相关。速度控制方式有两种，一是通过输入直流-10～+10V 指令电压调速，二是选用驱动器内设置的内部速度来调速。转矩控制方式是通过输入直流-10～+10V 指令电压调节电动机的输出转矩的，转矩方式下运行必须进行速度限制，有两种方法，一是设置驱动器内的参数来限速，二是输入模拟量电压来限速。

4．参数设置方式操作说明

MADDT1207003 交流伺服驱动器的参数共有 128 个（Pr00～Pr7F），这些参数可以通过与个人计算机连接后在专门的调试软件上进行设置，也可以在驱动器上的面板上进行设置。

在个人计算机上安装调试软件，调试软件通过与伺服驱动器建立起通信，就可以将伺服驱动器的参数状态读出或写入，非常方便。驱动器参数设置软件 Panaterm 如图 5-6 所示。当现场条件不允许修改或只能修改少量参数时，可以通过驱动器上的操作面板来完成，驱动器参数设置面板如图 5-7 所示，伺服驱动器面板按钮的说明如表 5-1 所示。

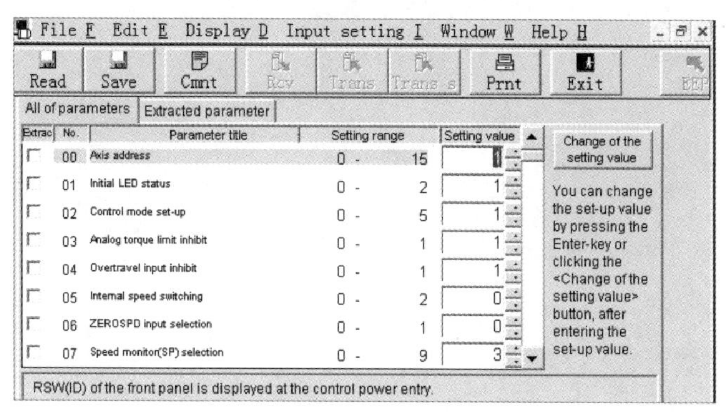

图 5-6　驱动器参数设置软件 Panaterm

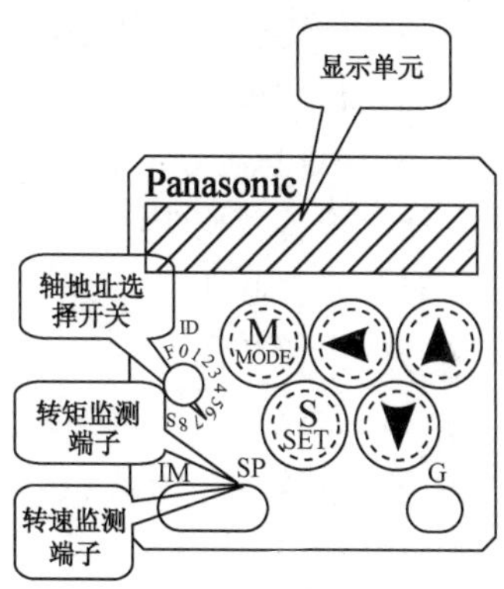

图 5-7　驱动器参数设置面板

表 5-1　伺服驱动器面板按钮的说明

按钮说明	激活条件	功　能
MODE	在模式显示时有效	在以下 5 种模式之间切换：（1）监视器模式；（2）参数设置模式；（3）EEPROM 写入模式；（4）自动调整模式；（5）辅助功能模式
SET	一直有效	用来在模式显示和执行显示之间切换
▲ ▼	仅对小数点闪烁的那一位数据位有效	改变模式中的显示内容、更改参数、选择参数或执行选中的操作
◀		把移动的小数点移动到更高位数

参数设置操作说明如下。

（1）参数设置。依次按 SET 键和 MODE 键选择到 Pr00 后，按向上、向下或向左的方向键选择通用参数的项目，按 SET 键进入。按向上、向下或向左的方向键调整参数，调整完成后，按 S 键返回。选择其他项进行调整。

（2）参数保存。按 M 键选择到 EE-SET 后，按 SET 键确认，出现 EEP-，按向上的方向键 3s，出现“FINISH”或“reset”，重新上电即可保存。

（3）手动 JOG 运行。按 MODE 键选择到 AF-ACL 后，按向上、向下的方向键选择到“AF-JOG”，按 SET 键一次，出现“JOG-”，按向上的方向键 3s，出现“ready”，按向左的方向键 3s，出现“sur-on”锁紧轴，这时按向上、向下的方向键即可实现电动机的顺时针和逆时针旋转。注意先将“S-ON”断开。

5. 常用参数说明

（1）Pr01：LED 初始状态。

此设定值不影响伺服操作与功能。

相关模式：All 0。

参数设置范围：0～17，可以选择电源接通时在 7 段 LED 上初始显示的内容。

0：位置偏差脉冲总数。

1：电动机转速。

2：转矩输出负载率。

3：控制模式。

4：I/O 信号状态。

5：报警代码/历史记录。

6：软件版本。

7：报警状态。

8：放电电阻负载率。

9：过载率。

10：惯量比。

11：反馈脉冲总数。

12：指令脉冲总数。

13：外部反馈装置偏差脉冲总数。

14：外部反馈装置反馈脉冲总数。

15：电动机自动识别功能。

16：模拟量指令输入值。

17：电动机不转的原因显示。

（2）Pr02：控制模式选择。

相关模式：All。

参数设置范围：0～6，可以选择伺服驱动器的控制模式。Pr02 的设定值及含义如表 5-2 所示，设置的参数值在控制电源重新上电后才有效。

表 5-2　Pr02 的设定值及含义

Pr02	控制模式	相关代码
0	位置控制	P
1	速度控制	S
2	转矩控制	T
3	位置（第 1）/速度（第 2）控制	P/S
4	位置（第 1）/转矩（第 2）控制	P/T
5	速度（第 1）/转矩（第 2）控制	S/T
6	全闭环控制	F

注：当将 Pr02 设置成混合控制方式（Pr02＝3, 4, 5）时，用控制模式切换输入端子（C-MOOE，XS 插头第 32 引脚）来选择第 1 或第 2 控制模式。C-MOOE（与 COM）开路，选择第 1 控制模式；C-MOOE（与

COM）短路，选择第 2 控制模式；切换 C-MOOE 信号至少 10ms 后才能输入指令信号。

（3）Pr04：行程限位禁止输入无效设置。

相关模式：All。

参数设置范围：0～6，可以设置两个行程限位信号（CCWL，XS 插头第 8 引脚；CCWL，XS 插头第 9 引脚）的输入是否有效。

0：行程限位动作发生时，按 Pr66 设定的时序发生动作。

1：行程限位信号输入无效。

2：CCWL 或 CWL 信号（与 COM）断路，都会发生 Err38 行程限位禁止输入信号出错报警。设置的此参数值必须在控制电源断电重启之后才能修改、写入成功。

若选择速度控制模式下的速度指令，当左限位或右限位动作时，会发生 Err38 行程限位禁止输入信号出错报警。设置的此参数值必须在控制电源断电重启之后才能修改、写入成功。

（4）Pr20：惯量比。

相关模式：All。

参数设置范围：0～10000，可以设置机械负载惯量对电动机转子惯量的比率。

单位：%。

$$设定值（\%）=（负载惯量/转子惯量）\times 100$$

进行实时自动增益调整时，此参数可自动估算并每 30min 在 EEPROM 中刷新保存一次。

（5）Pr21：实时自动增益设置。

相关模式：All。

参数设置范围：0～6，用来设置实时自动增益调整功能的运行模式。Pr21 的设定值及含义如表 5-3 所示，此参数值设置得越大，响应越快。但是由于运行条件的限制，实时的调整也可能不稳定。通常情况下将此参数值设置成 1 或 4。如果电动机用于垂直轴，那么设置成 4～6。

表 5-3　Pr21 的设定值及含义

Pr21	实时自动调整	运行时负载惯量的变化情况
0	无效	—
1	常规模式	没有变化
2		变化很小
3		变化很大
4	垂直轴模式	没有变化
5		变化很小
6		变化很大

可以选择实时自动增益调整时的机械刚性 1，实时自动调整为常规模式，运行时负载惯量的变化很小。

（6）Pr22：实时自动增益的机械刚性选择。

相关模式：All。

参数设置范围：0～15，可以选择实时自动增益调整时的机械刚性。此参数值设置得越大，响应越快。如果此参数值突然设置得很大，系统增益会发生显著变化，导致机器有较大冲击。

建议先设置一个较小值，在监视机器运行状况的同时逐步选择较大的刚性。

（7）Pr41：指令脉冲旋转方向设置。

（8）Pr42：指令脉冲输入方式。Pr41 和 Pr42 的设定值及含义如表 5-4 所示。

表 5-4　Pr41 和 Pr42 的设定值及含义

Pr41	Pr42	指令脉冲类型	信号记号	CCW 指令	CW 指令
0	0 或 2	正交脉冲 A、B 两相相差 90°	PULS SIGN	A相 t_1 t_1 B相 t_1 t_1 B相脉冲超前A相90°	A相 t_1 t_1 B相 t_1 t_1 B相脉冲滞后A相90°
	1	CW 脉冲 + CCW 脉冲	PULS SIGN	t_2 t_2	t_3 t_2 t_2
	3	指令脉冲 + 指令方向	PULS SIGN	t_4 t_5 t_6 H高电平 t_6	t_4 t_5 t_6 L低电平
1	0 或 2	正交脉冲 A、B 两相相差 90°	PULS SIGN	A相 t_1 t_1 B相 t_1 t_1 B相脉冲滞后A相90°	A相 t_1 t_1 B相 t_1 t_1 B相脉冲超前A相90°
	1	CW 脉冲 + CCW 脉冲	PULS SIGN	t_2 t_2	t_3 t_2 t_2
	3	指令脉冲 + 指令方向	PULS SIGN	t_4 t_5 t_6 L低电平 t_6	t_4 t_5 t_6 H高电平

（9）Pr48：指令脉冲分倍频第 1 分子。

（10）Pr49：指令脉冲分倍频第 2 分子。

（11）Pr4A：指令脉冲分倍频分子倍率。

（12）Pr4B：指令脉冲分倍频分母。

Pr48、Pr49、Pr4A 及 Pr4B 的设定值及含义如表 5-5 所示。

表 5-5 Pr48、Pr49、Pr4A 及 Pr4B 的设定值及含义

<table>
<tr><th>参数号码</th><th>参数名称</th><th>关联模式</th><th>设定范围</th><th>使用方法</th></tr>
<tr><td>Pr48</td><td>指令脉冲分倍频第 1 分子</td><td rowspan="2">P，F</td><td rowspan="2">0～10000</td><td rowspan="4">用来对指令脉冲的频率进行分频或倍频设置。分倍频比率计算公式如下。
$$\frac{\text{指令脉冲分倍频分子(Pr48或Pr49)}\times 2^{\text{指令脉冲分倍频分子倍率(Pr4A)}}}{\text{指令脉冲分倍频分母(Pr4B)}}$$
或
$$\frac{\text{编码器分辨率}}{\text{每转所需指令脉冲数(Pr4B)}}$$
① 如果分子（Pr48 或 Pr49）=0，那么实际分子（$\text{Pr48}\times 2^{\text{Pr4A}}$）计算值等于编码器分辨率，即可将 Pr4B 设置为电动机每转一圈所需的指令脉冲数。
② 如果分子（Pr48 或 Pr49）≠0，那么分倍频比率根据上式计算。而每转所需指令脉冲数的计算如下。
$$\text{每转所需指令脉冲数=编码器分辨率}\times\frac{\text{Pr4B}}{\text{Pr48（或Pr49）}\times 2^{\text{Pr4A}}}$$
注：实际分子（$\text{Pr48}\times 2^{\text{Pr4A}}$）计算值的上限是 4194304/Pr4D 设定值+1</td></tr>
<tr><td>Pr49</td><td>指令脉冲分倍频第 2 分子</td></tr>
<tr><td>Pr4A</td><td>指令脉冲分倍频分子倍率</td><td>P，F</td><td>0～17</td></tr>
<tr><td>Pr4B</td><td>指令脉冲分倍频分母</td><td>P，F</td><td>0～10000</td></tr>
</table>

单元6　可编程序逻辑控制器技术在自动生产线中的应用

扫一扫看本单元教学课件

自动生产线的自动控制是通过控制器来实现的。可编程序逻辑控制器（PLC）以其高抗干扰能力、高可靠性、高性价比且编程简单的优点而广泛地应用在现代化的自动生产设备中，扮演着生产线的大脑——微处理单元的角色。PLC 是一种数字运算操作的电子系统，专为在工业环境下的应用而设计。它采用了可编程序的存储器，用来在其内部存储执行逻辑运算、顺序控制、定时、计数和算术运算等操作的指令，并通过数字式和模拟式的输入/输出（I/O），控制各种类型机械的生产过程。PLC 及其外围设备都是按易于与工业系统形成一个整体、易于扩充功能的原则设计的，简单地说，PLC 是一个专门用于工业控制的通用计算机。

国内现在应用的 PLC 有很多系列，如德国西门子公司、日本三菱公司等系列的 PLC。西门子系列的 PLC 在国内应用较广，特别是西门子 S7-200 系列 PLC，它结构简单、使用方便、应用广泛，尤其适合初学者学习掌握。这里主要介绍西门子 S7-200 系列 PLC。

6.1　S7-200 系列 PLC 的结构组成与输入/输出扩展

S7-200 系列 PLC 是由西门子自动化与驱动集团开发、生产的小型模块化 PLC 系统。S7-200 系列 PLC 除了能够进行传统的继电逻辑控制、计数和计时控制，还能进行复杂的数学运算、处理模拟量信号，并可支持多种协议和形式的数据通信。一个 S7-200 系列 PLC 控制系统可由多个模块化的组件和设备组成。S7-200 系列 PLC 具有如下特点。

（1）集成的 24V 电源。集成的 24V 电源可用作传感器、输入点或扩展模块继电器输出的线圈电源。

（2）高速脉冲输出。高速脉冲输出具有两路高速脉冲输出端子（Q0.0 和 Q0.1），输出脉冲频率可达 20kHz，用于控制步进电动机或伺服电动机等。

（3）通信口。通信口支持 PPI、MPI 通信协议，并具有自由口通信能力。

（4）模拟电位器。模拟电位器用来改变特殊寄存器 SMB28 和 SMB29 中的数值，以改变程序执行时的参数，如定时器、计数器的预置值，以及过程量的控制参数。

（5）EEPROM 存储器模块（选件）。EEPROM 存储器模块可作为修改与复制程序的快速工具。

（6）电池模块（选件）。PLC 掉电后，用户数据（如标志位状态、数据块、定时器、计数器）可通过内部的超级电容存储大约 5 天，选用电池模块能将存储时间延长到 200 天。

（7）不同的设备类型。CPU221～226 是各有两种不同供电方式和控制电压类型的 CPU。

（8）数字量 I/O 点。CPU22X 主机的输入点为 DC 24V 输入电路，输出有继电器输出和晶体管输出两种类型。

（9）高速计数器。高速计数器用于对比 CPU 扫描频率高的高速脉冲信号并进行计数。

6.1.1　S7-200 系列 PLC 的结构

S7-200 系列 PLC 主要由基本单元（又称主机或 CPU 模块）、个人计算机（或编程器）、通信电缆、人机界面、电源 I/O 扩展单元（或 I/O 扩展模块）、功能单元（或功能模块）、STEP 7-MicroWin 编程软件等构成。

1. 基本单元

S7-200 系列 PLC 的基本单元为整体式结构，由 CPU、电源及数字量 I/O 点等部分组成，只使用基本单元就可以构成一个独立的控制系统。

1）S7-200 系列 PLC 基本单元的组成

S7-200 系列 PLC 的基本单元有 CPU21X 和 CPU22X 两代产品，其中 CPU21X 目前已经停产，CPU22X 是 CPU21X 的升级替代产品。CPU22X 系列产品指令丰富、运行速度快，具有较强的通信能力，适用于要求较高的中小型控制系统。CPU22X 主要有 CPU221、CPU222、CPU224 和 CPU226 四种基本型号，所有型号都带有数量不等的数字量 I/O 点。

S7-200 系列 PLC 的 CPU 模块示意图如图 6-1 所示，S7-200 系列 PLC 的 CPU 前面板如图 6-2 所示，S7-200 系列 PLC 的 CPU 模块实物图如图 6-3 所示。图 6-1 中，在模块的顶部端子盖内有电源和输出端子；在模块的底部端子盖内有输入端子和传感器电源；在模块的中部右前侧盖内有 CPU 工作方式（RUN/TERM/STOP）开关、模拟电位器及扩展 I/O 连接接口；在模块的左侧有状态指示灯、存储卡及通信接口。

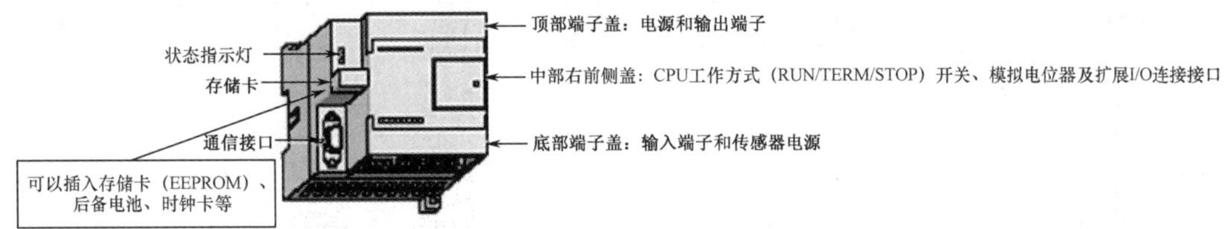

图 6-1　S7-200 系列 PLC 的 CPU 模块示意图

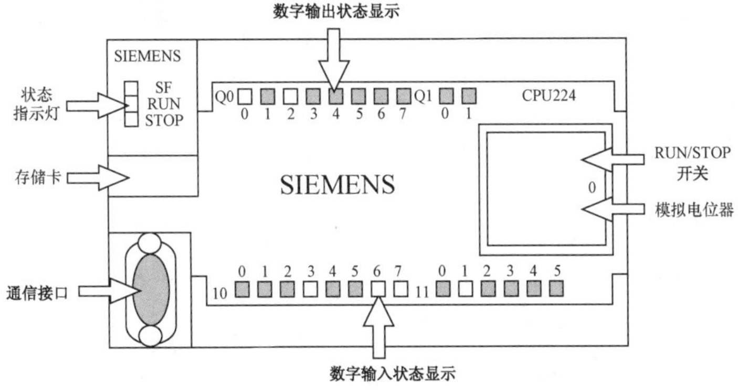

图 6-2　S7-200 系列 PLC 的 CPU 前面板

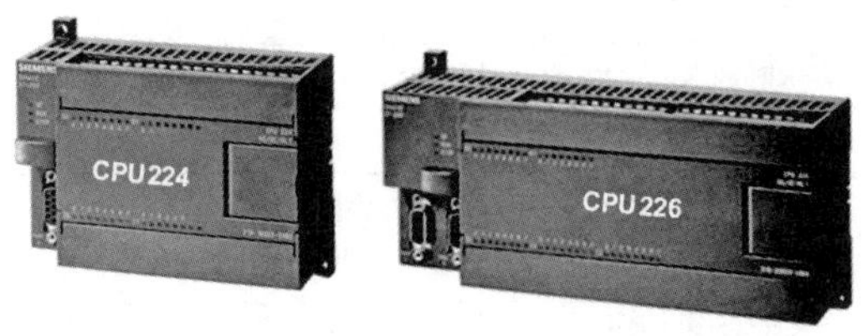

图 6-3　S7-200 系列 PLC 的 CPU 模块实物图

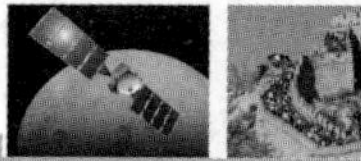

输入端子和输出端子分别是 PLC 与外部输入信号和外部负载联系的窗口。状态指示灯指示 CPU 的工作方式、主机 I/O 的当前状态、系统错误状态等。存储卡（EEPROM）可以存储 CPU 程序，在存储卡位置还可以插入后备电池、时钟卡。RS-485 串行通信接口是 PLC 主机实现人-机对话、机-机对话的通道。通过 RS-485 串行通信接口，PLC 可以和编程器、彩色图形显示器、打印机等外部设备相连，也可以和其他 PLC 或上位计算机连接。

I/O 扩展接口是 S7-200 系列 PLC 主机扩展 I/O 点数和类型的部件。根据需要，S7-200 系列 PLC 主机可以通过 I/O 扩展接口进行系统扩展，可扩展的模块有数字量 I/O 扩展模块、模拟量 I/O 扩展模块或智能扩展模块等，并用扩展电缆将它们连接起来。

CPU22X 模块的主要技术指标如表 6-1 所示。

表 6-1　CPU22X 模块的主要技术指标

型　号		CPU221	CPU222	CPU224	CPU224 XP	CPU226
用户数据存储器类型		EEPROM	EEPROM	EEPROM	EEPROM	EEPROM
程序存储器容量（B）	在线程序编辑时	4096	4096	8192	8192	16384
	非在线程序编辑时	4096	4096	12288	12288	24576
用户数据存储器容量（B）		2048	2048	8192	8192	10240
数据后备（超级电容）典型值/H		50	50	100	100	100
主机数字量 I/O 点数		6/4	8/6	14/10	14/10	24/16
主机模拟量 I/O 通道数		0/0	0/0	0/0	2/1	0/0
I/O 映像区		256（128 入/128 出）				
可扩展模块数量（个）		无	2	7	7	7
DC 24V 传感器电源最大电流/电流限制(mA)		180/600	180/600	280/600	280/600	400/约 1500
最大模拟量 I/O		无	16/16	28/7 或 14	28/7 或 14	32/32
AC 240V 电源 CPU 输入电流/最大负载电流(mA)		25/180	25/180	35/220	35/220	40/160
DC 24V 电源 CPU 输入电流/最大负载(mA)		70/600	70/600	120/900	120/900	150/1050
为扩展模块提供的 DC 5V 电源的输出电流（mA）		—	最大 340	最大 660	最大 660	最大 1000
内置高速计数器数量（个）		4（30kHz）	4（30kHz）	6（30kHz）	6（30kHz）	6（30kHz）
高速脉冲输出数量（个）		2（20kHz）	2（20kHz）	2（20kHz）	2（20kHz）	2（20kHz）
模拟电位器数量（个）		1	1	2	2	2
实时时钟		有（时钟卡）	有（时钟卡）	有（内置）	有（内置）	有（内置）
RS-485 通信接口数量（个）		1	1	1	1	2
各组输入点数		4，2	4，4	8，6	8，6	13，11
各组输出点数	直流电源	4	6	5，5	5，5	8，8
	交流电源	1，3	3，3	4，3，3	4，3，3	4，5，7

2）I/O 点结构及接线

下面以 CPU224 为例说明 CPU 模块 I/O 点的结构及接线方法。CPU224 的主机共有 14 个数字量输入点（I0.0～I0.7、I1.0～I1.5）和 10 个数字量输出点（Q0.0～Q0.7，Q1.0～Q1.1）。CPU224 有两种型号，一种是 CPU224 AC/DC/继电器（Relay），输入电源为交流电源，提供 DC 24V 电源给外部元件（如传感器等），采用继电器方式输出，其 I/O 单元接线图如图 6-4 所示；另一种是 CPU224 DC/DC/DC，输入电源为直流电源，提供 DC 24V 电源给外部元件（如传感器等），采用直流（晶体管）方式输出。以上两种型号，用户可根据需要选用。

CPU224 有 14 个数字量输入点，这些输入点分成两组（见图 6-4）。第一组由输入端子 I0.0～I0.7 组成，第二组由输入端子 I1.0～I1.5 组成，每个外部输入的开关信号由各输入端子接出，经一个直流电源至公共端（1M 或 2M）。M、L+两个端子提供 DC 24V/280mA 电源。

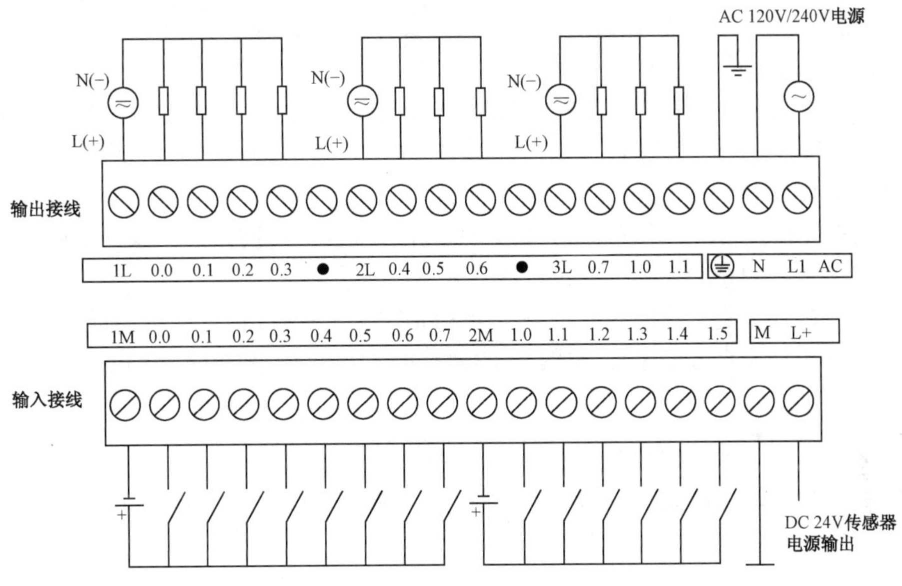

图 6-4　CPU224AC/DC 继电器（Relay）的 I/O 单元接线图

CPU224 的输出电路有晶体管输出和继电器输出两种。当 PLC 由 DC 24V 电源供电时，输出点为晶体管输出，采用 MOSFET 功率器件驱动负载，只能选用直流电源为负载供电。当 PLC 由 AC 220V 电源供电时，输出点为继电器输出，此时既可以选用直流电源又可以选用交流电源为负载供电。

在晶体管输出电路中，数字量输出分为两组，每组有一个公共端（1L、2L），可接入不同电压等级的负载电源。在继电器输出电路中（见图 6-4），数字量输出分为 3 组，Q0.0～Q0.3 公用 1L，Q0.4～Q0.6 公用 2L，Q0.7～Q1.1 公用 3L，各组之间可接入不同电压等级、不同电压性质的负载电源。对于继电器输出，负载的激励电源由负载性质决定。输出端子排右端的 N、L1 端子是供电电源 AC 120V/240V 的输入端。

3）扩展卡

在 CPU22X 上还可以选择安装扩展卡。扩展卡有存储卡（EEPROM）、电池和时钟卡。

存储卡用于对用户程序的复制。在 PLC 通电后插入此卡，通过操作可将 PLC 中的程序装载到存储卡。当存储卡已经插在基本单元上时，PLC 通电后不需要做任何操作，存储卡上

的用户程序和数据会自动复制到 PLC 中。利用这一功能，可对数台实现同样控制功能的 CPU22X 进行程序写入。

电池用于 PLC 掉电后对数据的长时间保存，使用电池可使数据存储时间延长到 200 天。

4）CPU 的工作方式

CPU 前面板上有 3 个发光二极管，用于显示当前 PLC 状态和工作方式，绿色 RUN 指示灯亮，表示 PLC 为运行状态；红色 STOP 指示灯亮，表示 PLC 为停止状态；标有 SF 的指示灯亮，表示系统故障，PLC 停止工作。

（1）STOP（停止）。CPU 在 STOP 工作方式时，不执行用户程序，此时可以通过编程装置向 PLC 装载用户程序或进行系统设置，在程序编辑、上下载等处理过程中，必须将 CPU 置于 STOP 工作方式。

（2）RUN（运行）。CPU 在 RUN 工作方式时，执行用户程序。

可用以下方法改变 CPU 的工作方式。

① 用工作方式开关改变工作方式。工作方式开关有 3 个挡位：STOP、TERM（Terminal）、RUN。将工作方式开关切换到 STOP 位，可以使 CPU 转换到 STOP 状态；将工作方式开关切换到 RUN 位，可以使 CPU 转换到 RUN 状态；将工作方式开关切换到 RUN 位，为允许 STEP 7-MicroWin 软件设置 CPU 工作状态。如果将工作方式开关切换到 STOP 位，那么电源上电时，CPU 自动进入 STOP 状态。

② 用编程软件改变工作方式。可以使用 STEP 7-MicroWin 编程软件设置工作方式。

③ 在程序中用指令改变工作方式。在程序中插入一个 STOP 指令，CPU 可由 RUN 状态进入 STOP 状态。

2. 个人计算机（或编程器）

个人计算机（或编程器）装上 STEP 7-MicroWin 编程软件后，即可供用户进行程序的编制、编辑、调试和监视等。

3. 通信电缆

通信电缆是用来实现 S7-200 系列 PLC 与个人计算机或编程器通信的。通常，S7-200 系列 PLC 和编程器的通信通过 PC/PPI 电缆连接 CPU 的 RS-485 接口和计算机的 RS-232 串口实现；当使用通信处理器时，可使用多点接口（MPI）电缆；当使用 MPI 卡时，可使用 MPI 卡专用通信电缆。

4. 人机界面

人机界面主要是指专用操作员界面，如操作员面板、触摸屏、文本显示器等，这些设备可以使用户通过友好的操作界面轻松地完成各种对 S7-200 系列 PLC 的调试和控制任务。

5. 电源

S7-200 系列 PLC 的供电方式有 DC 24V、AC 120V/240V 两种，主要通过 CPU 型号区分。

S7-200 系列 PLC 通过内部集成的电源模块将外部提供给 PLC 的电源转换成 PLC 内部的各种工作电源，并通过连接总线为 CPU 模块、扩展模块提供 DC 5V 电源；另外，S7-200 系列 PLC 还通过 CPU 向外提供 DC 24V 电源（又称传感器电源），在容量允许的范围内，该电源可供传感器、本机数字量直流输入点和扩展模块继电器数字量输出点的继电器线圈使用。

外部提供给 S7-200 系列 PLC 的电源技术指标如表 6-2 所示。

表 6-2　外部提供给 S7-200 系列 PLC 的电源技术指标

特　　性	DC 24V 电源	交流电源
电压允许范围	20.4～28.8V	85～264V，47～63Hz
冲击电流	10A，28.8V	20A，254V
内部熔断器（用户不能更换）	3A，250V 慢速熔断	2A，250V 慢速熔断

6.1.2　S7-200 系列 PLC 的扩展能力

CPU221 不能带扩展模块，CPU222 最多可以带 2 个扩展模块，CPU224 和 CPU226 最多可以带 7 个扩展模块。在进行具体的系统配置时，一个 CPU 模块到底能带多少个扩展模块，还要受 CPU 对外提供 5V 电源的能力及每种扩展模块消耗 5V 电源的容量限制。CPU22X 为扩展模块提供的 DC 5V 对应电流、扩展模块消耗 DC 5V 对应电流和 DC 24V 电源最大电流如表 6-3 所示。

表 6-3　CPU22X 为扩展模块提供的 DC 5V 对应电流、扩展模块消耗 DC 5V 对应电流和 DC 24V 电源最大电流

CPU22X 为扩展模块提供的 DC 5V 对应电流/mA	
CPU221	—
CPU222	340
CPU224	660
CPU226	1000
CPU22X 为扩展模块提供的 DC 24V 电源的最大电流/mA	
CPU221	180
CPU222	180
CPU224	280
CPU226	400
扩展模块消耗的 DC 5V 对应电流/mA	
EM221 DI8×DC 24V	30
EM222 DO8×DC 24V	30
EM222 DO8×继电器	40
EM223 DI4/DO4×DC 24V	40
EM223 DI4/DO4×DC 24V/继电器	40
EM223 DI8/DO8×DC 24V	80
EM223 DI8/DO8×DC 24V/继电器	80
EM223 DI16/DO16×DC 24V	160
EM223 DI16/DO16×DC 24V/继电器	150
EM231 AI4×12 位	20
EM231 AI4×TC	87
EM231 AI4×RTD	87
EM232 AO2×12 位	20
EM235 AI4/AQ1×12 位	30
EM277 PROFIBUS-DP	150

如果 CPU224 对外提供 5V 电源的容量是 660mA，当扩展 EM222 8×AC 120V/230V 数字量输出模块时，因为每个 EM222 8×AC 120V/230V 模块需要消耗 110mA 的 5V 电流，所以最多能扩展 6 个，而不是 7 个。

S7-200 系列 PLC 的扩展模块主要有数字量扩展模块、模拟量扩展模块、热电偶/热电阻扩展模块、通信模块及智能模块等，它们只能与 CPU 基本单元连接使用，不能单独使用。连接时，CPU 模块放在最左侧，扩展模块用扁平电缆与左侧的模块依次相连，如图 6-5 所示。

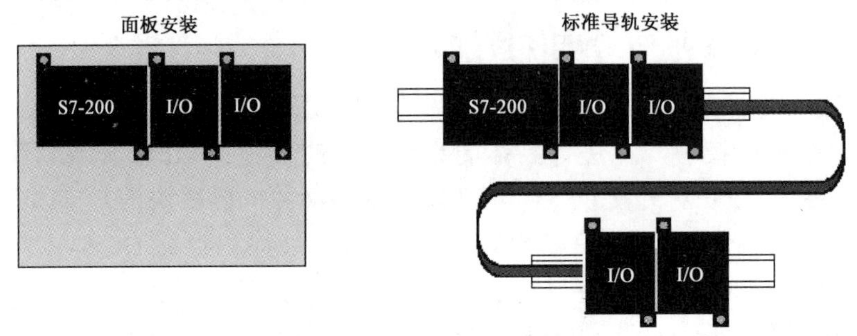

图 6-5　S7-200 系列 PLC 的扩展模块

当 CPU 集成的数字量 I/O 点不够用时，可选用数字量扩展模块。数字量扩展模块有数字量输入扩展模块、数字量输出扩展模块和数字量 I/O 扩展模块。数字量扩展模块种类如表 6-4 所示。

表 6-4　数字量扩展模块种类

类　型	型　号	各组输入点数	各组输出点数	模块消耗 5V 电源电流（mA）
数字量输入扩展模块 EM221	EM221 8×DC 24V 输入	4，4	—	30
	EM221 8×AC 120V/230V 输入	8 点相互独立	—	30
	EM221 16×DC 24V 输入	4，4，4，4	—	70
数字量输出扩展模块 EM222	EM222 4×DC 24V 输出	—	1，1，1，1	40
	EM222 4×继电器输出	—	1，1，1，1	30
	EM222 8×DC 24V 输出	—	4，4	50
	EM222 8×继电器输出	—	4，4	40
	EM222 8×AC120V/230V 晶体管输出	—	8 点相互独立	110
数字量 I/O 扩展模块 EM223	EM223 4×DC 24V 输入/4×DC 24V 输出	4	4	40
	EM223 4×DC 24V 输入/4×继电器输出	4	4	40
	EM223 8×DC 24V 输入/8×DC 24V 输出	4，4	4，4	80
	EM223 8×DC 24V 输入/8×继电器输出	4，4	4，4	80
	EM223 8×DC 24V 输入/16×DC 24V 输出	8，8	4，4，8	160
	EM223 16×DC 24V 输入/16×继电器输出	8，8	4，4，4，4	150

1．数字量输入扩展模块

1）直流输入扩展模块

直流输入扩展模块 EM221 8×DC 24V 共有 8 个数字量输入端子，其电路结构与图 6-4

类似，图 6-6 所示为直流输入扩展模块 EM221 8×DC 24V 的接线图及实物图。图 6-6 中的 8 个数字量输入点分成两组，1M、2M 分别是两组输入点内部电路的公共端，每组需要为用户提供一个 DC 24V 的电源，其负极接地可选。

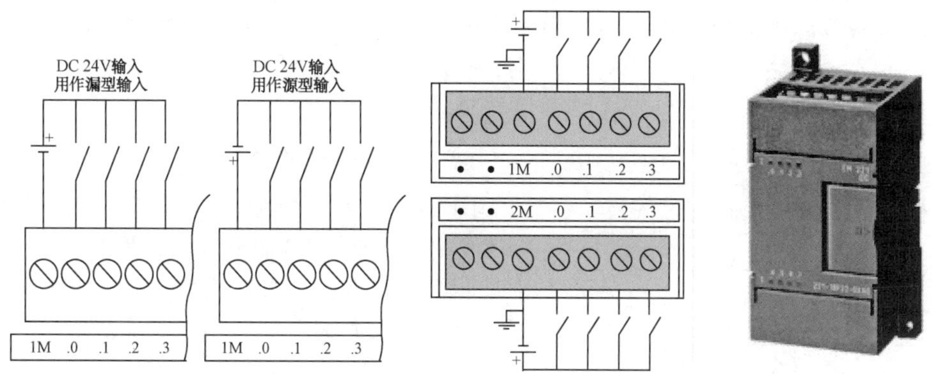

图 6-6　直流输入扩展模块 EM221 8×DC 24V 的接线图及实物图

2）交流输入扩展模块

交流输入扩展模块 EM221 8×AC 120V/230V 共有 8 个分隔式数字量输入端子，其接线图如图 6-7 所示。图 6-7 中每个输入点都占用两个接线端子，它们各自使用 1 个独立的交流电源（由用户提供），这些交流电源可以不同相。

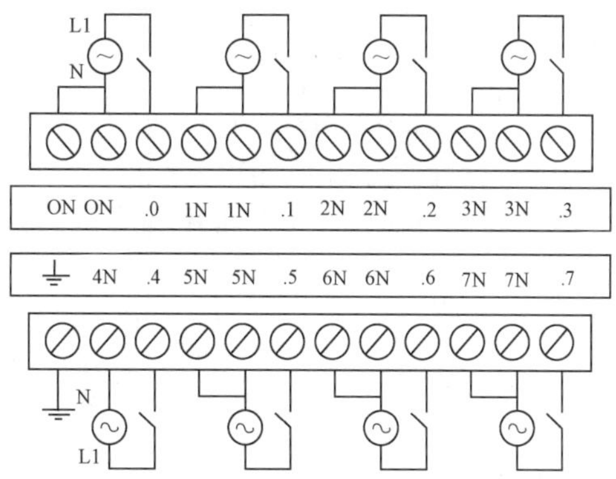

图 6-7　交流输入扩展模块 EM221 8×AC 120V/230V 的接线图

数字量输入扩展模块的主要技术指标如表 6-5 所示。

表 6-5　数字量输入扩展模块的主要技术指标

项　　目	直流输入	交流输入
输入类型	漏型/源型	—
输入电压额定值	DC 24V	AC 120V，6mA 或 AC 230V，9mA
逻辑 1 信号	15～35V，最大 4mA	最小 AC 79V，2.5mA
逻辑 0 信号	0～5V	最大 AC 20V，1mA
光电隔离	AC 500V，1min	AC 1500V，1min
非屏蔽电缆长度	300m	300m
屏蔽电缆长度	500m	500m

2. 数字量输出扩展模块

数字量输出扩展模块的每一个输出点能控制一个用户的离散型负载。典型离散型负载包括：继电器线圈、接触器线圈、电磁换向阀线圈、指示灯等。通过输出电路将CPU运算处理的结果转换成驱动现场执行机构的各种大功率开关信号。数字量输出扩展模块分为直流输出、交流输出和继电器输出3种，以适应不同的负载类型。

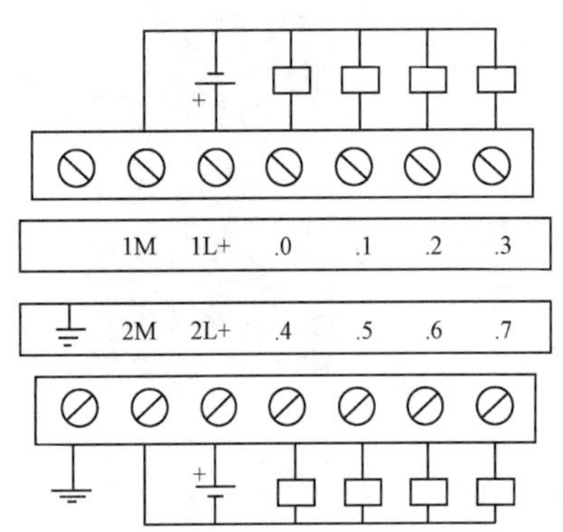

图6-8 直流输出扩展模块端子接线图

1）直流输出扩展模块

图6-8所示为直流输出扩展模块端子接线图。图6-8中，8个数字量输出点分成两组，1L+、2L+分别是两组输出点内部电路的公共端，每组公共端需要用户提供一个DC 24V电源。直流输出方式的特点是输出响应速度快，工作频率可达20kHz。

2）交流输出扩展模块

图6-9所示为交流输出扩展模块端子接线图。图6-9中，有8个分隔式数字量输出点，每个输出点各自由用户提供一个独立交流电源，这些交流电源可以不相同。

3）继电器输出扩展模块

继电器输出扩展模块又称交-直流输出扩展模块，继电器输出方式的优点是输出电流大（2～4A），可带交流、直流负载，适应性强；缺点是响应速度慢。图6-10所示为继电器输出扩展模块端子接线图。图6-10中，8个数字量输出点分成两组，1L、2L分别是两组输出点内部电路的公共端，每组公共端需要用户提供一个外部电源（可以是直流电源，也可以是交流电源）。

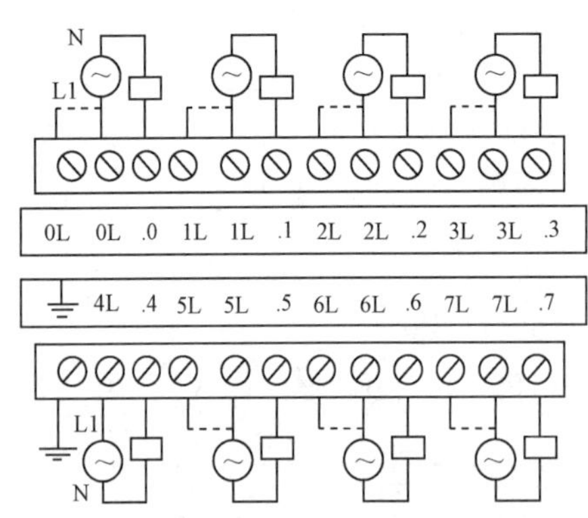

图6-9 交流输出扩展模块端子接线图

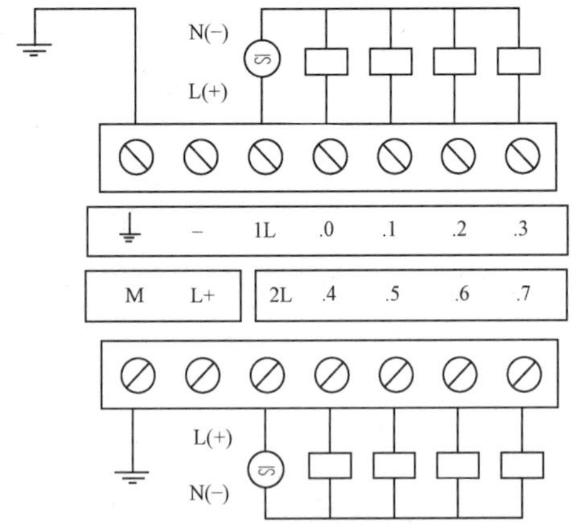

图6-10 继电器输出扩展模块端子接线图

继电器输出扩展模块在使用时，应根据负载的性质（直流或交流负载）来选用负载回路的电源（直流电源或交流电源）。

表6-6所示为数字量输出扩展模块的主要技术指标。

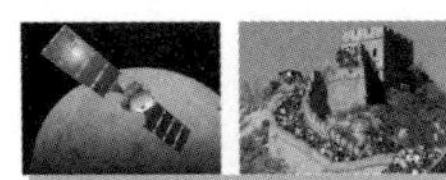

表 6-6　数字量输出扩展模块的主要技术指标

项　　目	直流输出	交流输出	继电器输出
电压允许范围	DC 20.4～28.8V	AC 85～264V	—
逻辑 1 信号最大电流	0.75A（电阻负载）	0.5A　AC	2A（电阻负载）
逻辑 0 信号最大电流	10μA	—	0
指示灯负载	5W	60W	30W DC/200WAC
非屏蔽电缆长度	150m	150m	150m
屏蔽电缆长度	500m	500m	500m
触点机械寿命	—	—	10000000 次
额定负载时触点机械寿命	—	—	100000 次

3. 数字量 I/O 扩展模块

S7-200 系列 PLC 配有数字量 I/O 扩展模块 EM223。在一个模块上既有数字量输入点又有数字量输出点。数字量 I/O 扩展模块的输入电路及输出电路的结构与上述介绍相同。在同一个模块上，输入电路和输出电路类型的组合有多种形式，用户可根据控制需求选用。

6.1.3　数字量 I/O 映像区大小及 I/O 地址分配

进行 PLC 系统配置时，要对各类输入、输出模块的 I/O 点进行编址。主机提供的 I/O 具有固定的 I/O 地址，扩展模块的 I/O 地址由 I/O 模块类型及在 I/O 链中的位置确定。

S7-200 系列 PLC 各类主机提供的数字量 I/O 映像区的区域大小是相同的，分别为 16 字节 128 位的输入映像寄存器区（位地址分别为 I0.0～I15.7）和 16 字节 128 位的输出映像寄存器区（位地址分别为 Q0.0～Q15.7），最大数字量 I/O 配置不能超出此区域。

数字量输入、输出映像区的逻辑空间是以字节（8 位）为单位递增分配的，编址时，对数字量模块物理点的地址分配也是按 8 点进行的，即使有些模块的端子数不是 8 的整数倍，也仍以 8 点来分配地址。例如，一个 4 输入/4 输出模块也占用 8 个输入点和 8 个输出点的地址，那些未用的物理点的地址不能分配给 I/O 链中的后续模块。对于输出模块，这些未用的空间可用作内部标志位寄存器，对于输入模块却不可以这样，因为每次输入更新时，CPU 都会将这些空间清零。

实例 6-1　某一控制系统选用 CPU224，系统所需的 I/O 点数各为：数字量输入 24 点、数字量输出 20 点。要求进行系统配置并说明各 I/O 点的地址。

本系统可有多种不同模块的选取组合，各模块在 I/O 链中的位置排列方式也可以有多种，图 6-11 所示为其中的一种模块连接形式。表 6-7 所示为各模块 I/O 地址分配表。

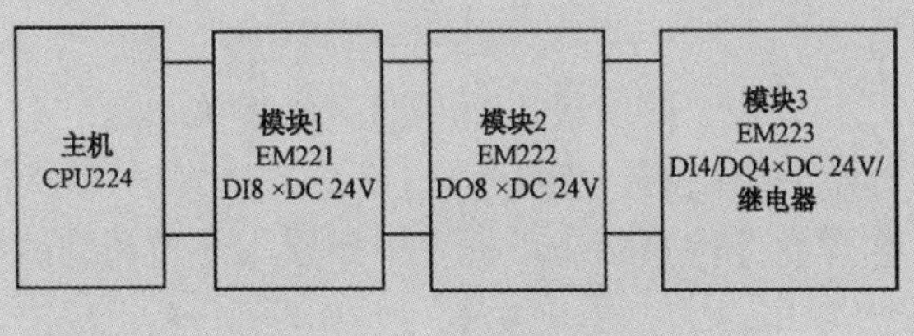

图 6-11　系统配置示意图

表 6-7　各模块 I/O 地址分配表

主机　I/O	模块 1　I/O	模块 2　I/O	模块 3　I/O
I0.0　Q0.0	I2.0	Q2.0	I3.0　Q3.0
I0.1　Q0.1	I2.1	Q2.1	I3.1　Q3.1
I0.2　Q0.2	I2.2	Q2.2	I3.2　Q3.2
I0.3　Q0.3	I2.3	Q2.3	I3.3　Q3.3
I0.4　Q0.4	I2.4	Q2.4	
I0.5　Q0.5	I2.5	Q2.5	
I0.6　Q0.6	I2.6	Q2.6	
I0.7　Q0.7	I2.7	Q2.7	
I1.0　Q1.0			
I1.1　Q1.1			
I1.2			
I1.3			
I1.4			
I1.5			

6.1.4　S7-200 系列 PLC 的程序设计语言

S7-200 系列 PLC 有 3 种常用的程序设计语言，分别是梯形图（Ladder Diagram，LAD）、语句表（Statement List，STL）、功能块图（Function Block Diagram，FBD）。梯形图和功能块图属于图形程序设计语言，语句表是一种类似于汇编语言的文本型语言。

S7-200 系列 PLC 的 STEP 7-Micro/Win32 编程软件支持 SIMATIC 和 IEC 1131-3 两种指令集，SIMATIC 指令集是西门子系列 PLC 专用的指令集，执行速度快，可使用梯形图、语句表、功能块图 3 种编程语言。IEC 1131-3 指令集是国际电工委员会（IEC）制定的 PLC 国际标准 IEC 1131-3 编程语言中推荐的 PLC 指令，其指令集只能使用梯形图和功能块图两种编程语言，一般指令执行时间较长，SIMATIC 指令集和 IEC 1131-3 中的标准指令系统并不兼容。下面将重点介绍 SIMATIC 指令集。

1. 梯形图程序设计语言

梯形图程序设计语言是 PLC 中比较常用的一种程序设计语言。它来源于继电器逻辑控制系统的描述，沿用了继电器、触点、串并联等术语和类似的图形符号。在工业过程控制领域，电气技术人员对继电器逻辑控制技术较为熟悉，因此，各厂家、各型号的 PLC 都将它作为第一用户编程语言。

1）梯形图的构成

梯形图按逻辑关系可分成多个网络段，一个网络段其实就是一个逻辑行。在本教材部分举例中将网络段省去。每个网络段由一个或多个梯级组成。在程序执行时，CPU 按梯级从上到下、从左到右扫描。编译软件能直接指出程序中错误指令所在的网络段的标号。

梯形图从构成元素看是由左右母线、触点、线圈和指令盒组成的，如图 6-12 所示。

（1）母线。

梯形图两侧的垂直公共线称为母线（Busbar）。在分析梯形图的逻辑关系时，为了借用继电器电路图的分析方法，可以想象左右两侧母线（左母线和右母线）之间有一个左正右负的直流电源电压，母线之间有能流从左向右流动。右母线可以不画出。

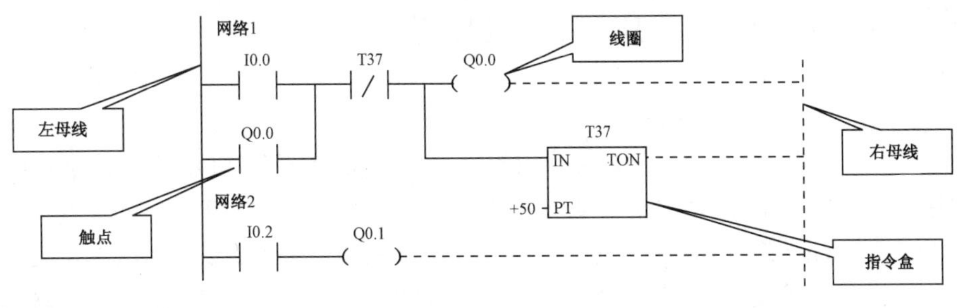

图 6-12 梯形图

（2）触点。触点符号如下。

常开触点为 ─┤ bit ├─。

常闭触点为 ─┤ bit / ├─。

触点符号代表输入条件，如外部开关、按钮及内部条件等。CPU 运行扫描到触点符号时，到触点位指定的存储器位访问（CPU 对存储器的读操作）。该位数据（状态）为 1 时，表示能流可以通过。在用户程序中，常开触点、常闭触点可以使用无数次。

（3）线圈。线圈符号为——(bit)。

线圈表示输出结果，PLC 的线圈通过输出接口电路来控制外部的指示灯、接触器及内部的输出条件等。线圈左侧的触点组成的逻辑运算结果为 1 时，能流可以达到线圈，此时，能流从左母线经过触点和线圈流向右母线，从而使线圈得电动作，CPU 将线圈的位地址对应的存储器位置为 1；逻辑运算结果为 0 时，线圈不通电，CPU 将线圈的位地址对应的存储器位置为 0，即线圈代表 CPU 对存储器的写操作。在用户程序中，每个线圈一般只能使用一次。

（4）指令盒：指令盒代表一些较复杂的功能，如定时器、计数器或数学运算指令等。当能流通过指令盒时，执行指令盒所代表的功能。

2）梯形图编程规则

（1）梯形图程序由网络段（逻辑行）组成，每个网络段由一个或几个梯级组成。

（2）从左母线向右以触点开始，以线圈或指令盒结束，构成一个梯级。触点不能出现在线圈右边。在一个梯级中，左右母线之间是一个完整的“电路”，不允许短路、开路。

（3）在梯形图中与能流有关的指令盒或线圈不可以直接接在左母线上，与能流无关的指令盒或线圈可以直接接在左母线上，如 LBL、SCR、SCRE 等。

2. 设备选型

设备选型是指根据系统的控制要求，通过必要的参数计算，正确、合理地选择控制设备和电气元件，并形成 PLC 的 I/O 分配表和元件明细表。

1）选择 I/O 设备，确定 I/O 点数和 I/O 规格

根据控制要求、控制工艺和工作环境等，通过必要的参数计算，确定电力拖动方案，进而选择合适的电动机及 I/O 设备的规格、型号和数量；分析控制过程中输入、输出设备之间

的关系，了解对输入信号的响应速度等。常用的输入设备有按钮、选择开关、行程开关、传感器等，常用的输出设备有继电器、接触器、指示灯、电磁换向阀、伺服驱动器、变频器、调速装置等。在此基础上估算 PLC 需要的 I/O 点的数量和规格。

2）确定 PLC 型号

在选择 PLC 型号时，主要考虑如下几点。

（1）功能的选择。首先应确定系统是用 PLC 单机控制还是用 PLC 形成网络进行控制，对于小型的 PLC 主要考虑 I/O 扩展模块及指令功能（如中断、PID 等）。

（2）I/O 点数的确定。根据统计的被控制系统的开关量、模拟量的 I/O 点数及类型（如直流还是交流、电压等级等），以及以后的扩充（一般加上 10%～20%的备用量），选择 PLC 的 I/O 点数和规格。对于数字量输入点，当输入设备距离 PLC 较近时，可以考虑使用低电压等级的直流输入点；反之，应考虑使用高电压等级的交流输入点。

（3）内存的估算。存储容量与指令的执行速度是 PLC 选型的重要指标，一般存储量大、速度快的 PLC 价格就高，尽管国外各厂家产品大体相同，但也有一定的区别。

用户程序所需的内存容量主要与系统的 I/O 点数、控制要求、程序结构长短等因素有关。一般可按此式估算：存储容量=开关量输入点数×10+开关量输出点数×8+模拟通道数×100+定时器/计数器数量×2+通信接口个数×300+备用量。

（4）“COM”点的选择。不同的 PLC 产品，其“COM”点的数量是不一样的。当负载的种类多且电流大时，采用一个“COM”点带 4 个以下输出点的产品，当负载种类少且数量多时，采用一个“COM”点带 8 个以上输出点的产品。

（5）扩展模块的选用。对于小的系统，一般不需要扩展；当系统较大时，就需要扩展了。不同厂家的产品，对系统总点数及扩展模块数量都有限制，当扩展仍不能满足需要或被控对象比较分散时，可考虑采用分布式控制结构。

（6）PLC 的网络设计。当进行 PLC 网络设计时，其难度比 PLC 单机控制大得多。首先，应选用比较熟悉的机型，对其基本指令和功能指令有较深入的了解，并且对指令的执行速度和用户程序存储容量也应仔细了解。然后，对通信接口、通信协议、数据传送速率等也要进行考虑。最后，还要向 PLC 厂家寻求网络设计和软件支持并获取详细技术资料。

另外，在一个控制系统中，PLC 应尽量选用大公司的产品且机型尽量统一，以利于系统的维护、扩展、软/硬件升级和维修备品的准备。

3）分配 PLC 的 I/O 点

PLC 选定后，就可以根据设计要求，分配 PLC 的 I/O 点给实际的 I/O 设备，并编写 I/O 分配表了。

6.2 S7-200 系列 PLC 的编程方法

6.2.1 S7-200 系列 PLC 的基本指令

1. 基本位操作指令

位操作指令是 PLC 最常用的基本指令，梯形图指令有触点和线圈两大类，触点又分常开触点和常闭触点两种形式；语句表指令有与、或及输出等逻辑关系，位操作指令能够实现基本的位逻辑运算和控制功能。

1）触点装载（LD/LDN）及线圈驱动（=）指令

（1）指令功能。

LD（Load）：常开触点逻辑运算的开始。对应梯形图为在左侧母线或线路分支点处装载一个常开触点。

LDN（Load Not）：常闭触点逻辑运算的开始（对操作数的状态取反），对应梯形图为在左侧母线或线路分支点处装载一个常闭触点。

=（OUT）：输出指令，对应梯形图为线圈驱动。对同一元件一般只能使用一次。

（2）指令格式。

LD/LDN、OUT 指令格式如图 6-13 所示，

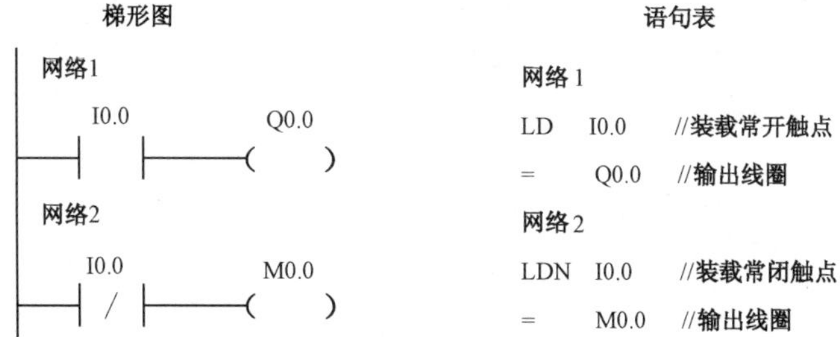

图 6-13　LD/LDN、OUT 指令格式

（3）LD/LDN 的操作数有 I、Q、M、SM、T、C、V、S。=（OUT）的操作数有 Q、M、SM、T、C、V、S。

2）触点串联指令 A（And）、AN（And Not）

（1）指令功能。

A（And）：与操作，在梯形图中表示串联单个常开触点。

AN（And Not）：与非操作，在梯形图中表示串联单个常闭触点。

（2）指令格式。

A/AN 指令格式如图 6-14 所示。

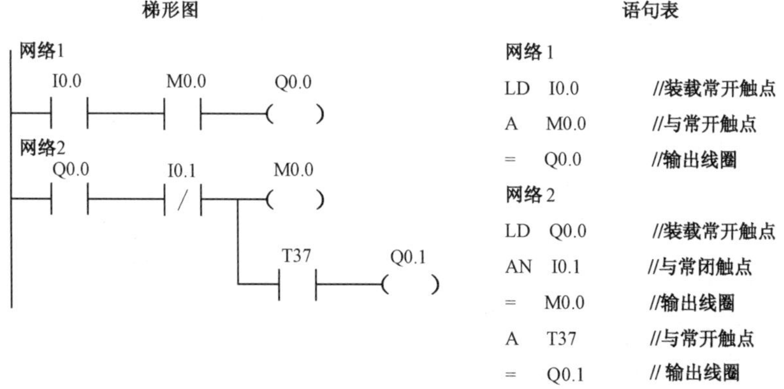

图 6-14　A/AN 指令格式

（3）A、AN 的操作数：I、Q、M、SM、T、C、V、S。

3）触点并联指令：O（Or）/ON（Or Not）

（1）指令功能。

O（Or）：或操作，在梯形图中表示并联一个常开触点。

ON（Or Not）：或非操作，在梯形图中表示并联一个常闭触点。

（2）指令格式。

O/ON 指令格式如图 6-15 所示。

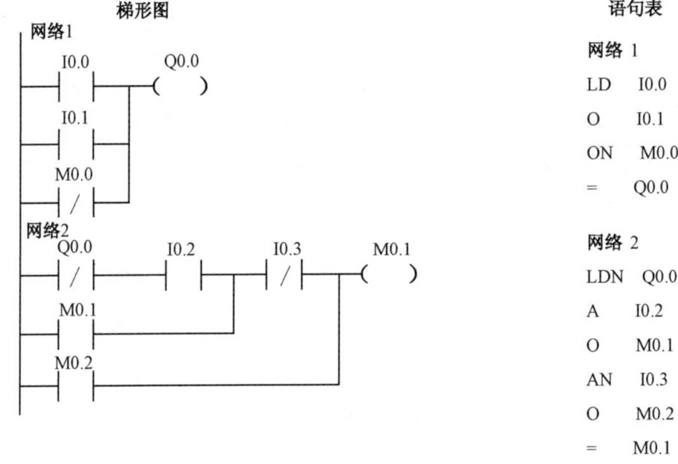

图 6-15　O/ON 指令格式

（3）O/ON 操作数：I、Q、M、SM、V、S、T、C。

4）并联电路块的串联指令 ALD

（1）指令功能。

ALD：块“与”操作，用于串联多个并联电路组成的电路块。

（2）指令格式。

ALD 指令格式如图 6-16 所示。

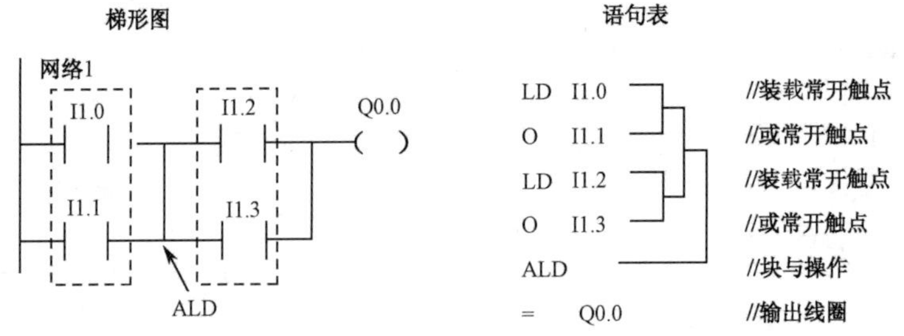

图 6-16　ALD 指令格式

5）串联电路块的并联指令 OLD

（1）指令功能。

OLD：块“或”操作，用于并联多个串联电路组成的电路块。

（2）指令格式。

OLD 指令格式如图 6-17 所示。

6）置位/复位指令（S/R）

（1）指令功能。

置位指令 S：使能输入有效后从起始位 S-bit 开始的 *N* 个位置“1”并保持。

复位指令 R：使能输入有效后从起始位 R-bit 开始的 *N* 个位置“0”并保持。

（2）指令格式。

S/R 指令格式如表 6-8 所示，S/R 指令的用法如图 6-18 所示。

表 6-8　S/R 指令格式

STL	LAD
S S-bit,N	S-bit ─(S) N
R S-bit,N	R-bit ─(R) N

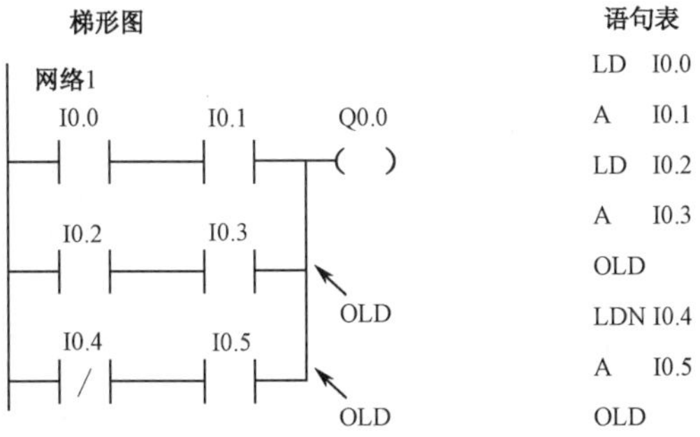

梯形图

网络1

I0.0　I0.1　Q0.0

I0.2　I0.3

I0.4　I0.5

OLD

OLD

语句表

```
LD  I0.0
A   I0.1
LD  I0.2
A   I0.3
OLD
LDN I0.4
A   I0.5
OLD
```

图 6-17　OLD 指令格式

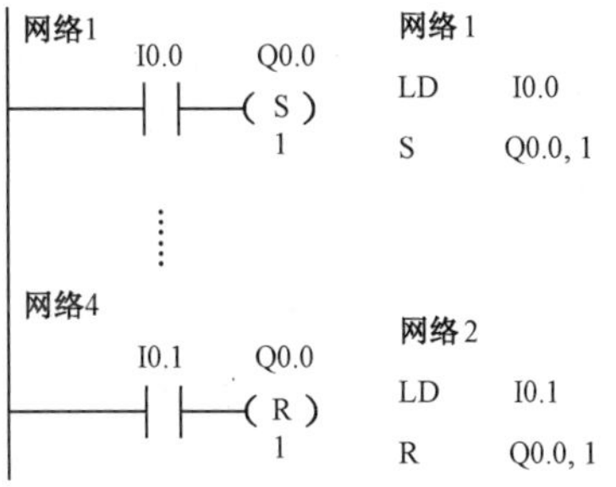

网络1

I0.0　Q0.0

(S)

1

网络4

I0.1　Q0.0

(R)

1

```
网络 1
LD  I0.0
S   Q0.0, 1

网络 2
LD  I0.1
R   Q0.0, 1
```

图 6-18　S/R 指令的用法

（3）操作数 *N* 的数据类型为字节型，可以为 VB、IB、QB、MB、SMB、SB、LB、AC、常量、*VD、*AC、*LD。操作数 *N* 的取值范围为：0～255。

S-bit 的操作数：I、Q、M、SM、T、C、V、S、L。S-bit 的数据类型为布尔型。

> **注意**：当置位、复位指令同时有效时，写在后面的指令具有优先权。

7）立即 I/O 指令

立即 I/O 指令遵循 CPU 的扫描规则，在程序执行过程中，梯形图中各输入继电器、输出继电器触点的状态取自 I/O 映像寄存器。为了加快 I/O 响应速度，在 S7-200 系列 PLC 中可以采用立即 I/O 指令。立即 I/O 指令包括立即触点指令、立即输出指令、立即置位和立即复位指令。

立即 I/O 指令不受 PLC 循环扫描工作方式的约束，允许对输入、输出物理点进行快速直接存取。执行立即触点指令时，CPU 绕过输入映像寄存器，直接读入物理输入点的状态并将其作为程序执行期间的数据，输入映像寄存器不做刷新处理；执行立即输出指令时，将结果

同时立即复制到物理输出点和对应的输出映像寄存器，而不是等待程序执行结束后，转入输出刷新阶段才将结果传送到物理输出点，从而加快了 I/O 响应速度。

（1）立即触点指令。

执行立即触点指令时，当某物理输入点的触点闭合时，相应的常开立即触点的位为 1，常闭立即触点的位为 0，反之亦然。

在梯形图中，立即触点指令用常开和常闭立即触点表示，立即触点指令格式如图 6-19 所示。

在语句表中，常开立即触点编程由 LDI（立即装载）、AI（立即与）、OI（立即或）指令描述，常闭立即触点编程由 LDNI、ANI、ONI 指令描述。

执行 LDI 指令，将物理输入点的位值立即装入栈顶；执行 AI 指令，将物理输入点的位值“与”栈顶值、运算结果仍存于栈顶；执行 OI 指令，将物理输入点的位值“或”栈顶值、运算结果仍存于栈顶；执行 LDNI、ANI、ONI 指令，将物理输入点的位值取反后，再做相应的装载、与、或操作。

（2）立即输出指令。

当执行立即输出指令时，栈顶值被同时立即复制到物理输出点和相应的输出映像寄存器，而不受扫描周期的影响。立即输出指令的操作数只限于 Q，如图 6-20 所示。

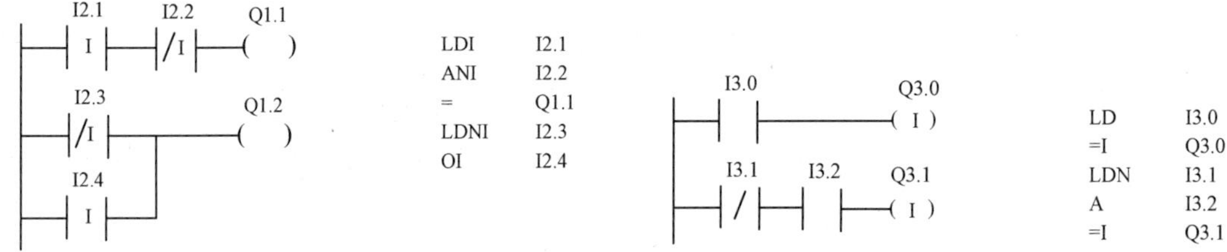

图 6-19　立即触点指令格式　　图 6-20　立即输出指令格式

必须指出：立即 I/O 指令是直接访问物理 I/O 点的，比一般指令访问 I/O 映像寄存器占用 CPU 的时间要长些，因而不能盲目地使用立即 I/O 指令，否则会增加扫描周期的时间，反而会对系统造成不利影响。

（3）立即置位和立即复位指令。

当执行立即置位或立即复位指令时，从指令操作数指定的地址位开始的 N 个物理输出点将被立即置位或立即复位且被保持。立即置位或复位的点数 N 的取值范围为 1～128，且只能对物理输出点进行操作。图 6-21 所示为立即置位、复位指令应用的例子。

执行该指令时，新值被写到物理输出点和相应的输出映像寄存器。

8）逻辑堆栈操作指令

S7-200 系列 PLC 采用逻辑堆栈来保存逻辑运算结果及断点的地址，堆栈共有 9 层。

（1）指令功能。

逻辑堆栈操作指令用于处理电路的分支点。

逻辑堆栈操作指令主要有逻辑入栈 LPS 指令、逻辑读栈 LRD 指令和逻辑出栈 LPP 指令。

LPS 指令：将栈顶值复制后压入堆栈，栈中原来的数据依次下移一层，栈底内容丢失。

LRD 指令：将逻辑堆栈第 2 层的值复制到栈顶，第 2～9 层数据不变。

LPP 指令：将堆栈弹出一级，原第 2 级的值变为新的栈顶值，栈中原来的数据依次上移

一层。指令执行完成后，栈底内容为不确定值。

LPS、LRD、LPP 指令的操作过程及对堆栈的影响如图 6-22 所示。

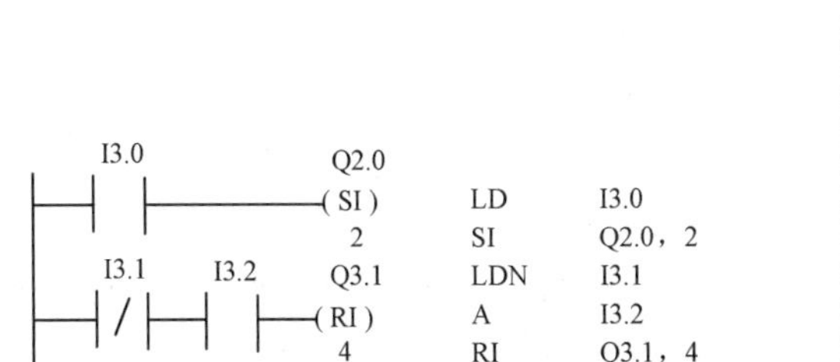

图 6-21　立即置位、复位指令应用的例子

逻辑入栈 前	逻辑入栈 后	逻辑读栈 前	逻辑读栈 后	逻辑出栈 前	逻辑出栈 后
iv0	iv0	iv0	iv1	iv0	iv1
iv1	iv0	iv1	iv1	iv1	iv2
iv2	iv1	iv2	iv2	iv2	iv3
iv3	iv2	iv3	iv3	iv3	iv4
iv4	iv3	iv4	iv4	iv4	iv5
iv5	iv4	iv5	iv5	iv5	iv6
iv6	iv5	iv6	iv6	iv6	iv7
iv7	iv6	iv7	iv7	iv7	iv8
iv8	iv7	iv8	iv8	iv8	X

图 6-22　LPS、LRD、LPP 指令的操作过程及对堆栈的影响

（2）指令使用说明。

逻辑堆栈指令可以嵌套使用，最多为 9 层。

为保证程序地址指针不发生错误，逻辑入栈 LPS 指令和逻辑出栈 LPP 指令必须成对使用。

9）边沿触发（脉冲生成）指令 EU/ED

（1）指令功能。

EU（Edge Up）指令：在 EU 指令前的逻辑运算结果中有一个上升沿（由 OFF→ON）时产生一个宽度为一个扫描周期的脉冲，驱动后面的输出线圈。

ED（Edge Down）指令：在 ED 指令前的逻辑运算结果中有一个下降沿（由 ON→OFF）时产生一个宽度为一个扫描周期的脉冲，驱动后面的输出线圈。

（2）指令格式。

EU/ED 指令格式如表 6-9 所示，EU/ED 指令的用法及时序分析如图 6-23 所示。

表 6-9　EU/ED 指令格式

STL	LAD	操　作　数
EU	─┤P├─	无
ED	─┤N├─	无

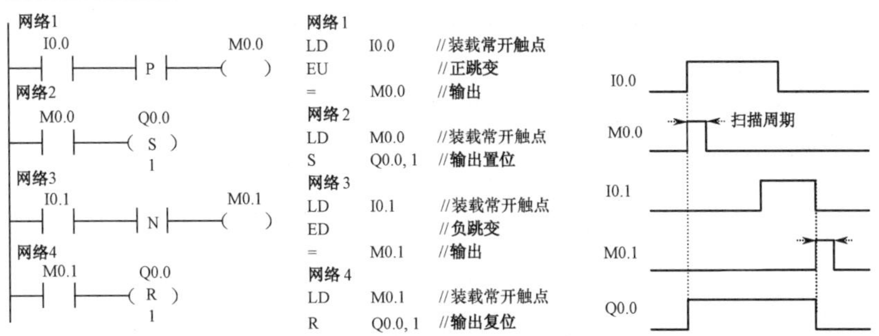

图 6-23　EU/ED 指令的用法及时序分析

I0.0 的上升沿，经触点（EU）产生一个扫描周期的时钟脉冲，驱动输出线圈 M0.0 导通一个扫描周期，M0.0 的常开触点闭合一个扫描周期，使输出线圈 Q0.0 置为 1 并保持。

I0.1 的下降沿，经触点（ED）产生一个扫描周期的时钟脉冲，驱动输出线圈 M0.1 导通

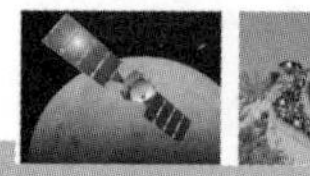

一个扫描周期，M0.1 的常开触点闭合一个扫描周期，使输出线圈 Q0.0 复位为 0 并保持。

（3）指令使用说明。

① EU、ED 指令只在输入信号变化时有效，其输出信号的脉冲宽度为一个扫描周期。

② PLC 开机为接通状态的输入条件，不执行 EU 指令。

10）取非和空操作指令 NOT/NOP

NOT/NOP 指令格式如表 6-10 所示。

表 6-10　NOT/NOP 指令格式

STL	LAD	操 作 数
NOT	─┤NOT├─	无
NOP	N ──[NOP]──	无

（1）取非指令（NOT）。

取非指令是指对存储器位的取非操作，用来改变能流的状态。梯形图指令用触点形式表示，触点左侧为 1 时，触点右侧为 0，能流不能到达右侧，输出无效。反之亦然。

（2）空操作指令（NOP）。

空操作指令起增加程序容量和延时的作用。使能输入有效时，执行空操作指令，将稍微延长扫描周期，不影响用户程序的执行，也不会使能流输出断开。操作数 N 为执行空操作的次数，N 的取值范围为 0～255。

实例 6-2　启动、保持和停止电路。

启动、保持和停止电路简称“启保停”电路，启保停电路的外部接线图和梯形图如图 6-24 所示。启保停电路最主要的特点是具有“记忆”功能。时序分析图如图 6-25 所示。这种功能也可以用图 6-26 中的 S 和 R 指令来实现。在实际电路中，启动信号和停止信号可能由多个触点组成的串、并联电路提供。

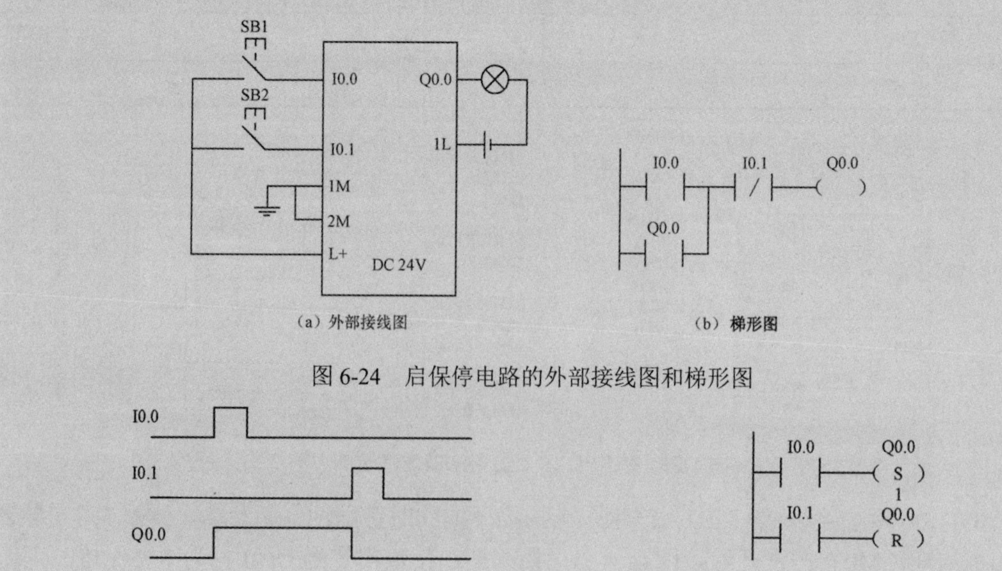

（a）外部接线图　（b）梯形图

图 6-24　启保停电路的外部接线图和梯形图

图 6-25　时序分析图

图 6-26　S/R 指令实现的启保停电路

实例 6-3　互锁电路。

互锁电路如图 6-27 所示，图中的输入信号为 I0.0 和 I0.1，若 I0.0 先接通，则 M0.0 自保持，使 Q0.0 有输出，同时 M0.0 的常闭触点断开，即使 I0.1 再接通，也不能使 M0.1 动作，故 Q0.1 无输出。若 I0.1 先接通，则情形与前述相反。因此，在控制环节中，该电路可实现信号互锁。

```
LD   I0.0
O    M0.0
AN   M0.1
=    M0.0
LD   I0.1
O    M0.1
AN   M0.0
=    M0.1
LD   M0.0
=    Q0.0
LD   M0.1
=    Q0.1
```

图 6-27　互锁电路

实例 6-4　分频电路。

用 PLC 可以实现对输入信号的任意分频。图 6-28 所示为二分频电路。将脉冲信号加到 I0.0 端，在第一个脉冲的上升沿到来时，M0.0 产生一个扫描周期的单脉冲，使 M0.0 的常开触点闭合，此时 Q0.0 的常开触点断开，M0.1 线圈断开，其常闭触点 M0.1 闭合，Q0.0 线圈接通并自保持；在第二个脉冲上升沿到来时，M0.0 又产生一个扫描周期的单脉冲，使 M0.0 的常开触点又接通一个扫描周期，此时 Q0.0 的常开触点闭合，M0.1 线圈通电，其常闭触点 M0.1 断开，Q0.0 线圈断开；直至第三个脉冲到来时，M0.0 又产生一个扫描周期的单脉冲，使 M0.0 的常开触点闭合，此时 Q0.0 的常开触点断开，M0.1 线圈断开，其常闭触点 M0.1 闭合，Q0.0 线圈又接通并自保持。以后循环往复，不断重复上述过程。输出信号 Q0.0 是输入信号 I0.0 的二分频。

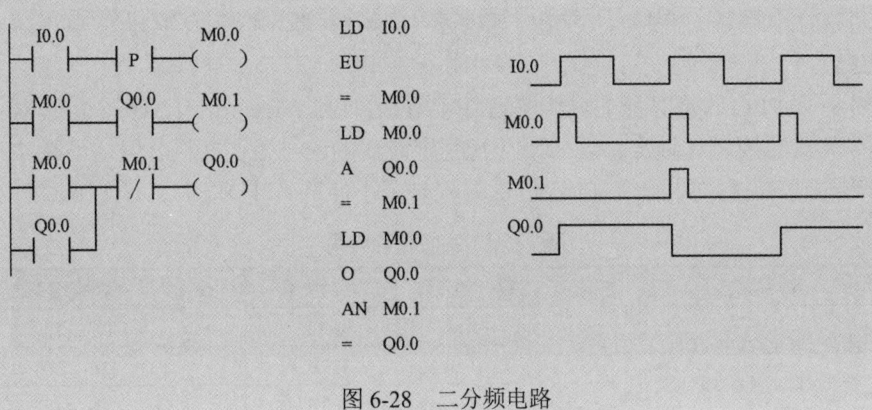

图 6-28　二分频电路

2. 数据传送指令

（1）字节、字、双字和实数的数据传送指令助记符中最后的B、W、DW（或D）和R分别表示操作数为字节（Byte）、字（Word）、双字（Double Word）和实数（Real）。传送指令（见表6-11和图6-29）将输入（IN）的数据传送到输出（OUT），传送过程不改变源地址中数据的值。

表6-11　数据传送指令描述

梯形图	语句表	描述	梯形图	语句表	描述
MOV_B	MOVB　IN，OUT	传送字节	MOV_BIW	BIW　IN，OUT	字节立即写
MOV_W	MOVW IN，OUT	传送字	BLKMOV_B	BMB　IN，OUT，N	传送字节块
MOV_DW	MOVD　IN，OUT	传送双字	BLKMOV_W	BMW　IN，OUT，N	传送字块
MOV_R	MOVR　IN，OUT	传送实数	BLKMOV_D	BMD　IN，OUT，N	传送双字块
MOV_BIR	BIR　IN，OUT	字节立即读	SWAP	SWAP　IN	字节交换

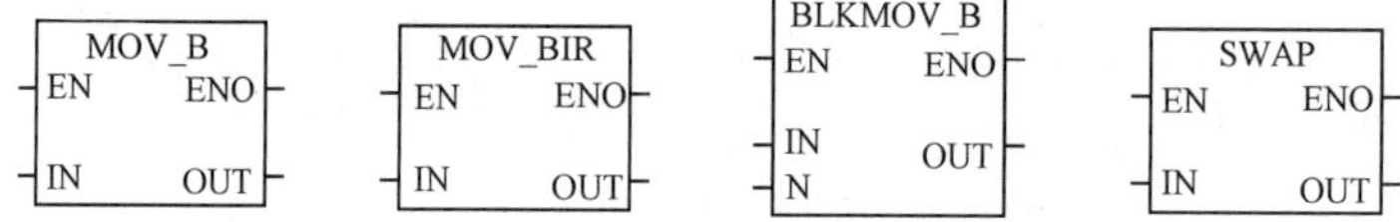

图6-29　数据传送指令格式

（2）字节立即读/写指令。字节立即读（Move Byte Immediate Read，MOV_BIR）指令读取输入IN指定的一个字节的物理输入，并将结果写入OUT指定的地址，但是并不刷新输入过程映像寄存器。字节立即写（Move Byte Immediate Write，MOV_BIW）指令将输入IN指定的一个字节的数值写入OUT指定的物理输出，同时刷新相应的输出过程映像区。这两条指令的IN和OUT都是字节变量。

（3）字节、字、双字的块传送指令。块传送指令将从地址IN开始的N个数据传送到从地址OUT开始的N个单元，N的取值范围为1～255，N为字节变量。以块传送指令“BMB VB20，VB100，4”为例，执行后VB20～VB23中的数据被传送到VB100～VB103中。

（4）字节交换指令。字节交换（SWAP）指令用来交换输入字IN的高字节与低字节。

6.2.2　S7-200系列PLC的定时器指令

S7-200系列PLC为相应用户提供了3种类型的定时器：接通延时定时器（指令为TON）、保留性接通延时定时器（指令为TONR）和断开延时定时器（指令为TOF），共256个（号码为T0～T255）。

S7-200系列PLC的定时器的分辨率有3个等级：1ms、10ms和100ms。定时器的分类如表6-12所示。虽然接通延时定时器与断开延时定时器的编号范围相同，但是不能共享相同的定时器号码。例如，在对同一个PLC进行编程时，不能既有TON37又有TOF37。

表6-12　定时器的分类

定时器类型	分辨率	定时范围	定时器号码
接通延时定时器（TON） 断开延时定时器（TOF）	1ms	32.767s	T32，T96
	10ms	327.67s	T33～T36，T97～T100
	100ms	327.67s	T37～T63，T101～T255

续表

定时器类型	分　辨　率	定时范围	定时器号码
保留性接通延时定时器（TONR）	1ms	32.767s	T0，T64
	10ms	327.67s	T1～T4，T65～T68
	100ms	327.67s	T5～T31，T69～T95

定时时间为：

$$T=\mathrm{PT}\times S$$

式中，T 为定时时间；PT 为设定值；S 为分辨率等级。

定时器的设定值的数据类型均为 INT（整数），除常数外，还可以用 VW、IW 等作为它们的设定值。

例如，TON 指令用定时器 T37，设定值为 100，则实际定时时间为：

$$T=100\times100=10000\mathrm{ms}$$

定时器号码不仅是定时器的编号，它还包含两方面的变量信息：定时器位和定时器当前值。

定时器位：存储定时器的状态，当定时器的当前值达到设定值时，该位发生动作。

定时器当前值：存储定时器当前所累计的时间，它用 16 位符号整数来表示。定时器指令的有效操作数如表 6-13 所示。

表 6-13　定时器指令的有效操作数

输入/输出	数据类型	有效操作数
TON TOF TONR	WORD	常数（T0～T255）
IN	BOOL	I、Q、V、M、SM、S、T、C、L、能流
PT	INT	IW、QW、VW、MW、SMW、SW、LW、T、C、AC、AIW、*VD、*LD、*AC、常数

1．接通延时定时器指令

接通延时定时器用于对单一时间间隔的定时。接通延时定时器指令如图 6-30 所示。TON 为定时器标识符，Txx 为定时器编号，IN 为启动输入端（数据类型为 BOOL 型），PT 为时间设定值输入端（数据类型为 INT 型）。

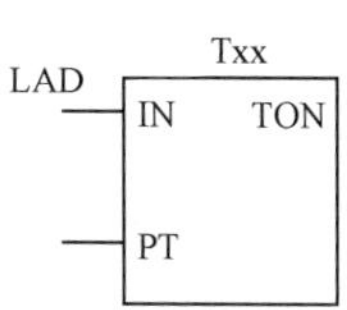

图 6-30　接通延时定时器指令

其具体工作过程是：当定时器的输入端电路断开时，定时器的当前值为 0，定时器位为 OFF（常开触点断开、常闭触点闭合）。当输入端电路接通时，定时器开始工作，每过一个基本时间间隔，定时器的当前值加 1。当定时器的当前值大于或等于定时器的设定值时，定时器变为 ON，这时定时器位也变为 ON（常开触点闭合，常闭触点断开）。在定时器输出状态

改变后，定时器继续计时，直到定时器的当前值为32767（最大值）时，才停止计时，当前值将保持不变。

输入端电路断开时，定时器自动复位，当前值被清零，定时器位变为OFF。当输入端电路接通的时间不足以使得当前值达到设定值时，定时器位也不会由ON变为OFF。

实例 6-5 接通延时定时器应用举例如图 6-31 所示。

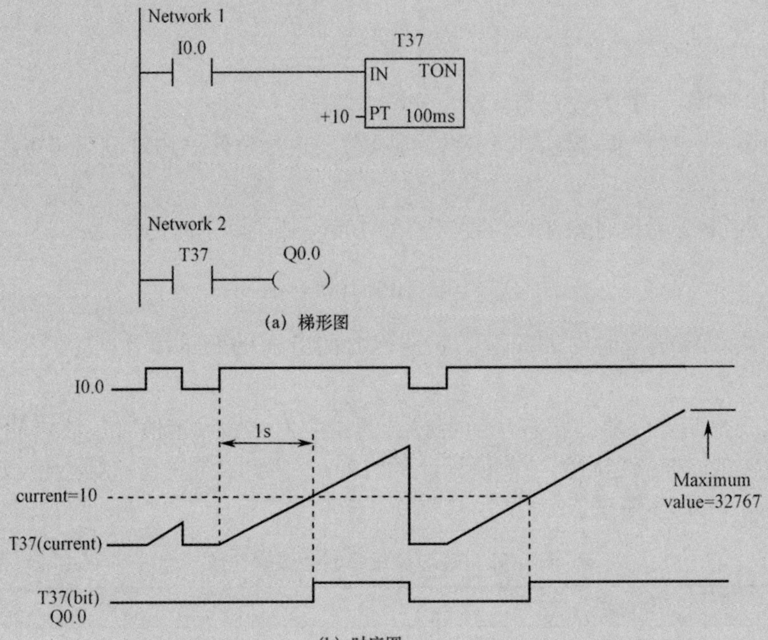

Network 1
I0.0
T37
IN TON
+10 PT 100ms

Network 2
T37
Q0.0

(a) 梯形图

I0.0
1s
current=10
T37(current)
Maximum value=32767
T37(bit) Q0.0

(b) 时序图

图 6-31 接通延时定时器应用举例

2. 保留性接通延时定时器指令

保留性接通延时定时器用于对许多间隔的累计定时。保留性接通延时定时器指令如图 6-32 所示。TONR为定时器标识符，Txx为定时器编号，IN为启动输入端，PT为时间设定值输入端。

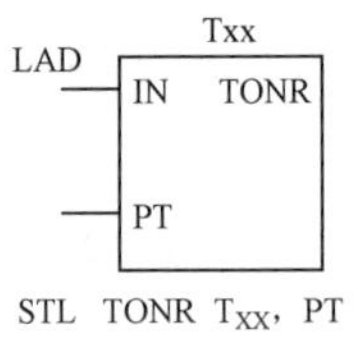

图 6-32 保留性接通延时定时器指令

保留性接通延时定时器的原理与接通延时定时器的原理基本相同。不同之处在于保留性接通延时定时器在输入端电路断开时，定时器位和当前值保持下来。当输入端电路再次接通时，当前值从上次的保持值继续计数，当累计当前值达到设定值时，定时器位为 ON。当前值连续计数到 32767，才停止计时。因而保留性接通延时定时器的复位不能同普通接通延时定时器的复位一样使用断开输入端电路的方法，而只能使用复位指令 R 对其进行复位操作，将当前值清零。

实例 6-6　保留性接通延时定时器应用举例如图 6-33 所示。

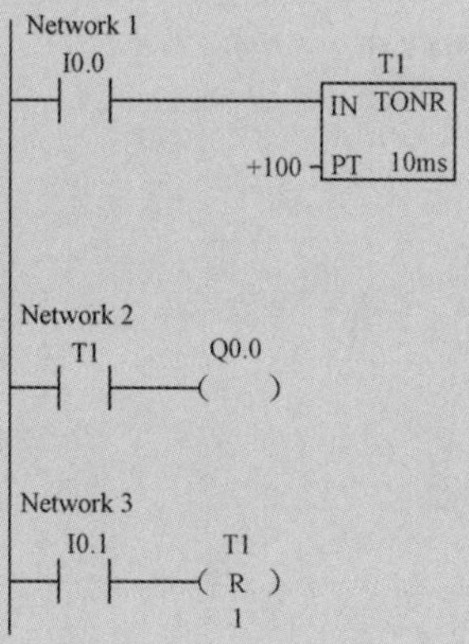

```
Network 1        //10ms TONR定时器T1在PT=（100×10ms=1s）后到时

LD     I0.0
TONR   T1,+100

Network 2        //T1位控制Q0.0
                 //1s后T1使Q0.0接通
LD     T1
=      Q0.0

Network 3        //TONR定时器必须用复位指令才能复位
                 //当I0.1接通时，复位T1
LD     I0.1
R      T1,1
```


(a) 梯形图

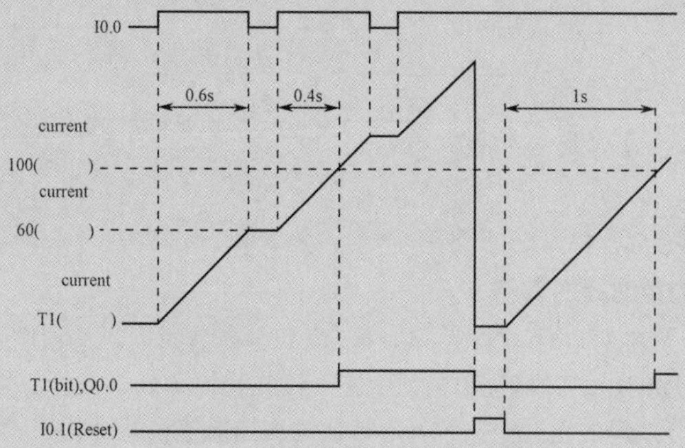

(b) 时序图

图 6-33　保留性接通延时定时器应用举例

3．断开延时定时器指令

断开延时定时器用于断电后的单一间隔时间计时。断开延时定时器指令如图 6-34 所示，TOF 为定时器标识符，Txx 为定时器编号，IN 为启动输入端，PT 为时间设定值输入端。

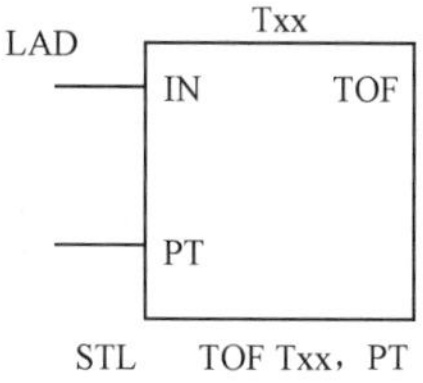

图 6-34　断开延时定时器指令

当定时器的输入信号端断开时，定时器开始工作，每过一个基本时间间隔，定时器的当前值加 1。当定时器的当前值达到定时器的设定值时，就开始定时器的延时时间，这时定时器位变为 OFF，停止计时，当前值保持不变。当输入端电路接通时，当前值复位（置为 0），定时器位为 ON。当输入端断开后维持的时间不足以使得当前值达到设定值时，定时器位也不会变为 OFF。

实例 6-7 断开延时定时器应用举例如图 6-35 所示。

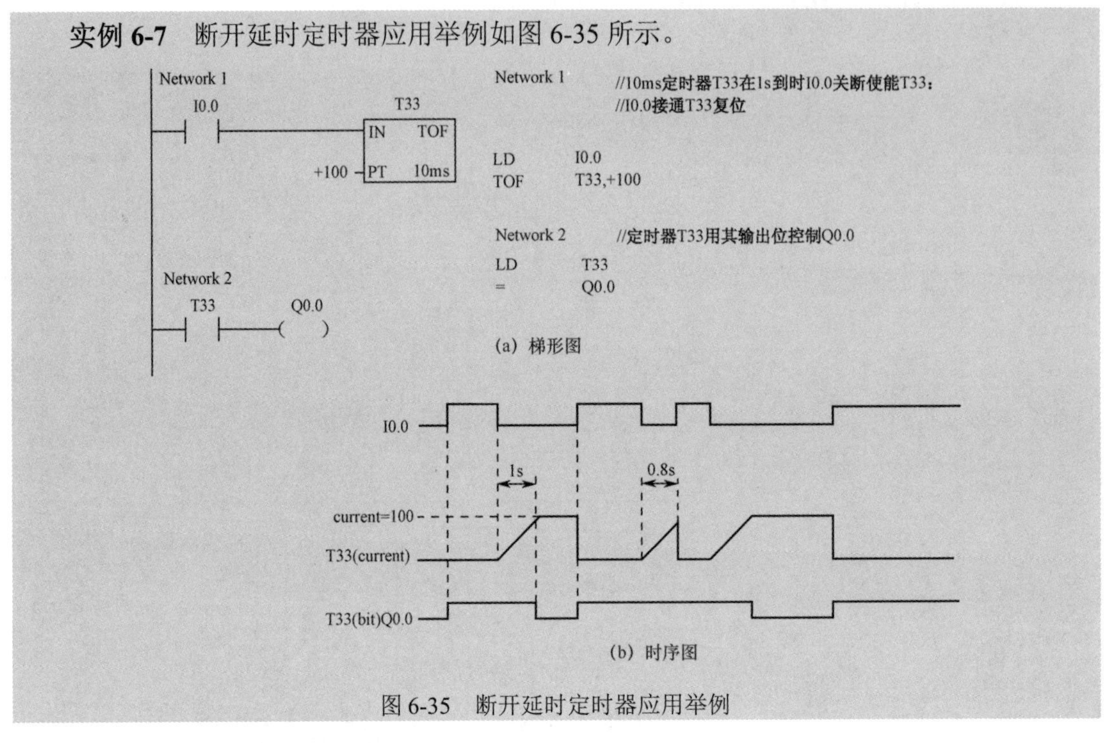

图 6-35 断开延时定时器应用举例

4．分辨率对定时器的影响

对于 1ms 分辨率的定时器来说，定时器位和当前值的更新与扫描周期不同步。对于大于 1ms 的程序扫描周期，定时器位和当前值在一次扫描内刷新多次。

对于 10ms 分辨率的定时器来说，定时器位和当前值在每个程序扫描周期的开始时刷新。定时器位和当前值在整个扫描周期过程中为常数。在每个扫描周期开始时，会将一个扫描累计的时间间隔加到定时器当前值上。

对于 100ms 分辨率的定时器来说，定时器位和当前值在指令执行时刷新。因此，为了使定时器保持正确的定时值，要确保在一个程序扫描周期中只执行一次 100ms 定时器指令。

5．定时器组成的振荡电路

振荡电路可以产生特定的通断时序脉冲，主要应用在脉冲信号源或闪光报警电路中。振荡电路梯形图如图 6-36 所示。说明：改变 T37 和 T38 的设定值就可以调整 Q0.0 的输出脉冲宽度。

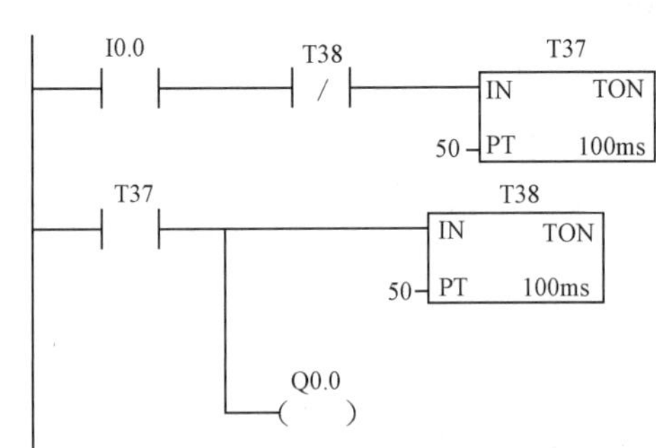

图 6-36 振荡电路梯形图

6.2.3 S7-200 系列 PLC 的计数器指令

计数器与定时器的结构基本相似，也由集成电路构成，是应用非常广泛的编程元件。计数器用来统计输入脉冲的次数，经常用来对产品进行计数。编程时提前输入所计次数的设定值，当计数器的输入条件满足要求时，计数器开始运行并对输入脉冲进行计数，当计数器的当前值达到设定值时，计数器动作，发出中断请求，以便 PLC 响应并做出相应的动作。

S7-200 系列 PLC 的计数器有 3 种类型：增计数器（指令为 CTU）、减计数器（指令为 CTD）和增减计数器（指令为 CTUD），共 256 个（号码为 C0～C255）。在一个程序中，同一个计数器号码只能使用一次，计数脉冲输入和复位信号输入同时有效时，优先执行复位操作。用语句表表示时，各计数器一定要按梯形图所示的各个输入端顺序输入，不能颠倒。

计数器指令的有效操作数如表 6-14 所示。

表 6-14　计数器指令的有效操作数

输入/输出	数据类型	有效操作数
CXX	WORD	常数（C0～C255）
CU、CD、LD、R	BOOL	I、Q、V、M、SM、S、T、C、L、能流
PV	INT	IW、QW、VW、MW、SMW、SW、LW、T、C、AC、AIW、*VD、*LD、*AC、常数

与定时器一样，计数器号码不仅是计数器的编号，它还包含两方面的变量信息：计数器位和计数器当前值。

计数器位：存储计数器的状态，根据对应的条件使得计数器位置为 10。

计数器当前值：存储计数器当前所累计的脉冲个数，它用 16 位符号整数来表示，故最大计数值为 32767，最小计数值为-32767。

1．增计数器指令

增计数器指令如图 6-37 所示。CTU 为计数器标识符，Cn 为计数器编号，CU 为增计数脉冲输入端，R 为复位信号输入端，PV 为脉冲设定值输入端。

当复位信号输入端的信号为 0 时，在增计数脉冲输入端的每个脉冲输入的上升沿，计数器的当前值进行加 1 操作。当计数器的当前值大于或等于设定值时，计数器被置为 1，这时再来计数脉冲时，计数器的当前值仍不断地累加，直到达到最大值 32767 时，停止计数。复位信号输入端的信号为 1 时，计数器被复位。

2．减计数器指令

减计数器指令如图 6-38 所示。CTD 为计数器标识符，Cn 为计数器编号，CD 为减计数脉冲输入端，LD 为装载输入端，PV 为脉冲设定值输入端。

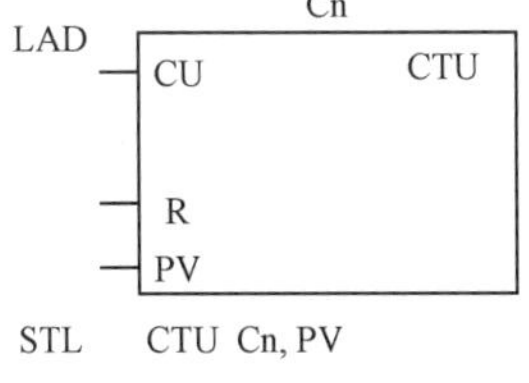

图 6-37　增计数器指令

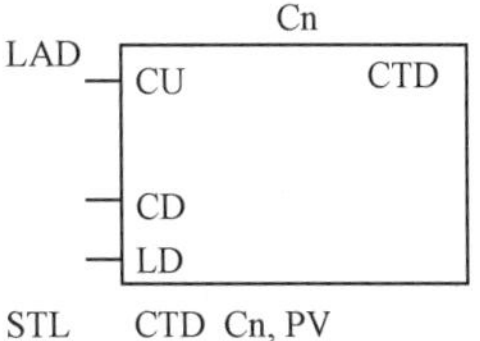

图 6-38　减计数器指令

减计数器在装载输入端的信号为 1 时，其计数器的设定值被装入计数器的当前值寄存器，此时当前值为 PV，计数器位为 0。当装载输入端的信号为 0 时，在计数器输入端每个脉冲输入的上升沿，计数器的当前值进行减 1 操作。当计数器的当前值为 0 时，计数器位变为 1，并停止计数。这种状态一直保持到装载输入端的信号变为 1，再次装入设定值之后，计数器位变为 0，才能重新计数。

实例 6-8 减计数器应用举例如图 6-39 所示。

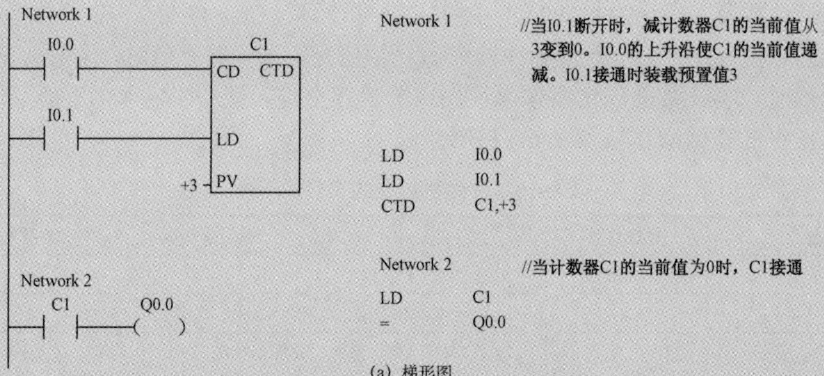

Network 1

I0.0 —| |— CD C1 CTD

I0.1 —| |— LD

+3 — PV

Network 2

C1 —| |—(Q0.0)

```
Network 1    //当I0.1断开时，减计数器C1的当前值从3变到0。I0.0的上升沿使C1的当前值递减。I0.1接通时装载预置值3
LD     I0.0
LD     I0.1
CTD    C1,+3

Network 2    //当计数器C1的当前值为0时，C1接通
LD     C1
=      Q0.0
```

(a) 梯形图

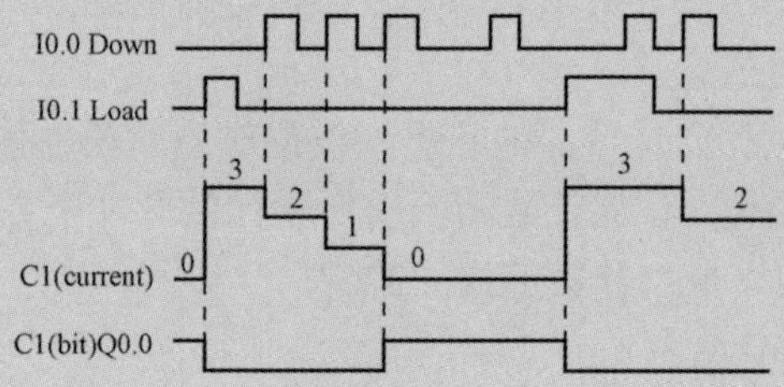

I0.0 Down

I0.1 Load

C1(current) 0 3 2 1 0 3 2

C1(bit)Q0.0

(b) 时序图

图 6-39 减计数器应用举例

3. 增减计数器指令

增减计数器指令如图 6-40 所示。CTUD 为计数器标识符，Cn 为计数器编号，CU 为增计数脉冲输入端，CD 为减计数脉冲输入端，R 为复位信号输入端，PV 为脉冲设定值输入端。

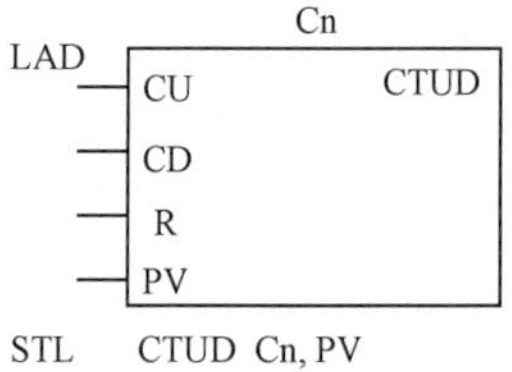

图 6-40 增减计数器指令

当接在复位信号输入端的复位输入电路断开时，每当一个增计数脉冲上升沿到来时，计数器的当前值进行加 1 操作。当计数器的当前值大于或等于设定值时，计数器位变为 1。这时再来增计数脉冲时，计数器的当前值仍不断地累加，达到最大值 32767 后，下一个增计数脉冲上升沿将使计数器的当前值跳变为最小值（-32768）并停止计数。每当一个减计数脉冲上升沿到来时，计数器的当前值进行减 1 操作。当计数器的当前值小于设定值时，计数器位变为 0。再来减计数脉冲时，计数器的当前值仍不断地递减，达到最小值（-32768）后，下一个减计数脉冲上升沿使计数器的当前值跳变为最大值（32767）并停止计数。

实例 6-9　增减计数器应用举例如图 6-41 所示。

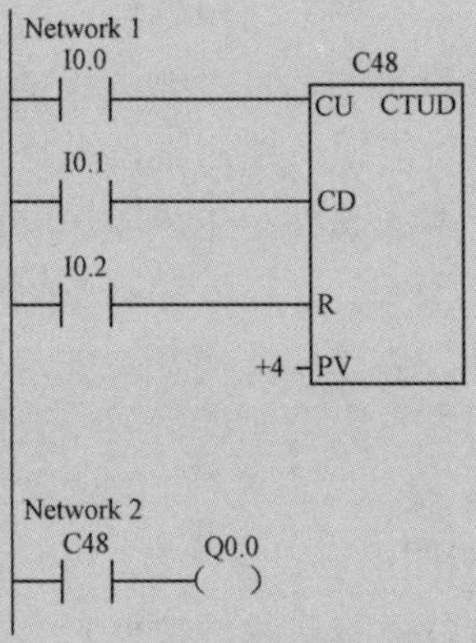

Network 1
I0.0
C48
CU CTUD
I0.1
CD
I0.2
R
+4
PV
Network 2
C48
Q0.0

```
Network 1      //I0.0增计数
               //I0.1减计数
               //I0.2将当前值复位为0
LD        I0.0
LD        I0.1
LD        I0.2
CTUD      C48,+4

Network 2      //当前值为4时，将增减计数器C48接通

LD        C48
=         Q0.0
```

(a) 梯形图

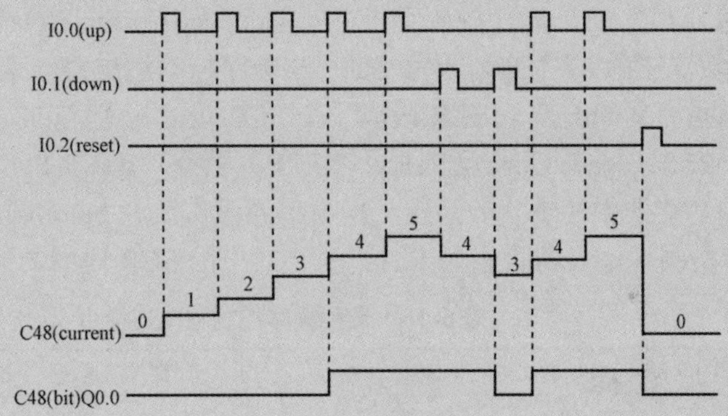

I0.0(up)
I0.1(down)
I0.2(reset)
C48(current)
C48(bit)Q0.0
0
1
2
3
4
5
4
3
4
5
0

(b) 时序图

图 6-41　增减计数器应用举例

4．由计数器组成的二分频电路

PLC 可以实现对输入信号的任意分频。前面介绍了用基本逻辑指令完成的二分频电路，这里介绍由计数器组成的二分频电路，如图 6-42 所示。

I0.0
P
M0.0
Q0.0
Q0.0
I0.0
C4
CU
CTU
M0.0
R
2
PV
C4
M0.0

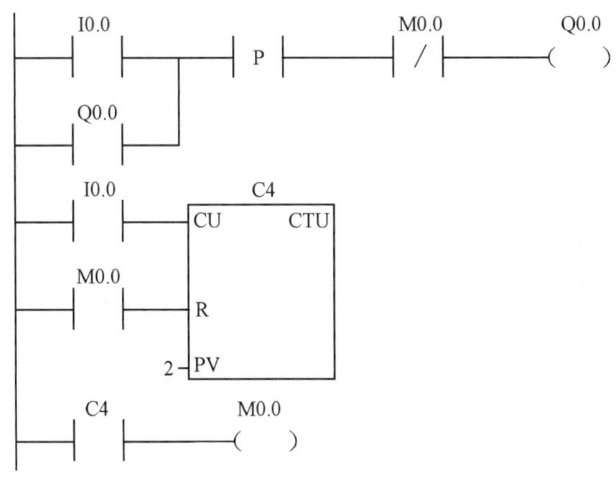

图 6-42　由计数器组成的二分频电路

6.2.4 S7-200 系列 PLC 的顺序控制指令

所谓顺序控制，是指各个执行机构在生产过程中按照生产工艺预先规定的顺序，在各个输入信号的作用下，根据内部状态和时间的顺序，自动地、有秩序地进行操作。使用顺序控制设计法时，首先根据系统的工艺过程，画出顺序功能图，然后根据顺序功能图设计出梯形图。有的 PLC 为用户提供了顺序功能图语言，在编程软件中生成顺序功能图后便完成了编程工作。顺序功能图（Sequential Function Chart，SFC）是描述控制系统的控制过程的一种图形，也是设计 PLC 的顺序控制程序的有力工具。顺序功能图并不涉及所描述的控制功能的具体技术，它是一种通用的技术语言，可以供进一步设计和不同专业的人员之间进行技术交流之用。顺序功能图主要由步、有向连线、转换、转换条件和动作（或命令）组成。S7-300/400 系列 PLC 的 S7 Graph 是典型的顺序功能图语言。虽然 S7-200 系列 PLC 没有配备顺序功能图语言，但是可以用顺序功能图来描述系统的功能，根据它来设计梯形图程序。

S7-200 系列 PLC 中的顺序控制继电器（Sequence Control Relay，SCR）专门用于编制顺序控制程序。顺序控制程序被划分为 SCR 与顺序控制继电器结束（Sequence Control Relay End，SCRE）指令之间的若干 SCR 段，一个 SCR 段对应顺序功能图中的一步。装载顺序控制继电器（Load Sequence Control Relay，LSCR）指令“LSCR S_bit”（见表 6-15）用来表示 SCR 段（顺序功能图中的步）的开始。指令中的操作数 S_bit 为顺序控制继电器（B00L 型）的地址。顺序控制继电器的状态为 1 时，执行对应的 SCR 段中的程序，反之则不执行。

表 6-15 装载顺序控制继电器指令

梯形图	语句表	描述	梯形图	语句表	描述
SCR	LSCR S_bit	SCR 程序段开始	SCRE	CSCRE	SCR 程序段条件结束
SCRT	SCRT S_bit	SCR 转换	SCRE	SCRE	SCR 程序段结束

SCRE 指令用来表示 SCR 段的结束。

顺序控制继电器转换（Sequence Control Relay Transition，SCRT）指令“SCRT S_bit ”用来表示 SCR 段之间的转换，即步的活动状态的转换。当 SCRT 线圈“得电”时，SCRT 指令指定的顺序功能图中的后续步对应的顺序控制继电器的状态变为 1，同时当前活动步对应的顺序控制继电器被系统程序复位为 0，当前步变为不活动步。

使用 SCR 指令时有以下限制：不能在不同的程序中使用相同的 S 位；不能在 SCR 段之间使用 JMP 和 LBL 指令，即不允许用跳转的方法跳入或跳出 SCR 段；不能在 SCR 段中使用 FOR、NEXT 和 END 指令。

图 6-43 所示为小车控制的运动示意图、顺序功能图及梯形图。设小车在初始位置时停在左边，限位开关 I0.2 为 1。按下启动按钮 I0.0 后，小车向右运动（简称右行），碰到右限位开关 I0.1 后，小车停在该处，3s 后开始向左运动（简称左行），碰到左限位开关 I0.2 后返回初始步，停止运动。根据 Q0.0 和 Q0.1 状态的变化，显然，一个工作周期可以分为右行步、暂停步和左行步 3 步，另外，还应设置等待启动的初始步，用 S0.0～S0.3 来代表这 4 步。启动按钮 I0.0 和限位开关的常开触点、T37 延时接通的常开触点是各步之间的转换条件。

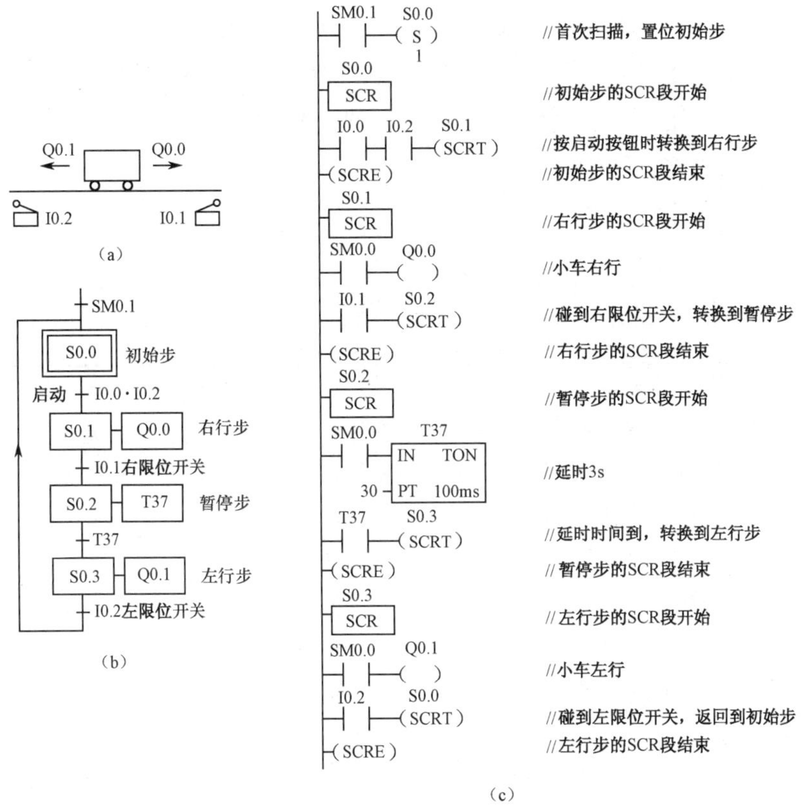

图 6-43　小车控制的运动示意图、顺序功能图及梯形图

6.2.5　S7-200 系列 PLC 的移位和循环移位指令

移位操作指令包括移位指令、循环移位指令和寄存器移位指令，执行时只需要考虑被移位存储单元的每一位数字状态，而不需要考虑数据值的大小。该类指令在一个数字量输出端子对应多个相对固定状态的情况下有广泛的应用。

1. 移位指令

移位指令有右移和左移两种，根据所移位数的长度分别又可分为字节型、字型和双字型。移位指令如图 6-44 所示。移位数据存储单元的移出端与 SM1.1（溢出位）相连，最后被移出的位被放到 SM1.1 位存储单元。SHR_B、SHR_W 和 SHR_DW 为字节、字和双字右移标识符；相应地，SHL_B、SHL_W 和 SHL_DW 为字节、字和双字左移标识符；EN 为移位允许信号输入端（数据类型为 BOOL 型）；ENO 为功能框允许输出端（数据类型为 BOOL 型）；IN 为移位数据输入端（数据类型为 BYTE 型、WORD 型或 DWORD 型）；OUT 为移位数据输出端（数据类型为 BYTE 型、WORD 型或 DWORD 型），N 为移位次数输入端（数据类型为 BYTE 型）。移位指令中各有效操作数的寻址范围如表 6-16 所示。

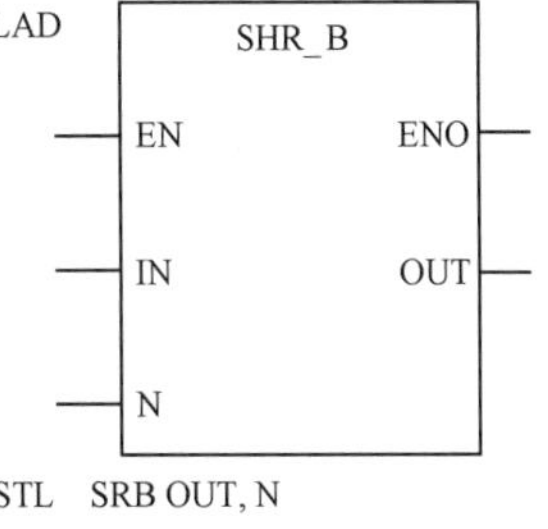

图 6-44　移位指令

表 6-16　移位指令中各有效操作数的寻址范围

输入、输出	数据类型	有效操作数的寻址范围
IN	BYTE	IB、QB、VB、MB、SMB、SB、LB、AC、*VD、*LD、*AC、常数
	WORD	IW、QW、VW、MW、SMW、SW、LW、T、C、AC、AIW、*VD、*LD、*AC、常数
	DWORD	ID、QD、VD、MD、SMD、SD、LD、AC、HC、*VD、*LD、*AC、常数
OUT	BYTE	IB、QB、VB、MB、SMB、SB、LB、AC、*VD、*LD、*AC
	WORD	IW、QW、VW、MW、SMW、SW、T、C、LW、AC、*VD、*LD、*AC
	DWORD	ID、QD、VD、MD、SMD、SD、LD、AC、*VD、*LD、*AC
N	BYTE	B、QB、VB、MB、SMB、SB、LB、AC、*VD、*LD、*AC、常数

移位时，移出位进入 SM1.1，另一端自动补 0。SM1.1 始终存放最后一次被移出的位，移位次数为 *N*，如果所需移位次数大于移位数据的位数，那么超出次数无效。如果移位操作使数据变为 0，那么 SM1.0（零存储器位）自动置位。当移位允许信号 EN=l 时，被移位数 IN 根据移位类型相应地右移或左移 *N* 位，最左边或最右边移走的位依次用 0 填充，其结果传送到 OUT 中（在语句表中，IN 与 OUT 使用同一个单元）。字节、字和双字移位的最大实际可移位次数分别为 8、16、32。

2．循环移位指令

循环移位指令与普通移位指令类似，有循环右移和循环左移两种，根据所移位数的长度分别又可分为字节型、字型和双字型。循环移位数据存储单元的移出端与另一端相连，同时又与溢出位 SM1.1 相连，所以最后被移出的位被移到另一端的同时，也被放到 SM1.1 位存储单元。

循环移位指令如图 6-45 所示。ROR_B、ROR_W 和 ROR_DW 为字节、字和双字循环右移标识符；相应地，ROL_B、ROL_W 和 ROL_DW 为字节、字和双字循环左移标识符；其他操作数的含义和数据类型及其寻址范围同普通移位指令一样。

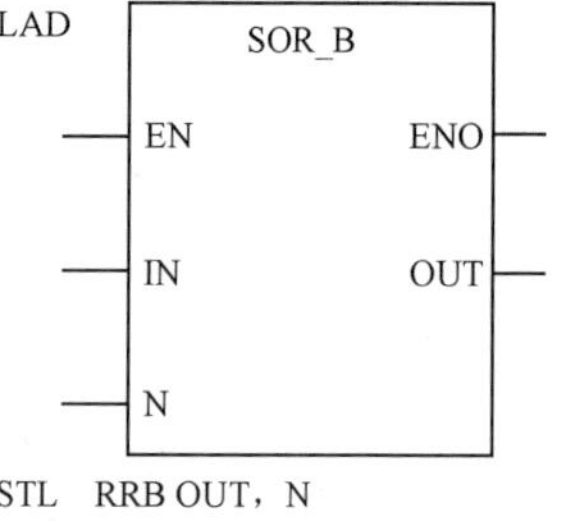

图 6-45　循环移位指令

实例 6-10　移位和循环移位指令举例如图 6-46 所示。

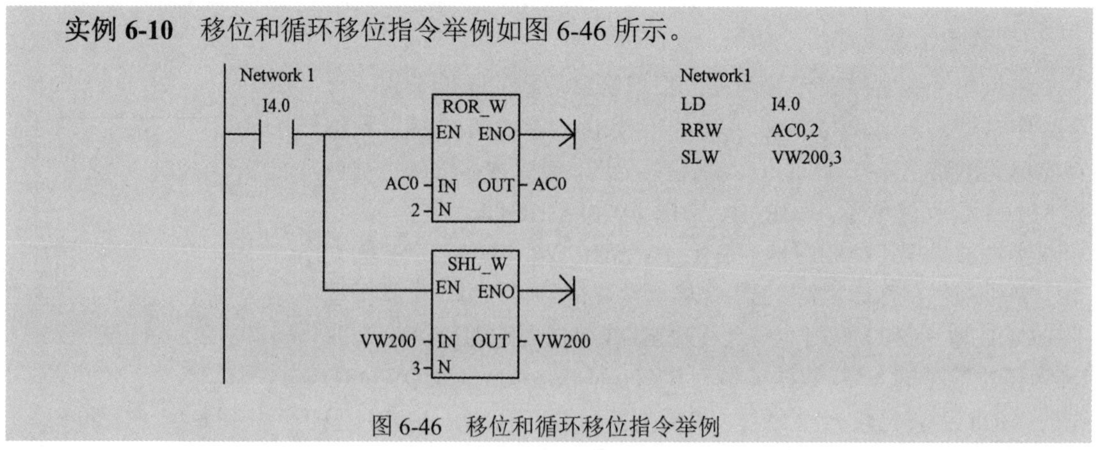

图 6-46　移位和循环移位指令举例

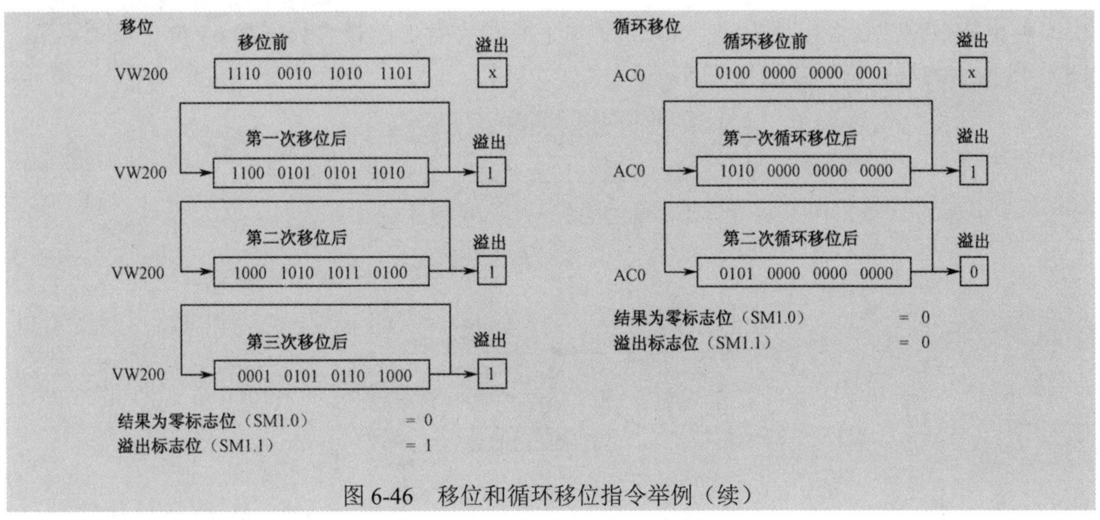

图 6-46　移位和循环移位指令举例（续）

3. 寄存器移位指令

寄存器移位指令将一个数值移入移位寄存器中。寄存器移位指令提供了一种排列和控制产品流或数据的简单方法。使用该指令，在每个扫描周期，整个移位寄存器移动一位。

寄存器移位指令如图 6-47 所示。SHRB 为寄存器移位标识符，EN 为移位允许信号输入端，DATA 为移位数值输入端，N 为移位寄存器长度输入端。寄存器移位指令的有效操作数如表 6-17 所示。寄存器移位指令将输入的 DATA 数值移入移位寄存器。其中，S_BIT 指定移位寄存器的最低位，N 指定移位寄存器的长度和移位方向（正向移位=N，反向移位=−N）。SHRB 指令移出的每一位都被放入溢出标志位（SM1.1）。这条指令的执行取决于最低有效位（S_BIT）和由长度（N）指定的位数。

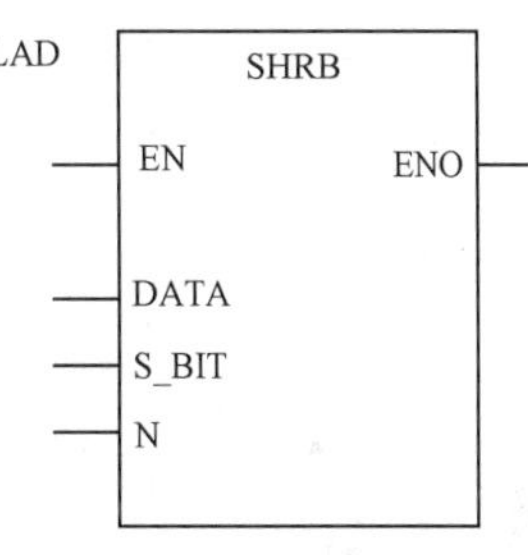

图 6-47　寄存器移位指令

表 6-17　寄存器移位指令的有效操作数

输入/输出	数据类型	有效操作数
DATA、S_BIT	BOOL	I、Q、V、M、SM、S、T、C、L
N	BYTE	IB、QB、VB、MB、SMB、SB、LB、AC、*VD、*LD、*AC、常数

移位寄存器的最高位（MSB.b）可通过如下公式计算求得：

MSB.b=[S_BIT 的字节号+（[N]−1+S_BIT 的位号）/8].（除以 8 的余数）

例如，如果 S_BIT 是 V33.4，N 是 14，那么 MSB.b 是 V35.1，或

MSB.b=[V33+([14]−1+4)/8].（除以 8 的余数）

=[V33+17/8].（除以 8 的余数）

=[V33+2].（余数为 1）

=V35.1

当移位寄存器反向移动时，N 为负值，输入数据从最高位移入，从最低位（S_BIT）移出。移出的数据放在溢出标志位（SM1.1）中。

当移位寄存器正向移动时，N 为正值，输入数据从最低位（S_BIT）移入，从最高位移

出，移出的数据放在溢出标志位（SM1.1）中。移位寄存器的最大长度为 64 位，可正可负。图 6-48 所示为移位寄存器的移位过程。

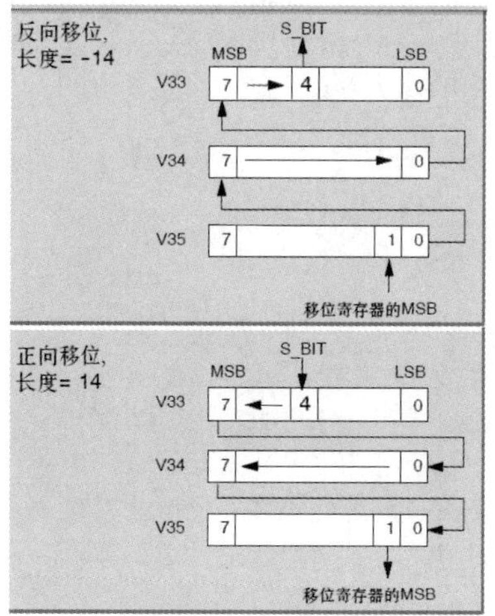

图 6-48　移位寄存器的移位过程

实例 6-11　寄存器移位指令举例如图 6-49 所示。

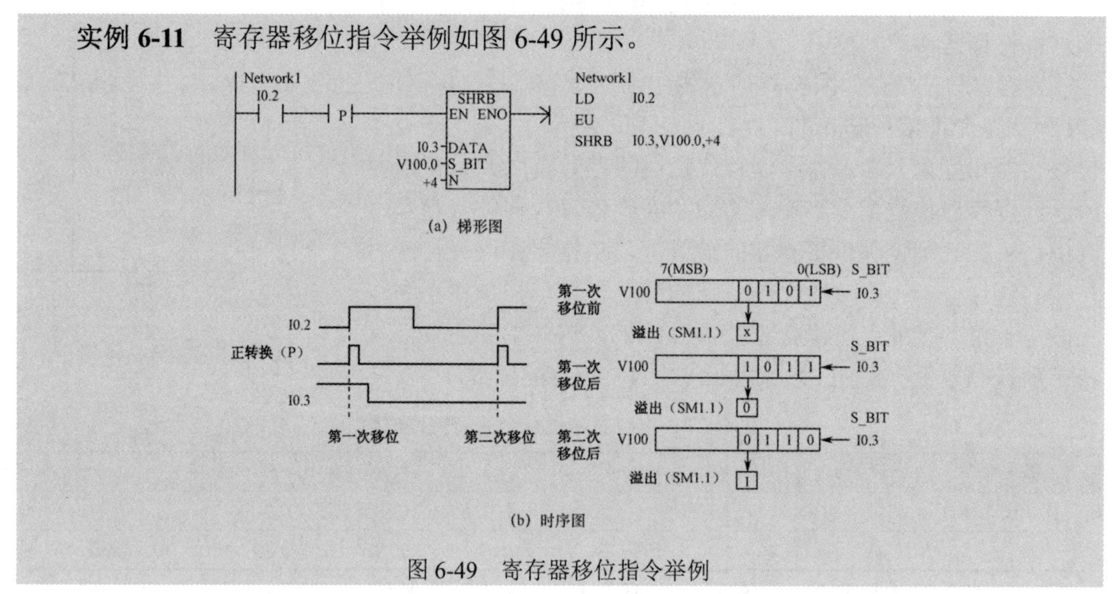

图 6-49　寄存器移位指令举例

4．彩灯循环点亮控制电路

设计一个黄、绿、红 3 组彩灯循环点亮的控制系统。其控制要求为：3 组彩灯按黄、绿、红的顺序间隔 1s 依次点亮，如此循环往复，要求有启动和停止信号。

输入/输出分配表如表 6-18 所示。彩灯循环点亮程序梯形图如图 6-50 所示。

表 6-18　输入/输出分配表

输入点		输出点	
启动	I0.0	黄灯	Q0.0
停止	I0.1	绿灯	Q0.1
—	—	红灯	Q0.2

参考程序如下。

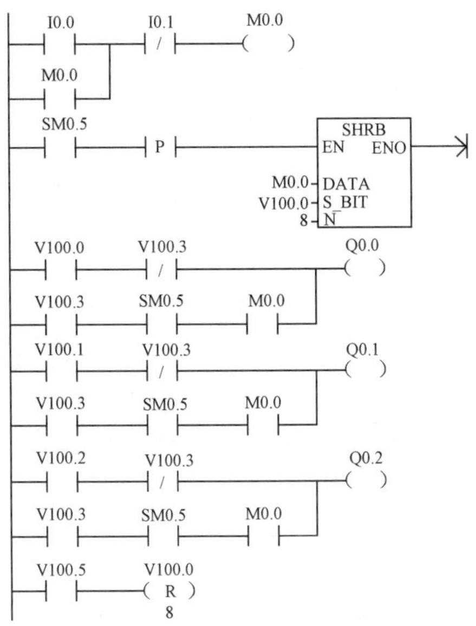

图 6-50　彩灯循环点亮程序梯形图

6.2.6　S7-200 系列 PLC 高速计数器指令编程方法

PLC 的普通计数器的计数过程与扫描工作方式有关，CPU 通过每一个扫描周期读取一次被测信号的方法来捕捉被测信号的上升沿，被测信号的频率较高时，会丢失计数脉冲，因此普通计数器的工作频率很低，一般仅有几十赫兹。高速计数器可以对普通计数器无法计数的事件进行计数。

高速计数器的编程方法有两种：一是采用梯形图或语句表进行正常编程；二是通过 STEP 7-Micro/Win 编程软件进行向导编程。无论哪一种方法，都先要根据计数输入信号的形式与要求确定计数模式；然后选择计数器编号，确定输入地址。

S7-200 系列 PLC 有 6 个高速计数器，编号为 HSC0～HSC5，每一个编号的计数器均分配有固定地址的输入端。同时，高速计数器可以被配置为 12 种模式中的任意一种，如表 6-19 所示。

表 6-19　S7-200 系列 PLC 的 HSC0～HSC5 输入地址和计数模式

模　式	中断描述	输　入　点			
—	HSC0	I0.0	I0.1	I0.2	—
	HSC1	I0.6	I0.7	I1.0	I1.1
	HSC2	I1.2	I1.3	I1.4	I1.5
	HSC3	I0.1	—	—	—
	HSC4	I0.3	I0.4	I0.5	—
	HSC5	I0.4	—	—	—
0	带有内部方向控制的单相计数器	时钟	—	—	—
1		时钟	—	复位	—
2		时钟	—	复位	启动

续表

模　式	中断描述	输　入　点			
3	带有外部方向控制的单相计数器	时钟	方向	—	—
4		时钟	方向	复位	—
5		时钟	方向	复位	启动
6	带有增减计数时钟的双相计数器	增时钟	减时钟	—	—
7		增时钟	减时钟	复位	—
8		增时钟	减时钟	复位	启动
9	A/B 相正交计数器	时钟 A	时钟 B	—	—
10		时钟 A	时钟 B	复位	—
11		时钟 A	时钟 B	复位	启动

使用向导编程很容易自动生成符号地址为“HSC_INIT”的高速计数子程序。生成计数子程序的步骤如下。

（1）选择指令向导，如图 6-51 所示。

（2）选择 HSC 指令，如图 6-52 所示。

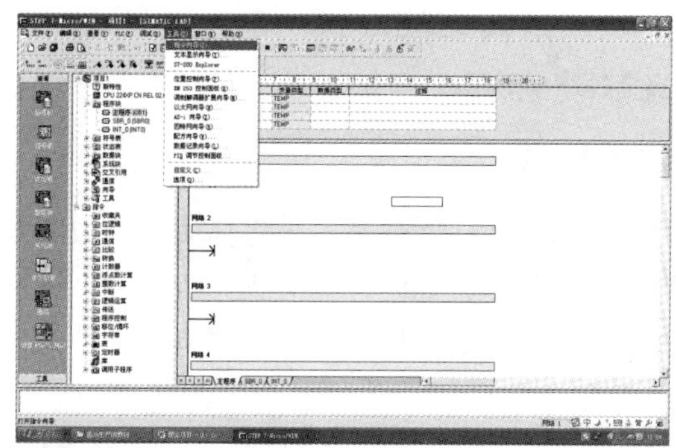

图 6-51　选择指令向导

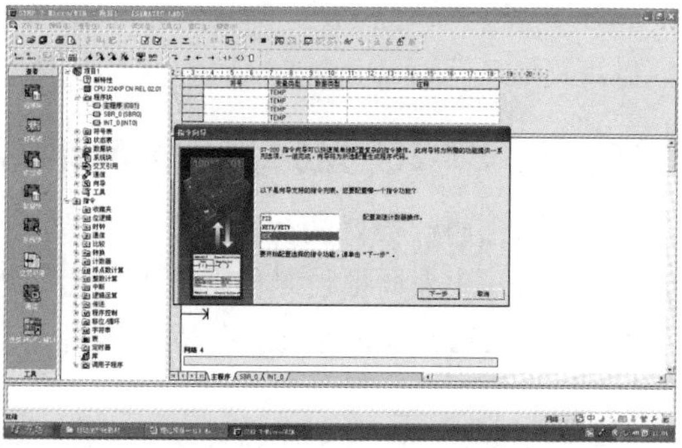

图 6-52　选择 HSC 指令

（3）配置高速计数器模式，如图 6-53 所示。

（4）计数器初始化，如图 6-54 所示。

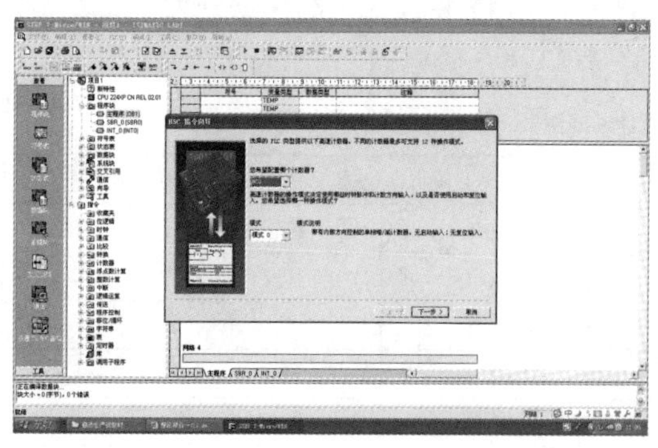

图 6-53　配置高速计数器模式

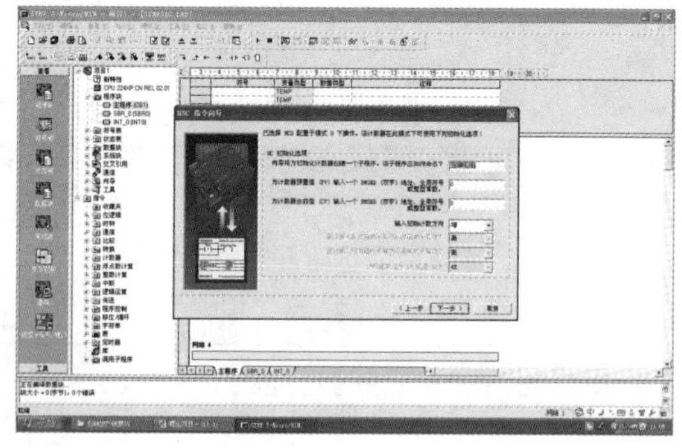

图 6-54　计数器初始化

（5）设置中断程序，如图 6-55 所示。

（6）更新中断子程序参数，如图 6-56 所示。

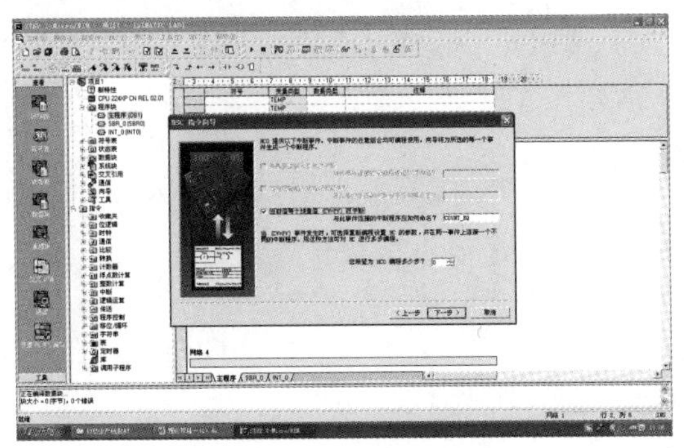

图 6-55　设置中断程序

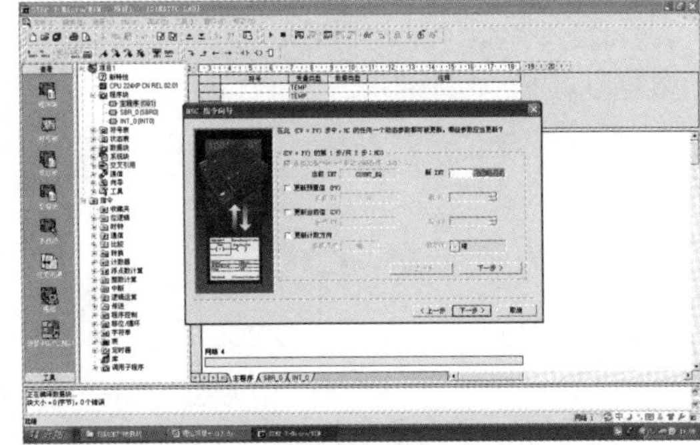

图 6-56　更新中断子程序参数

（7）配置完成，如图 6-57 所示。

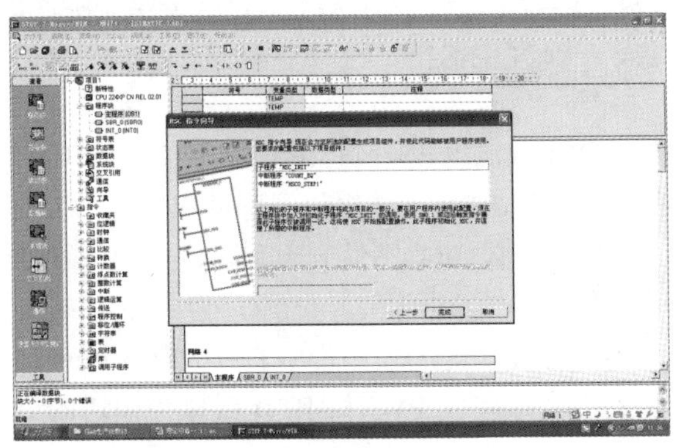

图 6-57　配置完成

子程序 HSC_INIT 清单如图 6-58 所示。

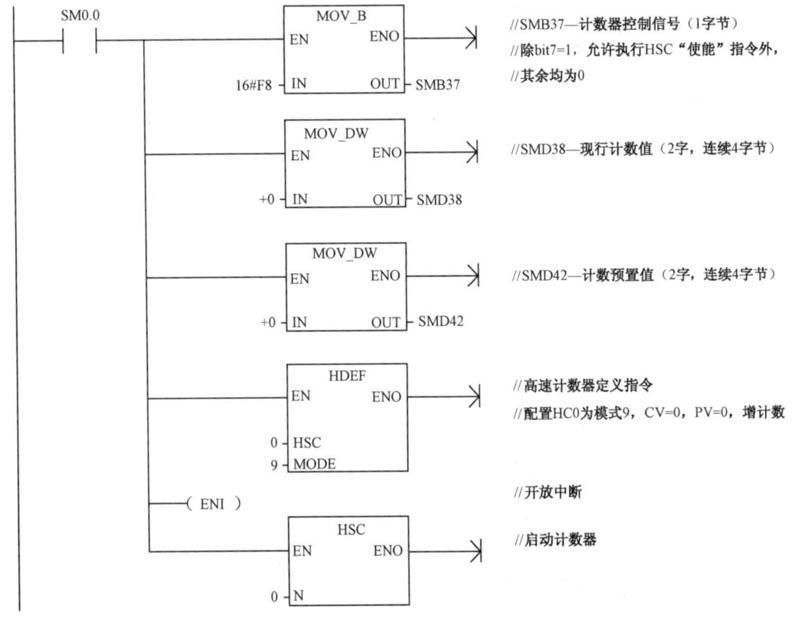

图 6-58　子程序 HSC_INIT 清单

在主程序块中使用SM0.1（上电首次扫描ON）调用此子程序（见图6-59），即完成高速计数器的子程序调用。

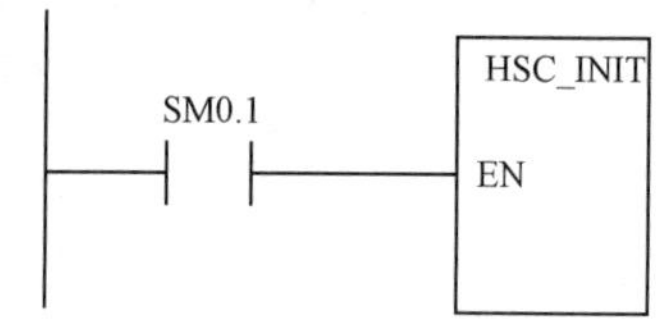

图6-59 调用子程序HSC_INIT的主程序

6.2.7 S7-200系列PLC位置控制高速脉冲输出与开环位置控制

1. 高速脉冲输出

S7-200系列PLC有两个内置PTO/PWM发生器，用于建立脉冲串输出（PTO）或脉冲宽度调制（PWM）信号波形，一个发生器指定给数字输出点Q0.0，另一个发生器指定给数字输出点Q0.1。

当PLC的一个输出为PTO时，生成一个50%占空比脉冲串用于步进电动机或伺服电动机的速度和位置的开环控制。内置PTO功能提供了脉冲串输出，脉冲周期和数量可由用户控制，但应用程序必须通过PLC内置I/O提供方向和限位控制。脉冲宽度调制为用户提供连续、周期与脉冲宽度可调的输出。

为了简化用户应用程序中位控功能的使用，STEP7-Micro/Win编程软件提供的位控向导可以帮助用户在很短的时间内全部完成PWM、PTO或位控模块的组态。向导可以生成位置指令，用户可以用这些指令在其应用程序中为速度和位置提供动态控制。

2. 开环位置控制的基本概念

1）最大速度（MAX_SPEED）和启动/停止速度（SS_SPEED）

图6-60所示为最大速度和启动/停止速度示意图。

MAX_SPEED是允许的操作速度的最大值，它应在电动机力矩能力的范围内。驱动负载所需的力矩由摩擦力、惯性及加速/减速时间决定。

SS_SPEED的数值应满足电动机在低速时驱动负载的能力，如果SS_SPEED的数值过低，那么电动机和负载在运动的开始和结束时可能会摇摆或颤动；如果SS_SPEED的数值过高，那么电动机会在启动时丢失脉冲，并且负载在试图停止时会使电动机超速。通常，SS_SPEED值是MAX_SPEED值的5%～15%。

2）加速和减速时间

加速时间ACCEL_TIME：电动机从SS_SPEED加速到MAX_SPEED所需的时间。

减速时间DECEL_TIME：电动机从MAX_SPEED减速到SS_SPEED所需的时间。

加速时间和减速时间的默认设置都是1000ms。通常，电动机可在小于1000ms的时间内工作，加速时间和减速时间如图6-61所示。设定这两个值时要以ms为单位。

电动机的加速时间和减速时间通常要经过测试来确定。开始时，应输入一个较大的时间值，逐渐减小这个时间值直至电动机开始减速，从而优化应用中的这些设置。

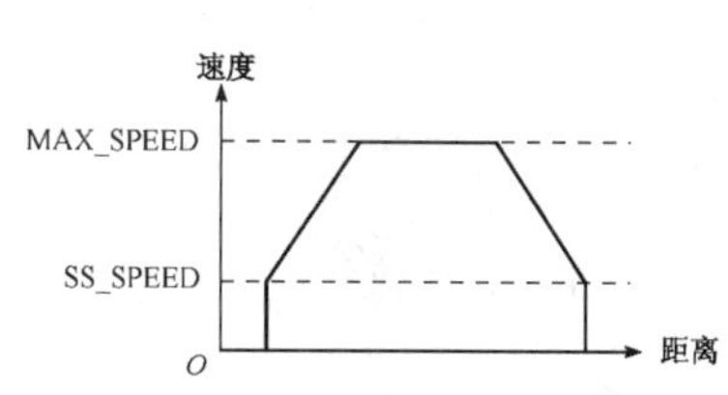

图 6-60　最大速度和启动/停止速度示意图

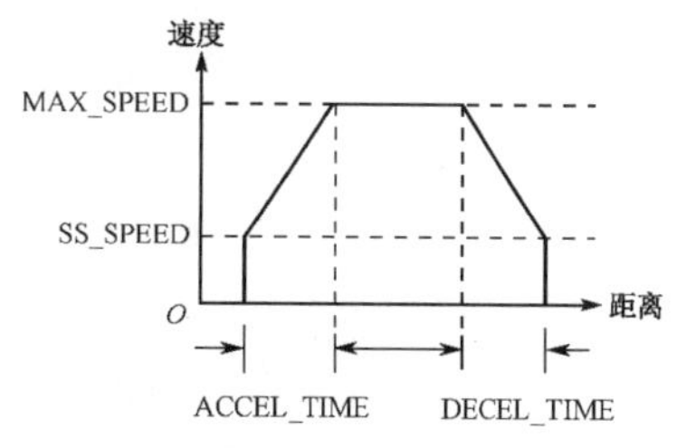

图 6-61　加速时间和减速时间

3）移动包络

一个包络是一个预先定义的移动描述，它包括一个或多个速度，影响着从起点到终点的移动。一个包络由多段组成，每段包含一个达到目标速度的加速/减速过程和以目标速度匀速运行的一串固定数量的脉冲。

位控向导提供移动包络定义界面，应用程序所需的每一个移动包络均可在这里定义。PTO最多支持 100 个包络。

定义一个包络，包括如下几点。

（1）选择包络的操作模式。PTO 支持相对位置和单速连续转动两种模式，如图 6-62 所示。相对位置模式指的是运动的结束位置是从起点测起的脉冲数的操作模式。单速连续转动模式则不需要提供结束位置，PTO 一直持续输出脉冲，直至有其他命令发出，若到达原点则要求停发脉冲。

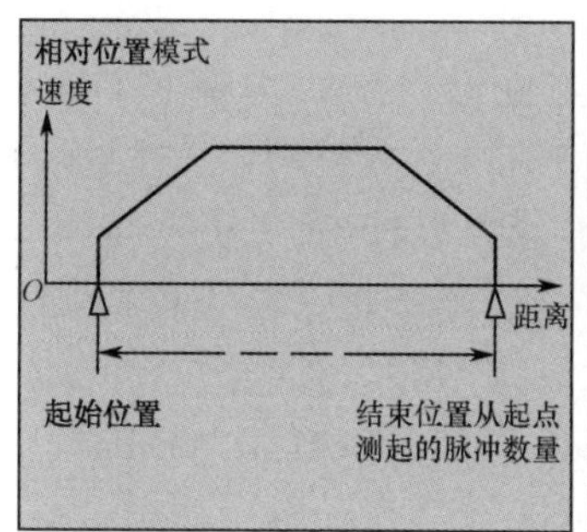

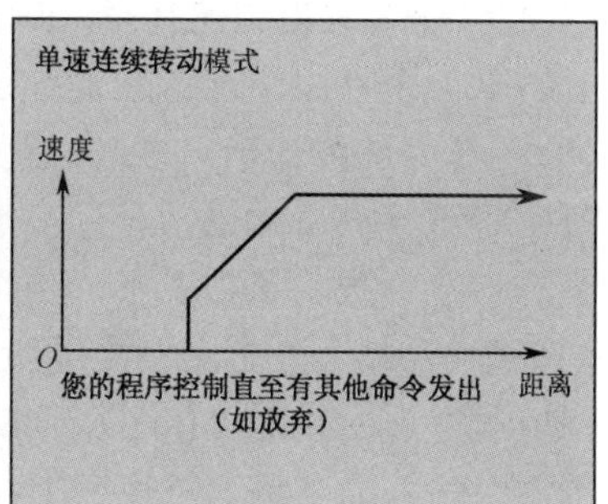

图 6-62　一个包络的操作模式

（2）为包络的各步定义指标。包络中的一个步指的是工件运动的一个固定距离，包括加速和减速时间内的距离。PTO 每一个包络最多允许 29 个步。

包络的每一步包括目标速度和结束位置或脉冲数等几个指标。图 6-63 所示为包络的步数示意图。注意，一步包络只有一个常速段，两步包络有两个常速段，以此类推。步的数目与包络中常速段的数目一致。

（3）为包络定义一个符号名。

3. 使用位控向导编程步骤

下面以 PTO 功能为例说明使用位控向导编程的步骤。STEP7 V4.0 软件的位控向导能自动处理 PTO 脉冲的单段管线和多段管线、脉冲宽度调制、SM 位置配置和创建包络表。表 6-20 所示为伺服电动机运行所需的运动包络。

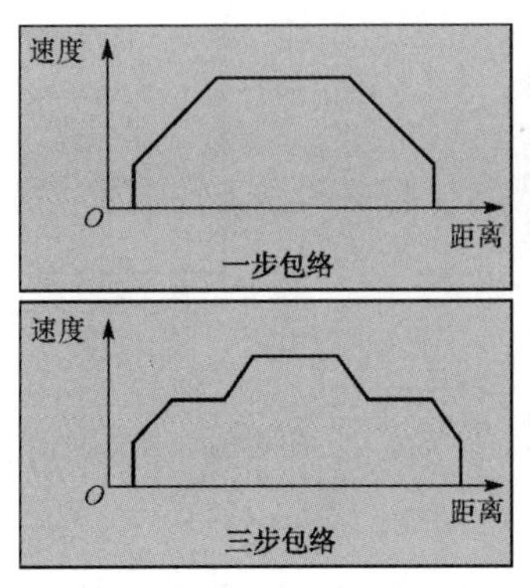

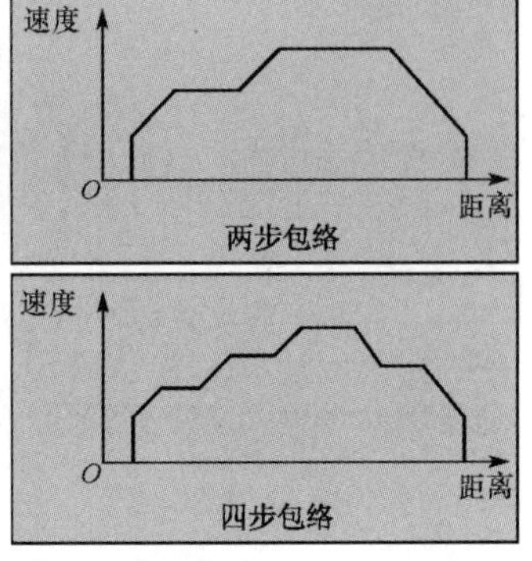

图 6-63　包络的步数示意图

表 6-20　伺服电动机运行所需的运动包络

运动包络	位　　置	位移脉冲量	目标速度	移动方向
1	位置 1→位置 2	85600	60000	—
2	位置 2→位置 3	52000	60000	—
3	位置 3→高速回零前	168000	57000	—
4	低速回零	单速返回	20000	DIR

使用位控向导编程的步骤如下。

（1）为 S7-200 系列 PLC 选择选项组态内置 PTO 操作。

在 STEP7 V4.0 软件命令菜单中选择“工具”→“位置控制向导”命令，即开始引导位置控制配置。在弹出的第 1 个界面中选择配置 S7-200 系列 PLC 内置 PTO/PWM 操作，在第 2 个界面中选择“Q0.0”作为脉冲输出。组态内置 PTO 操作选择界面如图 6-64 所示，选择“线性脉冲串输出（PTO）”选项，并勾选“使用高速计数器 HSC0（模式 12）……”复选框，对 PTO 生成的脉冲进行自动计数。单击“下一步”按钮就开始了组态内置 PTO 操作。

（2）设定电动机速度参数，包括最高电动机速度（MAX_SPEED）、电动机启动/停止速度（SS_SPEED）、加速时间（ACCEL_TIME）和减速时间（DECEL_TIME）。

在对应的文本框中输入最高电动机速度“90000”，将电动机启动/停止速度设定为“600”，如图 6-65 所示，将加速时间和减速时间分别设定为“1000”和“200”。完成为位控向导提供基本信息的工作。单击“下一步”按钮，开始配置运动包络界面。

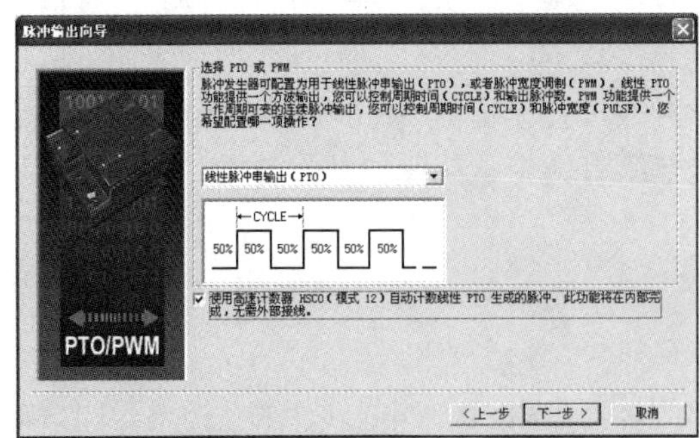

图 6-64　组态内置 PTO 操作选择界面

图 6-65　电动机速度参数

注：本教材配图中的“电机”应为“电动机”。

（3）配置运动包络的界面。该界面要求设定操作模式、一个步的目标速度、结束位置等步的指标，以及定义这一包络的符号名（从第 0 个包络第 0 步开始）。在操作模式选项中选择相对位置控制，填写包络“0”中的数据目标速度“60000”，结束位置“85600”，单击“绘制包络”按钮，如图 6-66 所示，注意，这个包络只有 1 步。包络的符号名按默认定义（Profile0_0），这样，第 0 个包络的设置，即从供料站→加工站的运动包络设置就完成了。现在可以设置下一个包络，单击“新包络”按钮，按上述方法将表 6-20 中其他 3 个位置的数据输入包络中。

表 6-20 中最后一个包络是低速回零，是单速连续运行模式，选择这种操作模式后，在所出现的界面中（见图 6-67），写入目标速度“20000”。界面中还有一个包络停止操作选项，当停止信号输入有效时，PLC 按照运动方向中设定的脉冲数走完后再停止，在本系统中不使用。

（4）编写完运动包络后，单击“确认”按钮，向导会要求为运动包络指定 V 存储区地址（建议地址为 VB75～VB300），可默认这一建议，也可自行输入一个合适的地址。图 6-68 所示为为运动包络指定 V 存储区地址为 VB524 时的界面，向导会自动计算地址的范围。

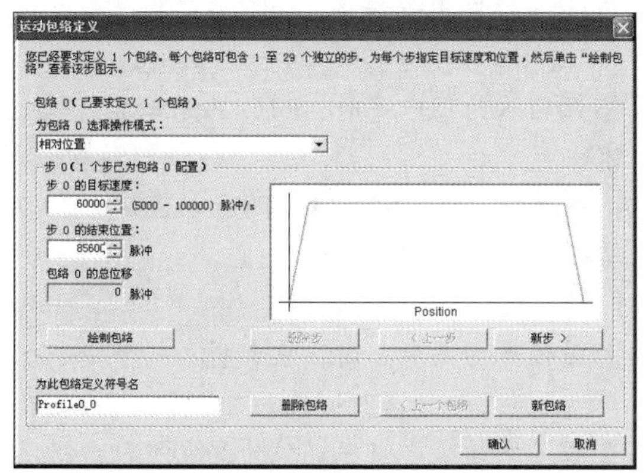

图 6-66　设置第 0 个包络

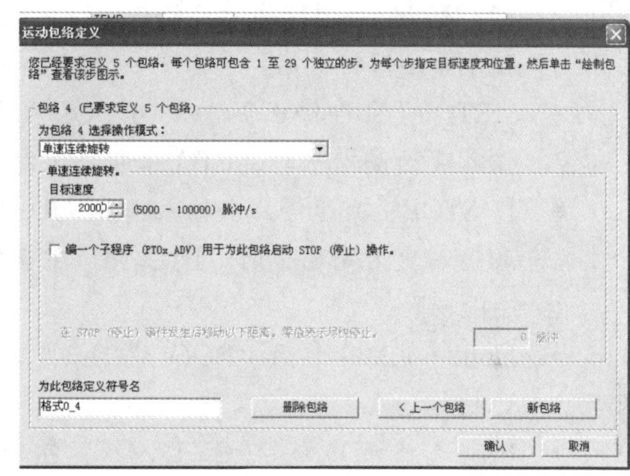

图 6-67　设置第 5 个包络

（5）单击“下一步”按钮，打开如图 6-69 所示的界面，单击“完成”按钮。

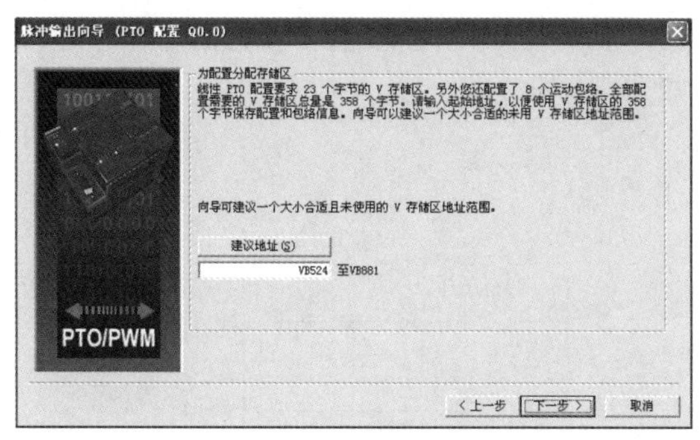

图 6-68　为运动包络指定 V 存储区地址为 VB524 时的界面

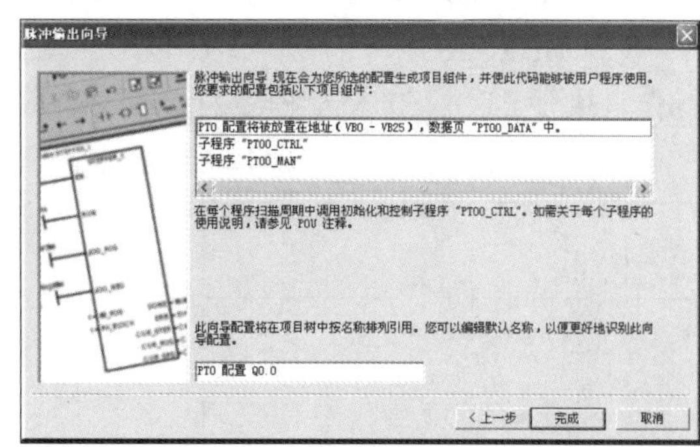

图 6-69　生成项目组件提示

4．位控向导生成的项目组件

运动包络组态完成后，向导会为所选的配置生成 4 个项目组件（子程序），分别是：PTOx_CTRL 子程序（控制）、PTOx_RUN 子程序（运行包络）、PTOx_LDPOS 指令（装载

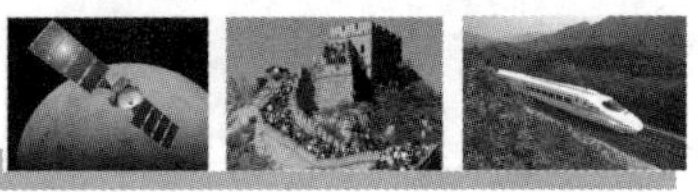

位置）和 PTOx_MAN 子程序（手动模式）。一个由向导产生的子程序可以在程序中调用，如图 6-70 所示。

系统块
交叉引用
通信
表
定时器
库
调用子程序
SBR_0 (SBR0)
PTO0_CTRL (SBR1)
PTO0_RUN (SBR3)
PTO0_MAN (SBR2)
PTO0_LDPOS (SBR4)

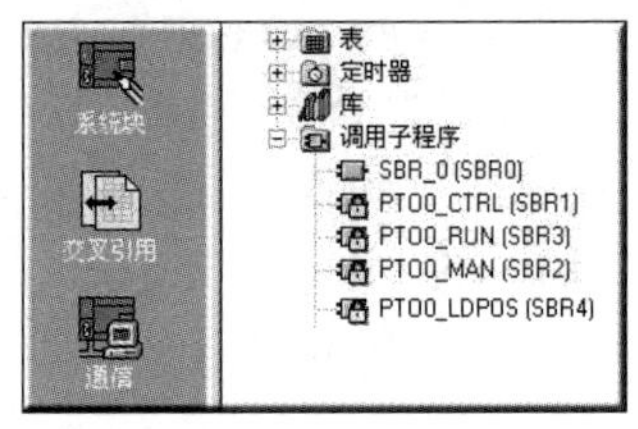

图 6-70　4 个项目组件

（1）PTOx_CTRL 子程序（控制）：启用和初始化 PTO 输出。在用户程序中只使用一次 PTOx_CTRL 子程序，并且需要确定在每次扫描时得到执行，即始终使用 SM0.0 作为 EN 的输入，如图 6-71 所示。

① 输入参数。

- EN 输入位：子程序的使能位。在完成（Done）位发出子程序已经完成的信号前，应使 EN 位保持开启。
- I_STOP（立即停止）输入（BOOL 型）：当此输入为低电平时，PTO 功能正常。当此输入变为高电平时，PTO 立即终止发出脉冲。
- D_STOP（减速停止）输入（BOOL 型）：当此输入为低电平时，PTO 功能正常。当此输入变为高电平时，PTO 会产生将电动机减速至停止的脉冲串。

② 输出参数。

- Done（完成）参数（BOOL 型）：当完成位被设置为高电平时，它表明上一个指令也已执行。
- Error（错误）参数（BYTE 型）：包含本子程序的结果。当完成位为高电平时，错误字节会报告无错误或有错误代码的正常完成。
- C_Pos 参数（DWORD 型）：如果 PTO 向导的 HSC 计数器功能已启用，那么此参数包含以脉冲数表示的模块当前位置；否则，当前位置将一直为 0。

（2）PTOx_RUN 子程序（运行包络）：命令 PLC 执行存储于配置/包络表的指定包络运行操作。执行 PTOx_RUN 子程序的梯形图如图 6-72 所示。

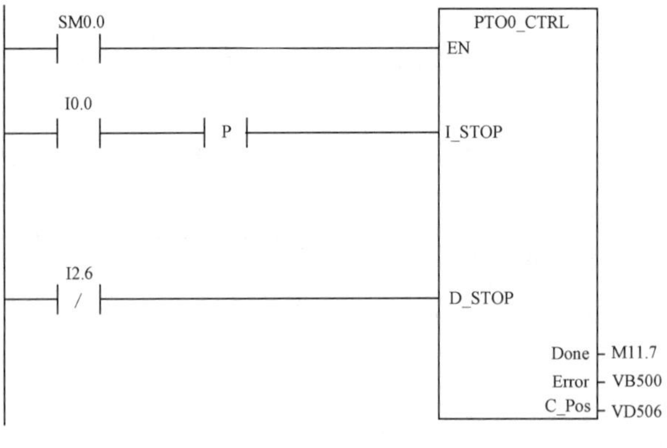

SM0.0
PTO0_CTRL
EN
I0.0
P
I_STOP
I2.6
/
D_STOP
Done
M11.7
Error
VB500
C_Pos
VD506

图 6-71　执行 PTOx_CTRL 子程序

SM0.0
PTO0_RUN
EN
M2.1
START
1
Profile
Done
M10.1
I0.2
Abort
Error
VB500
C_Profile
VB502
C_Step
VB504
C_Pos
VD506

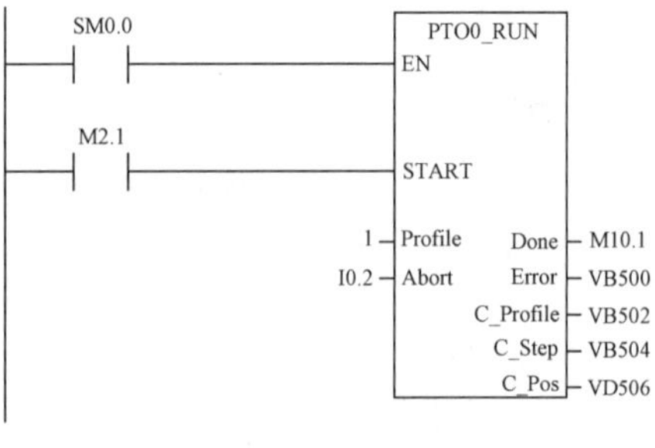

图 6-72　执行 PTOx_RUN 子程序的梯形图

① 输入参数。

- EN 输入位：子程序的使能位。在完成（Done）位发出子程序已经运行完成的信号前，应使 EN 位保持开启。
- START 输入（BOOL 型）：包络执行的启动信号。对于在 START 参数已开启且 PTO 当前不活动的每次扫描，此子程序会激活 PTO。为了确保仅发送一个命令，一般用上升沿以脉冲方式开启 START 参数。
- Profile（包络）输入（BYTE 型）：输入为此运动包络指定的编号或符号名。
- Abort（终止）输入（BOOL 型）：命令为 ON 时位控模块停止当前包络，并减速至电动机停止。

② 输出参数。

- Done（完成）参数（BOOL 型）：本子程序执行完成时输出 ON。
- Error（错误）参数（BYTE 型）：输出本子程序执行结果的错误信息，无错误时输出 0。
- C_Profile 参数（BYTE 型）：输出位控模块当前执行的包络。
- C_Step 参数（BYTE 型）：输出目前正在执行的包络步骤。
- C_Pos 参数（DINT 型）：如果 PTO 向导的 HSC 计数器功能已启用，那么此参数包含以脉冲数作为模块的当前位置；否则，当前位置将一直为 0。

（3）PTOx_LDPOS 指令（装载位置）：将 PTO 脉冲计数器的当前位置值改为一个新值。可用该指令为任何一个运动命令建立一个新的零位置。图 6-73 所示为使用 PTO0_LDPOS 指令实现返回原点完成后清零功能的梯形图。

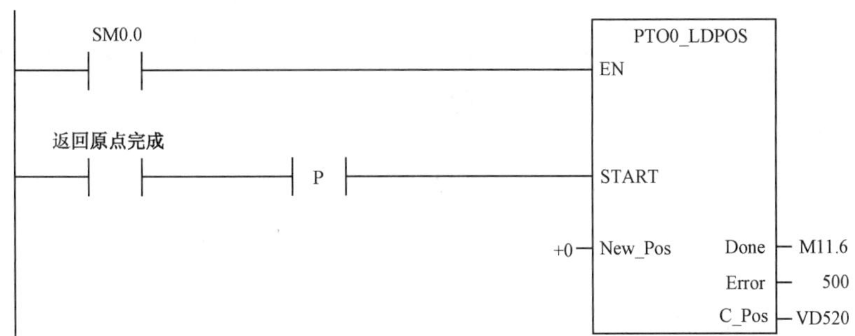

图 6-73　使用 PTO0_LDPOS 指令实现返回原点完成后清零功能的梯形图

① 输入参数。

- EN 输入位：子程序的使能位。在完成（Done）位发出子程序执行已经完成的信号前，应使 EN 位保持开启。
- START 输入（BOOL 型）：装载启动。接通此参数，以装载一个新的位置值到 PTO 脉冲计数器。在每一个循环周期，只要 START 参数接通且 PTO 当前不忙，该指令就会装载一个新的位置给 PTO 脉冲计数器。若要保证该指令只发一次，则使用边沿检测指令以脉冲触发 START 参数接通。
- New_Pos 输入（DINT 型）：输入一个新的值替代 C_Pos 报告的当前位置值。位置值用脉冲数表示。

② 输出参数。

- Done（完成）参数（BOOL 型）：模块完成该指令时，输出 ON。
- Error（错误）参数（BYTE 型）：输出本子程序执行结果的错误信息，无错误时输出 0。
- C_Pos 参数（DINT 型）：此参数包含以脉冲数作为模块的当前位置。

（4）PTOx_MAN 子程序（手动模式）：将 PTO 输出置于手动模式。执行这一子程序允许电动机启动、停止和按不同的速度运行。但当 PTOx_MAN 子程序已启用时，除 PTOx_CTRL 外，任何其他 PTO 子程序都无法执行。

执行 PTOx_MAN 子程序的梯形图如图 6-74 所示。

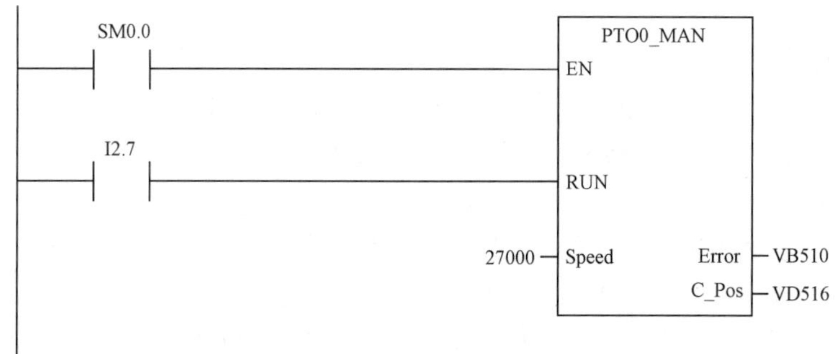

图 6-74 执行 PTOx_MAN 子程序的梯形图

① 输入参数。

RUN（运行/停止）参数：命令 PTO 加速至指定速度（Speed 参数）。从而允许在电动机运行中更改 Speed 参数的数值。RUN 参数命令停用时，PTO 减速至电动机停止。

当 RUN 参数已启用时，由 Speed 参数确定速度。速度是一个用每秒脉冲数计算的 DINT（双整数）值，可以在电动机运行中更改此参数。

② 输出参数。

Error（错误）参数：输出本子程序的执行结果的错误信息，无错误时输出 0。

如果 PTO 向导的 HSC 计数器功能已启用，那么 C_Pos 参数包含用脉冲数表示的模块；否则此数值始终为零。

由上述 4 个子程序的梯形图可以看出，为了调用这些子程序，编程时应预置一个数据存储区，所用的存储子程序执行时间参数，可根据程序的需要调用存储区所存储的信息。

高速脉冲输出指令和开环控制程序编制的应用见实践篇项目 5。

6.2.8 S7-200 系列 PLC 脉冲输出指令库 MAP 位置控制编程方法

1. MAP 库的基本描述

对于基于 S7-200 系列 PLC 本体的脉冲输出指令，除了使用位控向导，S7-200 系列 PLC 本体的 PTO 提供了应用库 MAP SERV Q0.0 和 MAP SERV Q0.1，分别用于 Q0.0 和 Q0.1 的脉冲串输出，如图 6-75 所示。

该库的功能块可驱动线性轴。为了很好地应用该库，需要在运动轨迹上添加 3 个限位开关，如图 6-76 所示，一个参考点接近开关（Home），用于定义绝对位置 C_Pos 的零点。两个边界限位开关，一个是正向限位开关（Fwd_Limit），另一个是反向限位开关（Rev_Limit）。

绝对位置 C_Pos 的计数值格式为 DINT，所以其计数范围为（+2.147.483.648~+2.147.483.647）。

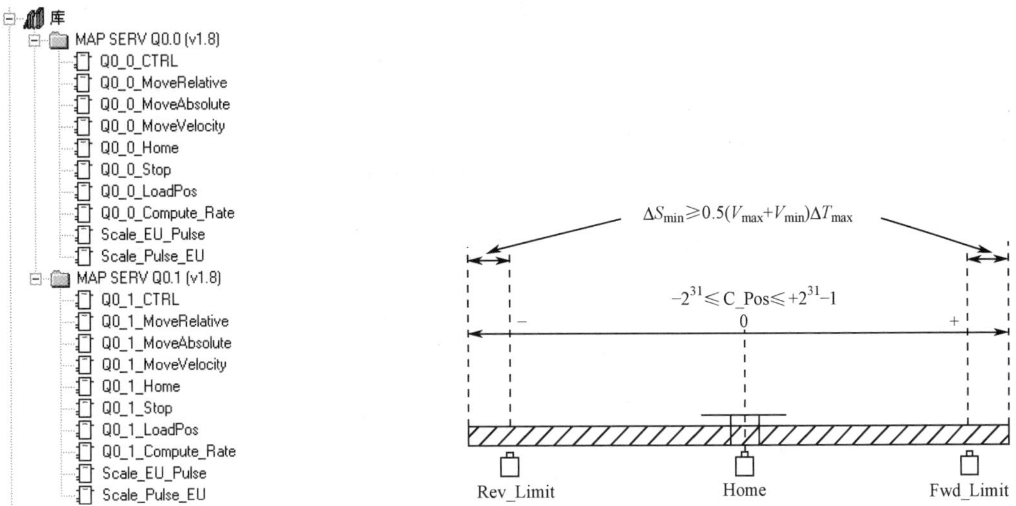

图 6-75 应用库 MAP SERV Q0.0 和 MAP SERV Q0.1　　图 6-76 添加 3 个限位开关示意图

如果一个限位开关被运动物体触碰，那么该运动物体会减速停止，因此，限位开关的安装位置应当留出足够的裕量 ΔS_{min} 以避免物体滑出轨道。

MAP SERV Q0_X 各个功能块的功能如表 6-21 所示。

表 6-21 MAP SERV Q0_X 各个功能块的功能

功 能 块	功 能
Q0_X_CTRL	参数定义和控制
Q0_X_MoveRelative	执行一次相对位移运动
Q0_X_MoveAbsolute	执行一次绝对位移运动
Q0_X_MoveVelocity	按预设的速度运动
Q0_X_Home	寻找参考点位置
Q0_X_Stop	停止运动
Q0_X_LoadPos	重新装载当前位置
Scale_EU_Pulse	将距离值转化为脉冲数
Scale_Pulse_EU	将脉冲数转化为距离值

使用 MAP 库时要预先定义一些 I/O 点，如表 6-22 所示。必须为每个库分配 68 字节的全局变量。打开 MAP 库，右击分配库存储区，弹出如图 6-77 所示的对话框，在此对话框中可以进行库存储区的设置。表 6-23 所示为使用 MAP 库时所用到的一些重要的变量（以相对地址表示）。

表 6-22 MAP 库预先定义的 I/O 点

名 称	MAP SERV Q0.0	MAP SERV Q0.1
脉冲输出	Q0.0	Q0.1
方向输出	Q0.2	Q0.3
参考点输入	I0.0	I0.1

续表

名　　称	MAP SERV Q0.0	MAP SERV Q0.1
所用的高速计数器	HC0	HC3
高速计数器预置值	SMD 42	SMD 142
手 动 速 度	SMD 172	SMD 182

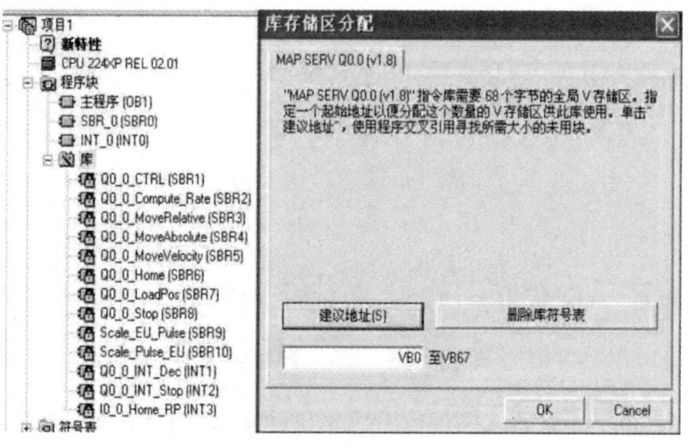

图 6-77　MAP 库存储区的设置

表 6-23　使用 MAP 库时所用到的一些重要的变量

符　号　名	相对地址	注　　释
Disable_Auto_Stop	+V0.0	默认值=0 时，意味着当运动物体已经到达预设地点时，即使尚未减速到 Velocity_SS，物体依然停止运动；默认值=1 时，物体减速至 Velocity_SS 时才停止
Dir_Active_Low	+V0.1	方向定义，默认值=0，方向输出为 1 时表示正向
Final_Dir	+V0.2	寻找参考点过程中的最后方向
Tune_Factor	+VD1	调整因子（默认值=0）
Ramp_Time	+VD5	Ramp time = accel_dec_time（加减速时间）
Max_Speed_DI	+VD9	最大输出频率=Velocity_Max
SS_Speed_DI	+VD13	最小输出频率=Velocity_SS
Homing_State	+VD18	寻找参考点过程的状态
Homing_Slow_Spd	+VD19	寻找参考点时的低速（默认值=Velocity_SS）
Homing_Fast_Spd	+VD23	寻找参考点时的高速（默认值=Velocity_Max/2）
Fwd_Limit	+V27.1	正向限位开关
Rev_Limit	+V27.2	反向限位开关
Homing_Active	+V27.3	寻找参考点激活
C_Dir	+V27.4	当前方向
Homing_Limit_Chk	+V27.5	限位开关标志
Dec_Stop_Flag	+V27.6	开始减速
PTO0_LDPOS_Error	+VB28	使用 Q0_X_LoadPos 时的故障信息（16#00=无故障，16#FF=故障）
Target_Location	+VD29	目标位置
Deceleration_factor	+VD33	减速因子=（Velocity_SS　Velocity_Max）/accel_dec_time（格式：REAL）
SS_Speed_real	+VD37	最小速度=Velocity_SS（格式：REAL）
Est_Stopping_Dist	+VD41	计算出的减速距离（格式：DINT）

2. 功能块

MAP 库中所应用到的功能块全部基于 PLC-200 的内置 PTO 输出，以完成运动控制的功能。此外，脉冲数将通过指定的高速计数器的 SHC 计量。通过 HSC 中断计算并触发减速的起始点。

1）Q0_X_CTRL

Q0_X_CTRL 功能块用于传递全局参数，每个扫描周期都需要被调用。Q0_X_CTRL 功能块如图 6-78 所示，Q0_X_CTRL 功能描述如表 6-24 所示。

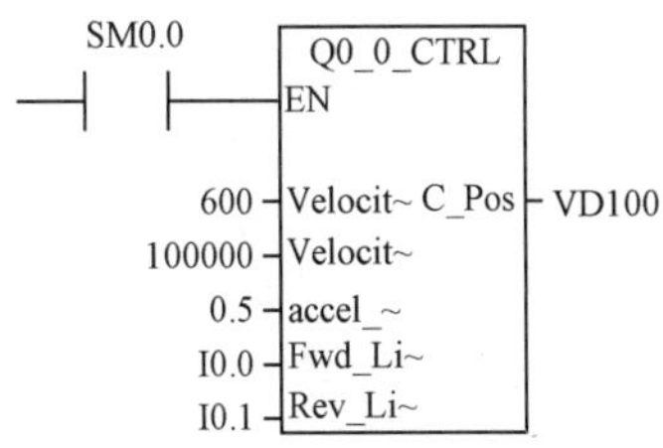

图 6-78　Q0_X_CTRL 功能块

表 6-24　Q0_X_CTRL 功能描述

参　数	类　型	格　式	单　位	意　义
Velocity_SS	IN	DINT	Pulse/sec	启动/停止频率
Velocity_Max	IN	DINT	Pulse/sec	最大频率
accel_dec_time	IN	REAL	sec	最大加减速时间
Fwd_Limit	IN	BOOL	—	正向限位开关
Rev_Limit	IN	BOOL	—	反向限位开关
C_Pos	OUT	DINT	Pulse	当前绝对位置

2）Scale_EU_Pulse

Scale_EU_Pulse 功能块用于将一个位置量转化成一个脉冲量，因此它可以将一段位移转化成脉冲数，或者将一个速度转化成脉冲频率，Scale_EU_Pulse 功能块如图 6-79 所示，Scale_EU_Pulse 功能描述如表 6-25 所示。

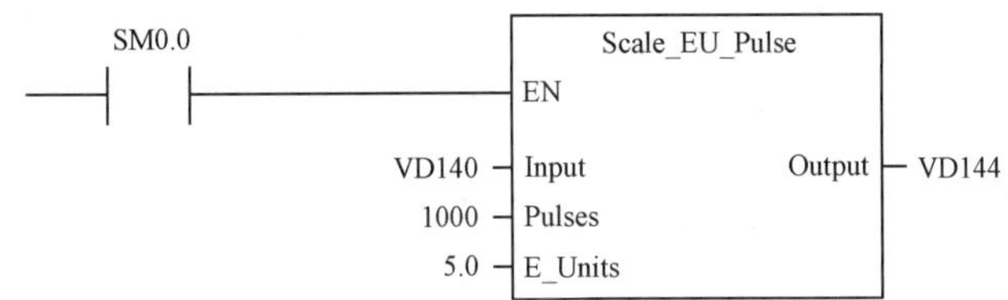

图 6-79　Scale_EU_Pulse 功能块

表 6-25　Scale_EU_Pulse 功能描述

参　数	类　型	格　式	单　位	意　义
Input	IN	REAL	mm or mm/s	欲转换的位移或速度
Pulses	IN	DINT	Pulse/revol	电动机转一圈所需的脉冲数
E_Units	IN	REAL	mm/revol	电动机转一圈所产生的位移
Output	OUT	DINT	Pulse 或 Pulse/sec	转换后的脉冲数或脉冲频率

3）Scale_Pulse_EU

Scale_Pulse_EU 功能块用于将一个脉冲量转化成一个位置量，因此它可以将一段脉冲数转化成位移数，或者将一个脉冲频率转化成速度，Scale_Pulse_EU 功能块如图 6-80 所示，Scale_Pulse_EU 功能描述如表 6-26 所示。

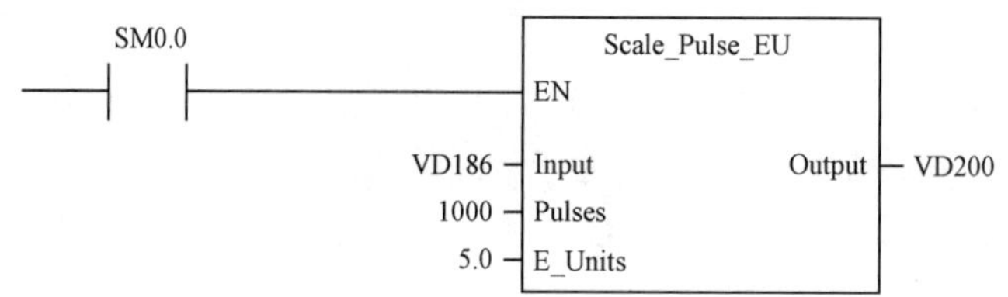

图 6-80　Scale_Pulse_EU 功能块

表 6-26　Scale_Pulse_EU 功能描述

参　数	类　型	格　式	单　位	意　义
Input	IN	REAL	Pulse 或 Pulse/sec	欲转换的脉冲数或脉冲频率
Pulses	IN	DINT	Pulse/revol	电动机转一圈所需的脉冲数
E_Units	IN	REAL	mm/revol	电动机转一圈所产生的位移
Output	OUT	DINT	mm 或 mm/s	转换后的位移或速度

4）Q0_X_Home

Q0_X_Home 功能块用于寻找参考点，在寻找过程的开始，电动机先以 Start_Dir 的方向、Homing_Fast_Spd 速度开始寻找，在碰到 Limit_Switch（FWD_Limit 或 REV_Limit）后减速至停止，然后开始进行相反方向的寻找，在碰到参考点开关的上升沿时减速至 Homing_Slow_Spd，如果此时的方向与 Final_Dir 相同，那么在碰到参考点开关的下降沿时停止运动，并将 HCO 的计数值设置为 Position 所定义的值。

如果当前方向与 Final_Dir 不同，那么改变运动方向，这样就可以保证参考点总在参考点开关的同一侧，具体是哪一侧取决于 Final_Dir。Q0_X_Home 功能块如图 6-81 所示，Q0_X_Home 功能描述如表 6-27 所示。

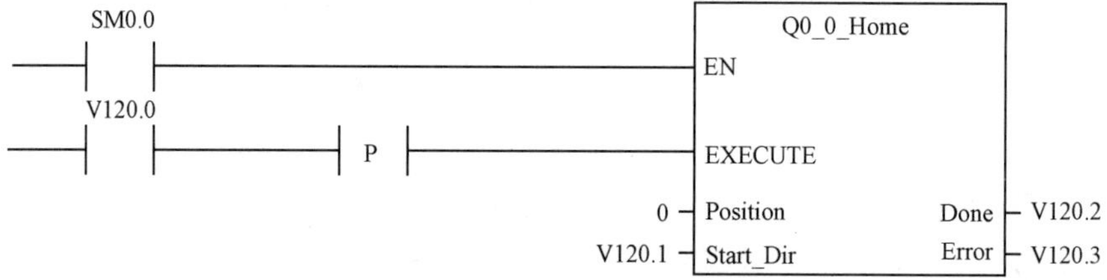

图 6-81　Q0_X_Home 功能块

表 6-27　Q0_X_Home 功能描述

参　数	类　型	格　式	单　位	意　义
EXECUTE	IN	BOOL	—	寻找参考点的执行位
Position	IN	DINT	Pulse	参考点的绝对位移
Start_Dir	IN	BOOL	—	寻找参考点的起始方向（0=反向，1=正向）
Done	OUT	BOOL	—	完成位（1=完成）
Error	OUT	BOOL	—	故障位（1=故障）

寻找参考点的过程可以通过全局变量 Homing_State 来监测，如表 6-28 所示。

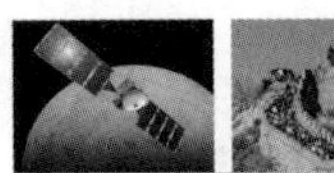

表 6-28　Homing_State 含义

Homing_State 的值	意　义
0	参考点已找到
2	开始寻找
4	在相反方向，以速度 Homing_Fast_Spd 继续寻找过程（在碰到限位开关或参考点开关之后）
6	发现参考点，开始减速过程
7	在方向 Final_Dir、以速度 Homing_Slow_Spd 继续寻找过程（在参考点已经在 Homing_Fast_Spd 的速度下被发现之后）
10	故障（在两个限位开关之间并未发现参考点）

5）Q0_X_MoveRelative

Q0_X_MoveRelative 功能块用于使轴按照指定的方向，以指定的速度，运动指定的相对位移。Q0_X_MoveRelative 功能块如图 6-82 所示，Q0_X_MoveRelative 功能描述如表 6-29 所示。

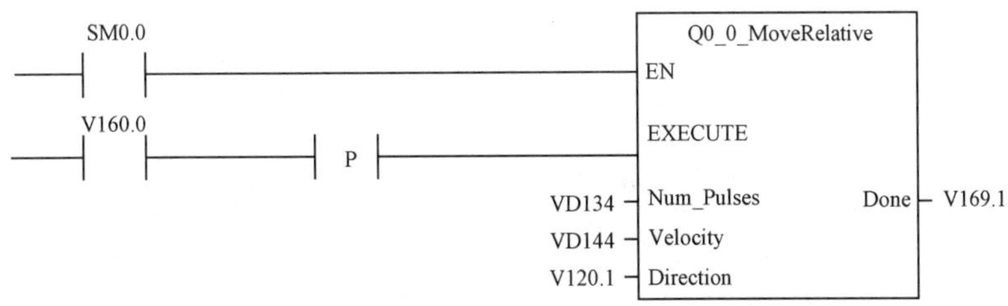

图 6-82　Q0_X_MoveRelative 功能块

表 6-29　Q0_X_MoveRelative 功能描述

参　数	类　型	格　式	单　位	意　义
EXECUTE	IN	BOOL	—	相对位移运动的执行位
Num_Pulses	IN	DINT	Pulse	相对位移（必须大于 1）
Velocity	IN	DINT	Pulse/sec	预置频率（Velocity_SS<= Velocity<= Velocity_Max）
Direction	IN	BOOL	—	预置方向（0=反向，1=正向）
Done	OUT	BOOL	—	完成位（1=完成）

6）Q0_X_MoveAbsolute

Q0_X_MoveAbsolute 功能块用于使轴以指定的速度运动到指定的绝对位置。Q0_X_MoveAbsolute 功能块如图 6-83 所示，Q0_X_MoveAbsolute 功能描述如表 6-30 所示。

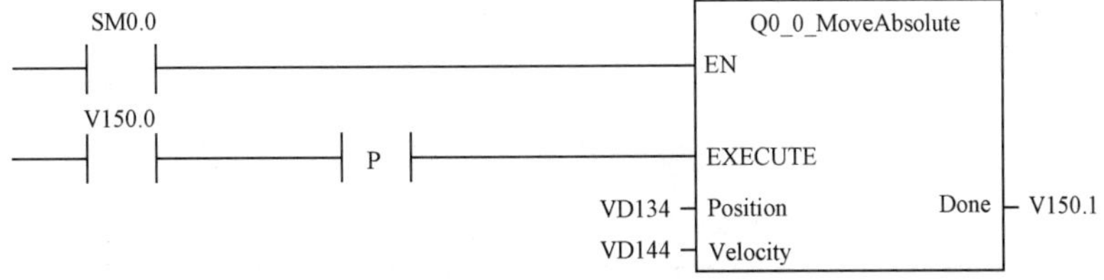

图 6-83　Q0_X_MoveAbsolute 功能块

表 6-30　Q0_X_MoveAbsolute 功能描述

参　数	类　型	格　式	单　位	意　义
EXECUTE	IN	BOOL	—	绝对位移运动的执行位
Position	IN	DINT	Pulse	绝对位移
Velocity	IN	DINT	Pulse/sec	预置频率（Velocity_SS<= Velocity<=Velocity_Max）
Done	OUT	BOOL	—	完成位（1=完成）

7）Q0_X_MoveVelocity

Q0_X_MoveVelocity 功能块用于使轴按照指定的方向和频率运动，在运动过程中可对频率进行更改。Q0_X_MoveVelocity 功能块如图 6-84 所示，Q0_X_MoveVelocity 功能描述如表 6-31 所示。

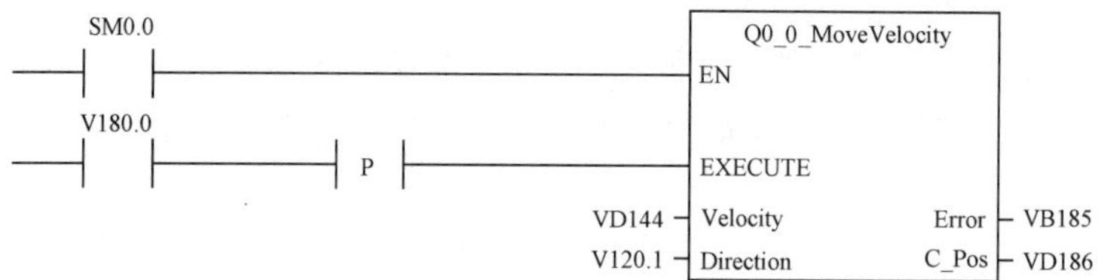

图 6-84　Q0_X_MoveVelocity 功能块

表 6-31　Q0_X_MoveVelocity 功能描述

参　数	类　型	格　式	单　位	意　义
EXECUTE	IN	BOOL	—	执行位
Velocity	IN	DINT	Pulse/sec	预置频率（Velocity_SS<= Velocity<=Velocity_Max）
Direction	IN	BOOL	—	预置方向（0=反向，1=正向）
Error	OUT	BYTE	—	故障标识（0=无故障，1=立即停止，3=执行错误）
C_Pos	OUT	DINT	Pulse	当前绝对位置

注意：Q0_X_MoveVelocity 功能块只能通过 Q0_X_Stop block 功能块使轴停止运动。

8）Q0_X_Stop

Q0_X_Stop 功能块用于使轴减速直至停止。Q0_X_Stop 功能块如图 6-85 所示，Q0_X_Stop 功能描述如表 6-32 所示。

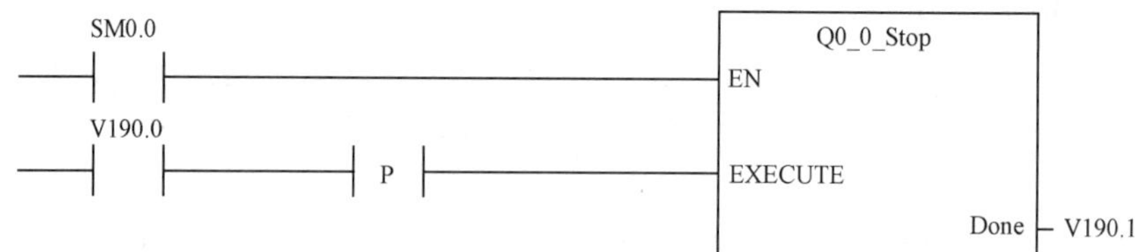

图 6-85　Q0_X_Stop 功能块

表 6-32　Q0_X_Stop 功能描述

参　数	类　型	格　式	单　位	意　义
EXECUTE	IN	BOOL	—	执行位
Done	OUT	BOOL	—	完成位（1=完成）

9）Q0_X_LoadPos

Q0_X_LoadPos 功能块用于将当前位置的绝对位置设置为预置值。Q0_X_LoadPos 功能块如图 6-86 所示，Q0_X_LoadPos 功能描述如表 6-33 所示。

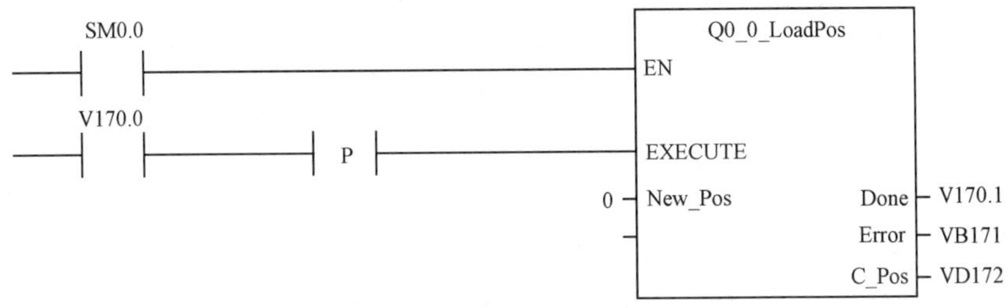

图 6-86　Q0_X_LoadPos 功能块

表 6-33　Q0_X_LoadPos 功能描述

参　数	类　型	格　式	单　位	意　义
EXECUTE	IN	BOOL	—	设置绝对位置的执行位
New_Pos	IN	DINT	Pulse	预置绝对位置
Done	OUT	BOOL	—	完成位（1=完成）
Error	OUT	BYTE	—	故障位（0=无故障）
C_Pos	OUT	DINT	Pulse	当前绝对位置

注意：使用 Q0_X_LoadPos 功能块将使得原参考点失效，为了清晰地定义绝对位置，必须重新寻找参考点。

实例 6-12　以 6.2.7 节中使用位控向导进行编程为例，运用 MAP 库以绝对方式进行程序编制。将表 6-20 中的数据变为绝对方式，绝对方式下的运动包络如表 6-34 所示。

表 6-34　绝对方式下的运动包络

运动包络	位　置	绝对位置脉冲数	目标速度
1	当前位置至位置 1	36000	20000
2	位置 1→位置 2	85600+36000=121600	90000
3	位置 2→位置 3	121600+52000=173600	60000
4	位置 3→高速回零前	173600−168000=5600	57000
5	低速回零	0	2000

程序如下。

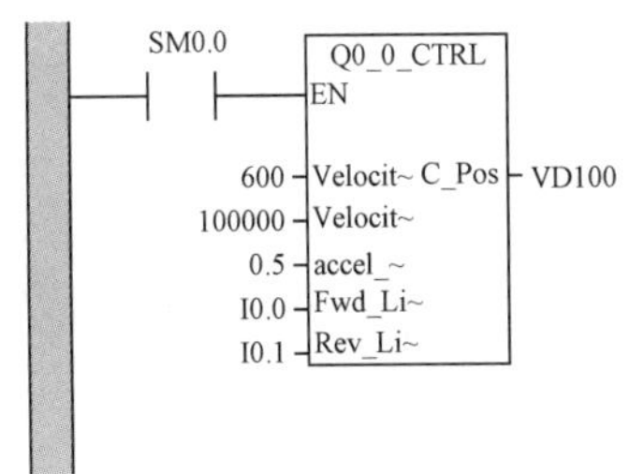

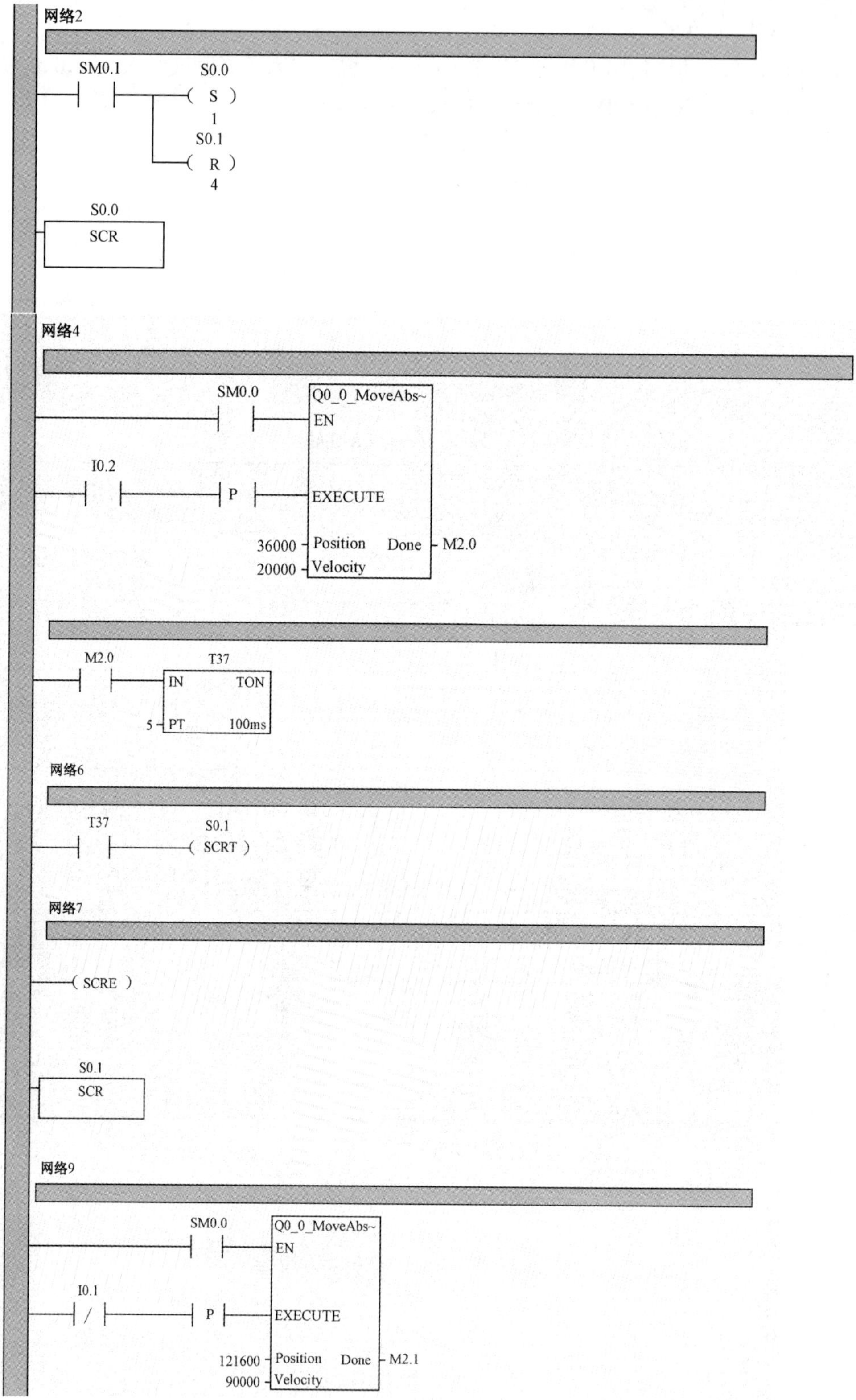

网络2

SM0.1 S0.0 (S) 1

S0.1 (R) 4

S0.0 SCR

网络4

SM0.0 Q0_0_MoveAbs~ EN

I0.2 P EXECUTE

36000 Position Done M2.0

20000 Velocity

M2.0 T37 IN TON

5 PT 100ms

网络6

T37 S0.1 (SCRT)

网络7

(SCRE)

S0.1 SCR

网络9

SM0.0 Q0_0_MoveAbs~ EN

I0.1 / P EXECUTE

121600 Position Done M2.1

90000 Velocity

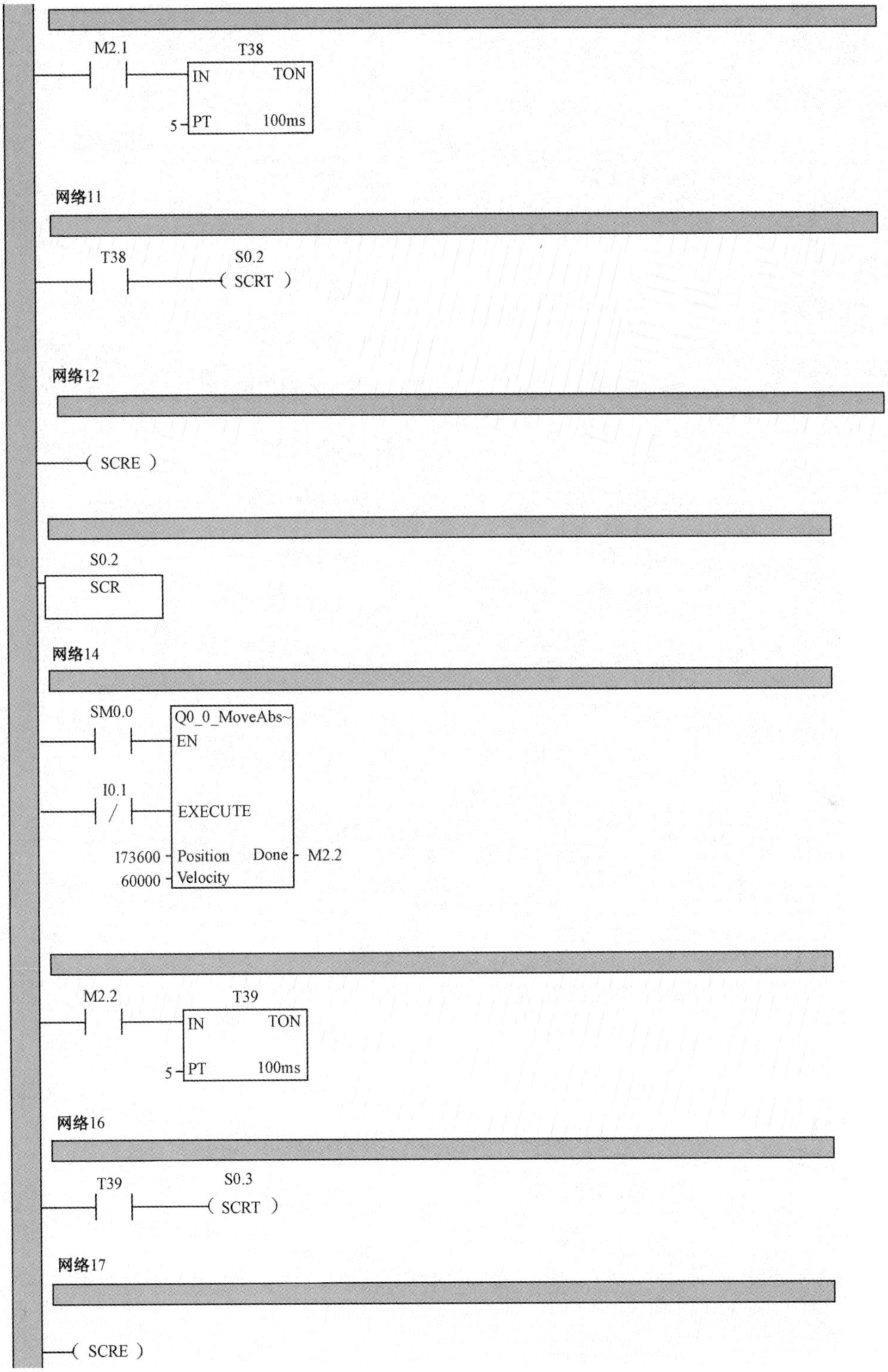

M2.1　T38
IN　TON
5 PT　100ms

网络11

T38　S0.2
(SCRT)

网络12

(SCRE)

S0.2
SCR

网络14

SM0.0　Q0_0_MoveAbs~
EN
I0.1 /
EXECUTE
173600 Position　Done M2.2
60000 Velocity

M2.2　T39
IN　TON
5 PT　100ms

网络16

T39　S0.3
(SCRT)

网络17

(SCRE)

```
S0.3
SCR

网络19
SM0.0                Q0_0_MoveAbs~
──┤ ├──────────────── EN
I0.1
──┤/├──────────────── EXECUTE
              5600 ─ Position    Done ─ M2.3
             57000 ─ Velocity

网络20
M2.3                 T40
──┤ ├──────────────── IN        TON
                 5 ─ PT        100ms

T40                  S0.4
──┤ ├────────────────( SCRT )

网络22
──( SCRE )

网络23
S0.4
SCR

SM0.0                Q0_0_MoveAbs~
──┤ ├──────────────── EN
I0.1
──┤/├──────────────── EXECUTE
                 0 ─ Position    Done ─ M2.4
             20000 ─ Velocity

网络25
M2.4                 S0.0
──┤ ├────────────────( SCRT )

网络26
──( SCRE )
```

6.3 S7-200 系列 PLC 的通信与自动化通信网络

6.3.1 通信的基本概念

近年来，计算机控制已被迅速地推广和普及，很多企业已经在大量地使用各式各样的可编程设备，如工业控制计算机、PLC、变频器、机器人、数控机床等。将不同厂家生产的这些设备连在一个网络中，相互之间进行数据通信，实现分散控制和集中管理，是计算机控制系统发展的大趋势，因此有必要了解有关工厂自动化通信网络和 PLC 的通信方面的知识。

1. 并行通信与串行通信

并行通信是以字节或字为单位的数据传输方式，除了 8 根或 16 根数据线、1 根公共线，还需要通信双方联络用的控制线。并行通信的传输速度快，但是传输线的数量多、成本高，一般用于近距离的数据传输，如打印机与计算机之间的数据传输，而工业控制一般使用串行通信。

串行通信是以二进制的位（bit）为单位的数据传输方式，每次只传送一位，除了公共线，在一个数据传输方向上只需要 1 根数据线，这根线既作为数据线又作为通信联络控制线，数据信号和联络信号在这根线上按位进行传送。串行通信需要的信号线少，最少只需要 2 根线（双绞线），适用于距离较远的场合。

计算机和 PLC 都有通用的串行通信接口，如 RS-232C 和 RS-485，工业控制中一般使用串行通信。

2. 异步通信与同步通信

在串行通信中，应使发送过程和接收过程同步。按同步方式的不同，可以将串行通信分为异步通信和同步通信。图 6-87 所示为异步通信的信息格式，发送的字符由 1 个起始位、7～8 个数据位、1 个奇偶校验位（可以没有）、1 个或 2 个停止位组成。在通信开始之前，通信的双方需要对所采用的信息格式和数据的传输速率做相同的约定。接收方检测到停止位和起始位之间的下降沿后，将它作为接收的起始点，在每一位的中点接收信息。由于一个字符中包含的位数不多，即使发送方和接收方的收发频率略有不同，也不会因为两台设备之间的时钟周期的积累误差而导致收发错位。异步通信传送附加的非有效信息较多，传输效率较低。

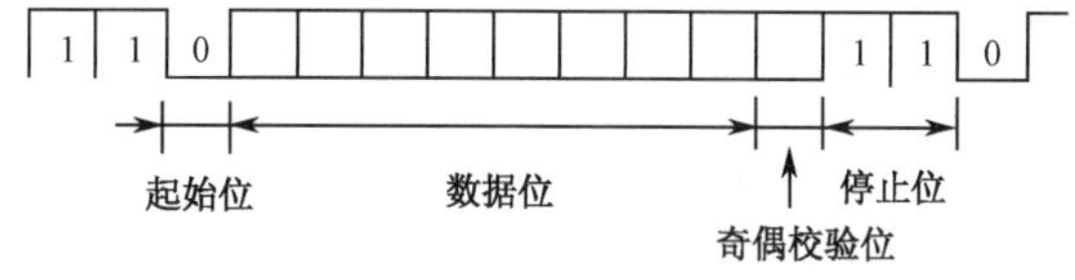

图 6-87 异步通信的信息格式

同步通信以字节为单位（一个字节由 8 位二进制数组成），每次传送 1～2 个同步字符、若干数据字节和校验字符。可以通过调制解调方式在数据流中提取出同步信号，使接收方得到与发送方完全相同的接收时钟信号。由于同步通信方式不需要在每个数据字符中增加起始位、停止位和奇偶校验位，只需要在数据块（往往很长）之前加 1～2 个同步字符，所以传输效率高，但是对硬件的要求较高，一般用于高速通信。

3. 单工通信与双工通信

单工通信方式的信息只能沿单一方向发送或接收数据。双工通信方式的信息可以沿两个方向传送，每一个站既可以发送数据，又可以接收数据。双工通信方式又分为全双工通信和半双工通信两种。

（1）全双工通信：发送和接收数据分别使用两根或两组不同的数据线，通信的双方都能在同一时刻接收和发送数据（见图6-88）。

（2）半双工通信：用同一组线（如双绞线）能发送数据或接收数据（见图6-89）。通信的某一方在同一时刻只能发送数据或接收数据。

图6-88　全双工通信　　图6-89　半双工通信

4. 传输速率

在串行通信中，传输速率（又称波特率）的单位是位/秒（bit/s），即每秒传送的二进制位数。常用的标准波特率为300～38400bit/s等（成倍增加）。不同的串行通信网络的传输速率差别极大，有的只有数百位/秒，高速串行通信网络的传输速率可达1 Gbit/s。

6.3.2　S7-200系列PLC的通信功能

S7-200系列PLC有强大而灵活的通信能力。通过各种通信方式，可以将S7-200、S7-300和S7-400等系列PLC与各种人机界面产品、其他智能控制模块、驱动装置等紧密地联系起来。S7-200系列PLC可以通过很多标准协议、标准接口与其他厂家的许多自动化产品通信。S7-200系列PLC的通信能力如图6-90所示。

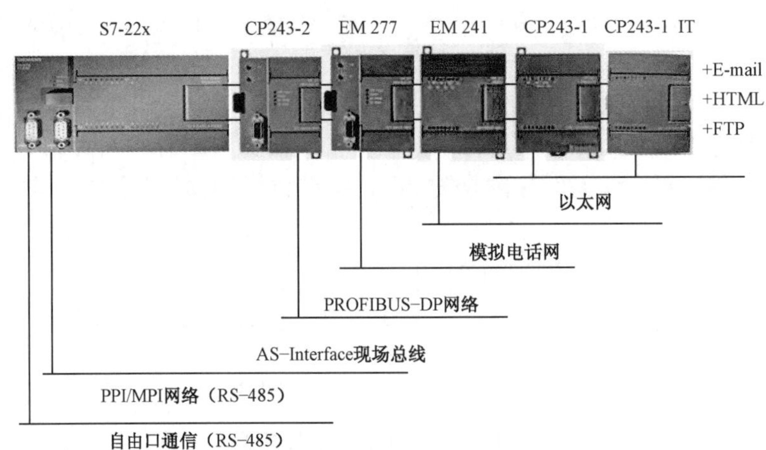

图6-90　S7-200系列PLC的通信能力

S7-200系列PLC支持的主要通信方式有如下几种。

（1）PPI：西门子专为S7-200系列PLC开发的通信协议。

（2）MPI：S7-200系列PLC可以作为从站与MPI主站通信。

（3）PROFIBUS-DP：通过扩展EM277通信模块，S7-200系列PLC的CPU可以作为

PROFIBUS-DP 从站与主站通信。最常见的主站有 S7-300/400 系列 PLC 等，这是与它们通信的最可靠的方法之一。

（4）以太网通信：通过扩展 CP243-1 或 CP243-1 IT 模块可以通过以太网传输数据，支持西门子的 S7 协议。IT 模块还支持 HTTP 等其他网络协议。

（5）AS-Interface：扩展 CP243-2 模块，S7-200 系列 PLC 可以作为传感器-执行器接口网络的主站，读/写从站的数据。

（6）自由口：S7-200 系列 PLC 的 CPU 的通信口还提供了建立在字符串行通信基础上的自由通信能力，数据传输协议完全由用户程序决定。通过自由口方式，S7-200 系列 PLC 可以与串行打印机、条码阅读器等通信。西门子也为 S7-200 系列 PLC 的编程软件提供一些通信协议库，如 USS 通信协议库和 Modbus RTU 通信协议库，它们实际上也使用了自由口通信功能。

1. PPI 网络通信

PPI（点对点接口）是西门子专门为 S7-200 系列 PLC 开发的通信协议。它基于“令牌环”的工作机制。PPI 是一种主-从协议，通信主站之间传递令牌，分时控制整个网络上的通信活动，读/写从站的数据。主站和从站都通过不同的网络地址（站号）来区分。主站设备发送数据读/写请求到从站设备，从站设备响应。从站不主动发信息，只是等待主站的请求，并且根据地址信息对请求做出响应。PPI 网络中可以有多个主站。PPI 并不限制与任意一个从站通信的主站数量，主站也可以响应其他主站的通信请求。

S7-200 系列 PLC 的 CPU 上集成的通信口支持 RS-485 网络上的 PPI 通信。RS-485 在硬件连接方式上是总线型网络，如图 6-91 所示。CPU 通信口在电气上与 CPU 的内部电源不隔离，支持的通信距离为 50m。在一个 PPI 网络中，最多能有 127 个通信站；但是在一个 RS-485 网段中，通信站的个数不能超过 32 个。使用 RS-485 中继器，可以将多个网段连接起来组成一个网络。如果在一对 RS-485 中继器之间没有连接非隔离的通信端口，那么可以达到 RS-485 的标准通信距离（1200m）。PPI 支持的通信速率为 9.6Kbit/s、19.6Kbit/s 和 187.5Kbit/s。带中继器的网络结构如图 6-92 所示。

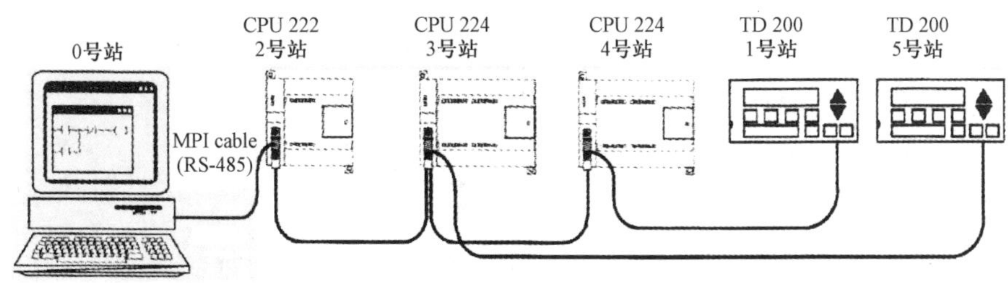

图 6-91 PPI 网络举例（计算机使用 CP5611 等通信卡）

运行编程软件的 STEP7-Micro/Win 的计算机也是一个 PPI 主站。要获得 187.5Kbit/s 的 PPI 通信速率，或者与其他主站设备同时工作的多主站能力，必须有 RS-232/PPI 多主站电缆或 USB/PPI 多主站电缆作为编程接口，或者使用西门子的编程卡（CP 卡）。图 6-91 中的 CPU 通信口上插了带编程口的网络连接器（插头），这样，连接计算机的编程电缆和 TD 西门子 200 的 TD/CPU 电缆就可以直接连接到网络连接器上扩展的编程口了，这种连接称为“短截线”。短截线有长度限制，太长会造成通信故障。

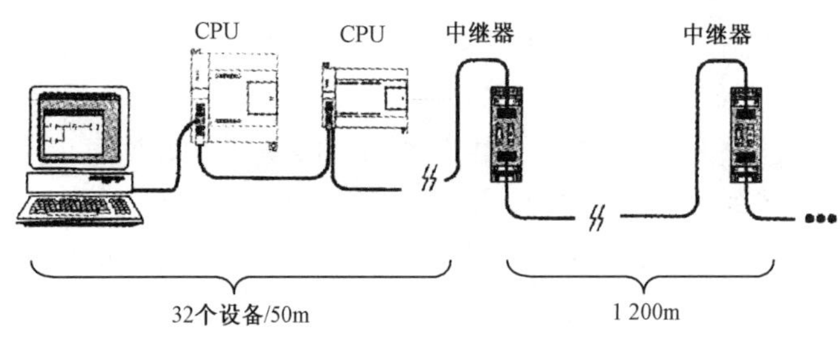

图 6-92　带中继器的网络结构

触摸屏等人机界面设备也可以通过 RS -485 网络与 S7-200 系列 PLC 的 CPU 直接连接，通过 PPI 通信协议与 CPU 通信。此外，PPI 通信协议还是最容易实现的 S7-200 系列 PLC 的 CPU 之间的网络数据通信。只需要编程设置通信端口的工作模式，就可以用网络读/写指令（NETR/NETW）读/写从站的数据。使用网络读/写编程向导生成的子程序则更为简便，在实践篇中将会详细介绍。

2．PROFIBUS-DP 网络通信

在 S7-200 系列 PLC 的 CPU 中，CPU222、CPU224/224 XP 和 CPU226 都可以通过附加 EM277 PROFIBUS-DP 扩展模块支持 PROFIBUS-DP 网络通信。EM277 通过模块扩展连接到 S7-200 系列 PLC 的 CPU。图 6-93 所示为挂在 PROFIBUS-DP 网络上的 S7-200 系列 PLC。

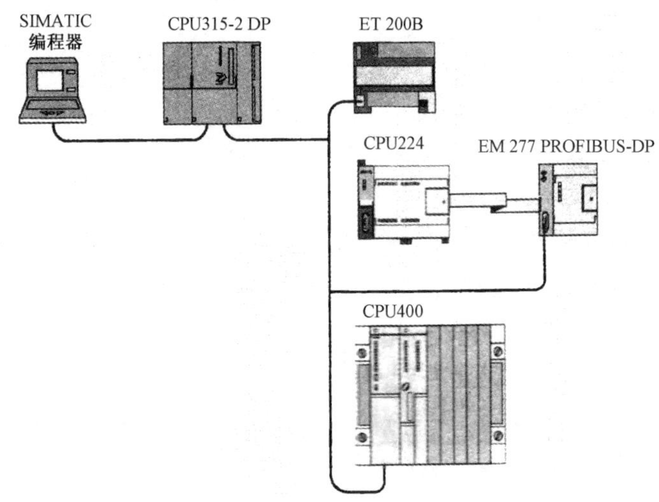

图 6-93　挂在 PROFIBUS-DP 网络上的 S7-200 系列 PLC

作为 DP 从站，EM277 模块接收从主站来的 I/O 配置，向主站发送和从主站接收数据。在主站定义的 I/O 配置决定了 EM277 能处理的数据量。主站通过 EM277 能读/写 S7-200 系列 PLC 的 CPU 变量数据区（V 存储区），数据的地址在主站中定义。这样就使 S7-200 系列 PLC 的用户程序能与主站交换任何类型的数据。将数据传送到 S7-200 系列 PLC 的 CPU 中的变量存储器，就可将输入、计数器值或其他数据传送到主站。类似地，从主站来的数据存储在 S7-200 系列 PLC 的 CPU 中的存储区内定义的数据缓冲区中，并可传送到其他数据区。一般情况下，如果不需要在 S7-200 系列 PLC 的 CPU 内进行 EM277 的诊断等操作，就不必在 S7-200 系列 PLC 方面做关于 PROFIBUS-DP 通信的组态和编程工作，几乎所有工作都在主站方面完成，S7-200 系列 PLC 方面只需要处理数据。

3．自由口通信

S7-200 系列 PLC 支持自由口通信模式，如图 6-94 所示。自由口通信模式使 S7-200 系列 PLC 可以与许多通信协议公开的其他设备和控制器进行通信，波特率范围为 1200～115200bit/s（可调整）。自由口通信模式的数据字节格式总是有一个起始位、一个停止位，用户可以选择 7 位或 8 位数据，也可以选择是否有校验位及选择奇校验还是偶校验。在自由口通信模式下，使用 XMT（发送）和 RCV（接收）指令。通信协议应符合通信对象的要求或由用户决定。

CPU 的通信口工作在自由口通信模式下时，就不能同时工作于其他通信模式下，如 PPI 编程状态。将 CPU 置于 STOP（停止）模式可以恢复 PPI 模式。CPU 的通信口采用 RS-485 标准，如果通信对象是 RS-232 设备，那么需要 RS-232/PPI 电缆。

4．USS 和 Modbus RTU 从站指令库

指令库是集成到编程软件中的子程序集。西门子提供的指令库可大大简化用户的编程工作，用户也可以生成自己的指令库。

S7-200 系列 PLC 的编程软件 STEP7-Micro/Win 在安装了附加的软件包后。可以显示 USS 和 Modbus RTU 协议指令库。USS 指令库可以对西门子生产的 MICOMASTER 系列（MM420、MM430、MM44、MM3 等）、MasterDrive 系列（6 SE70 交流变频和 6 RA70 直流驱动装置），以及 SINAMICS 系列变频器进行串行通信控制；Modbus RTU 指令库使 S7-200 系列 PLC 的 CPU 支持 Modbus RTU 通信功能，而不需用户自己编制复杂的程序。

USS 和 Modbus 指令库都使用 S7-200 系列 PLC 的 CPU 的自由口通信模式编程实现。

5．以太网通信

S7-200 系列 PLC 的 CPU 加装 CP243-1/243-1 IT 扩展模块可以支持工业以太网通信。该模块提供了一个标准的 RJ -45 网络接口，与支持 TCP/IP 协议的网络设备（如集线器和路由器等）兼容，如图 6-95 所示。

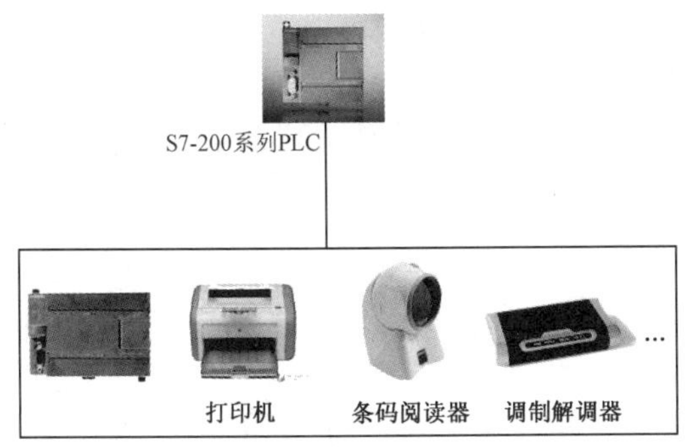

图 6-94　自由口通信模式的部分通信对象

图 6-95　CP243-1 模块通过 RJ-45 网络接口连接工业以太网电缆

通过在 CPU 上扩展 CP243-1/243-1 IT 模块，可以实现以下功能。

（1）支持 10/100 Mbit/s 工业以太网、支持半双工/全双工通信、支持 TCP/IP。

（2）最多与 8 个服务器/客户端连接。

（3）与运行 STEP7-Micro/Win 的计算机通信，支持通过工业以太网的远程编程服务。

（4）连接其他 SIMATIC 57 系列远程组件，如 S7-300 系列 PLC 上的 CP343-1，或其他 CP243-1。

（5）通过 OPC Server 软件（PC Access、SIMATIC NET IE SOFTNET-S7）连接基于 OPC 的 PC 应用程序，如组态软件等。

（6）支持 Web 网页服务，E-mail、FTP 服务等（仅 CP243 -1 IT）。曾使用 STEP7-Micro/Win 中的 Ethernet Wizard（以太网向导）和 Internet Wizard（互联网向导），可以方便地配置 CP243-1/243-1 IT。

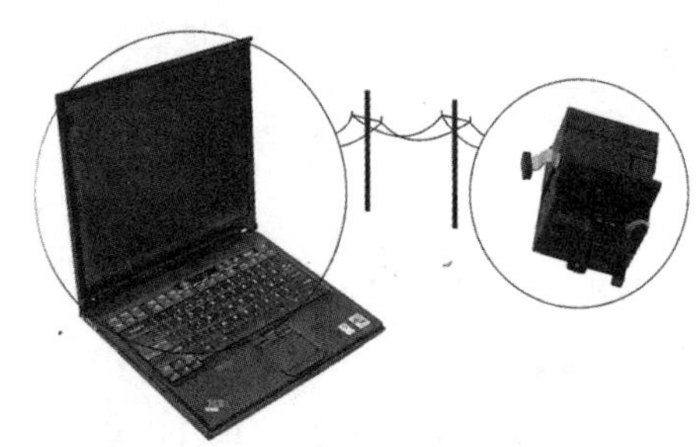

图 6-96　通过电话网和 EM241 模块可进行远程通信

6. 远程调制解调器通信

S7-200 系列 PLC 提供了一个简单易用的远程调制解调器通信解决方案。S7-200 系列 PLC 通过附加的调制解调器通信扩展模块，可以实现通过电话交换机和电话网的远距离通信，如图 6-96 所示。

6.4　STEP7-Micro/Win 编程软件与仿真软件

6.4.1　STEP7-Micro/Win 编程软件

扫一扫，看编程软件的安装微课视频

1. 编程软件的安装

1）安装编程软件的要求

安装编程软件时，对计算机的要求是操作系统为 Windows 操作系统；编程计算机与 CPU 通信。

编程计算机与 CPU 通信，通常需要满足下列条件之一。

（1）PC/PPI（RS-232/PPI 和 USB/PPI）电缆，连接 PG/PC 的串行通信接口（RS-COM 口，或 USB 口）和 CPU 通信接口。

（2）PG/PC 上安装 CP（通信处理器）卡，通过 MPI 电缆连接 CPU 通信接口（CP5611 台式计算机，CP5511/5512 卡配合笔记本电脑使用）。

最简单的编程通信配置如下。

① 带串行通信端口（RS-232C 即 COM 口，或 USB 口）的 PG/PC，并已正确安装 STEP7-Micro/Win 的有效版本。

② PC/PPI 编程电缆。RS-232C/PPI 电缆连接计算机的 COM 口和 CPU 通信接口。

③ PPI 电缆连接计算机的 USB 口和 CPU 通信接口。

2）安装方法

双击安装文件，开始安装编程软件，使用默认的安装语言（英语）。在安装过程中，将会弹出“Set PG/PC Interface（设置编程/计算机接口）”对话框，如图 6-97 所示，可以在安装时设置参数，也可以在安装后设置参数。安装结束后弹出“IstallShield Wizart”对话框，显示安装成功。单击“Finish”按钮，退出安装程序。

3）选择中文环境

编程软件安装成功后，双击桌面上的 STEP7-Micro/Win 图标，打开编程软件，软件显示的是英文界面。选择“Tools”命令，选择“Options”选项，弹出的对话框如图 6-98 所示，单击“General”选项卡，在“General”选项卡中选择语言为“Chinese”，退出编程软件。再次启动软件后设置生效。

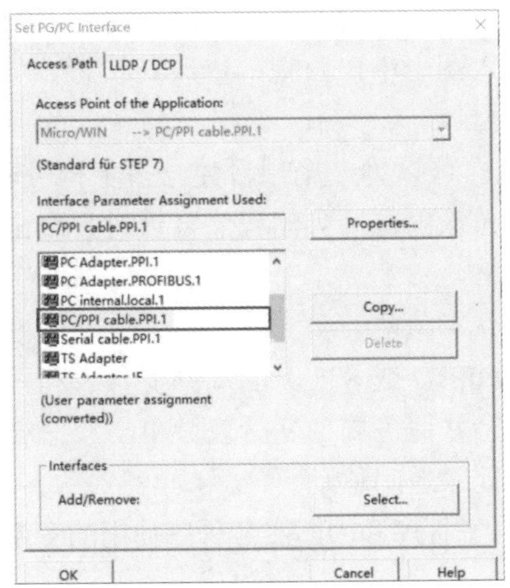

图 6-97　设置 PG/PC 的通信接口

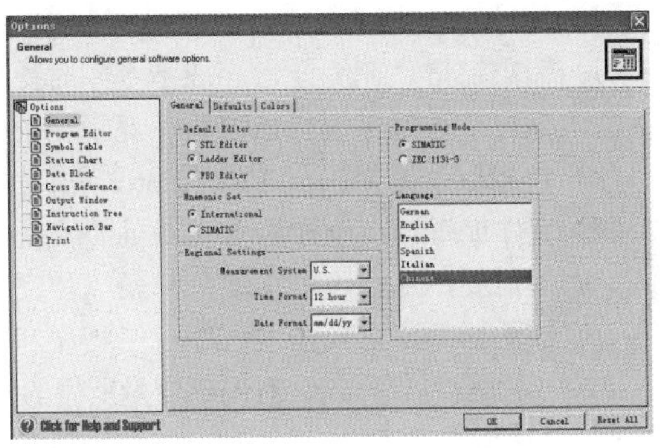

图 6-98　选择语言环境

2．项目的组成

扫一扫看项目的组成微课视频

STEP7-Micro/Win 的窗口组成如图 6-99 所示。

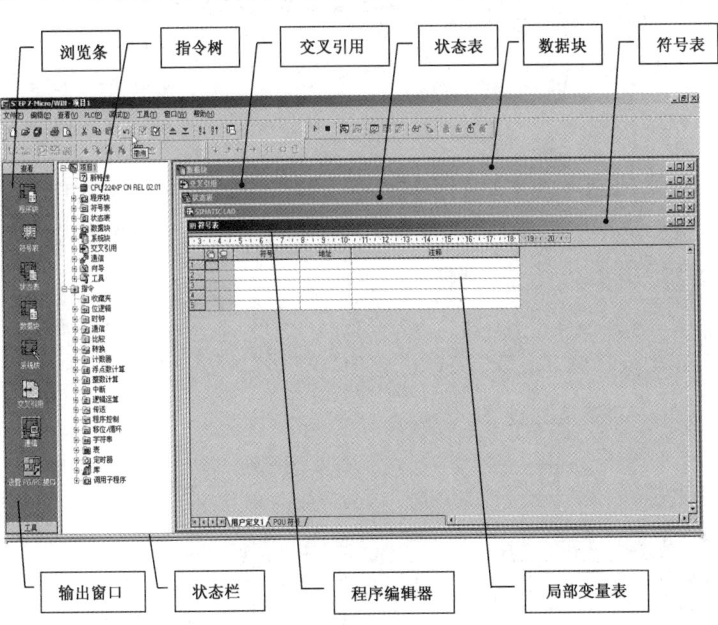

图 6-99　STEP7-Micro/Win 的窗口组成

（1）浏览条：显示常用编程按钮群组。浏览条包括：视图和工具。

①视图：显示程序块、符号表、状态表、数据块、交叉引用及通信按钮。

②工具：显示指令向导、TD 文本显示向导、位置控制向导、EM253 控制面板和扩展调制解调器向导等。

（2）指令树：提供所有项目对象和当前程序编辑器（LAD、FBD 和 STL）的所有指令的树形视图。可以在项目分支中对所打开项目的所有包含对象进行操作；利用指令分支输入编程指令。

（3）交叉引用：查看程序中地址和变量的交叉引用和使用信息。

（4）数据块：显示和编辑数据块内容。

（5）状态表：允许将程序输入、输出或变量地址置入图表中，监视、修改其状态。可以建立多个状态表，以便分组查看不同的变量。

（6）符号表/全局变量表：允许分配和编辑全局符号。可以为一个项目建立多个符号表。

（7）输出窗口：在编译程序或指令库时提供消息。当输出窗口列出程序错误时，双击错误信息，会自动在程序编辑器窗口中显示相应的程序网络。

（8）状态栏：提供在 STEP7-Micro/Win 中操作时的状态信息。

（9）程序编辑器：包含用于该项目的编辑器（LAD、FBD 或 STL）的局部变量表和程序视图。如果需要，那么可以拖动分割条以扩充程序视图，并覆盖局部变量表。单击程序编辑器窗口底部的标签，可以在主程序、子程序和中断服务程序之间移动。

（10）局部变量表：包含对局部变量所做的定义赋值（子程序和中断服务程序使用的变量）。

1）菜单栏

在菜单栏中，允许使用鼠标或键盘操作执行各种命令和工具，菜单栏如图 6-100 所示。可以定制“工具”菜单，在该菜单中增加自己的工具。

图 6-100　菜单栏

2）工具栏

工具栏（见图 6-101）提供常用命令或工具的快捷按钮，并且可以定制每个工具条的内容和外观。标准工具栏如图 6-102 所示，调试工具栏如图 6-103 所示，常用工具栏如图 6-104 所示，LAD 指令工具栏如图 6-105 所示。

图 6-101　工具栏

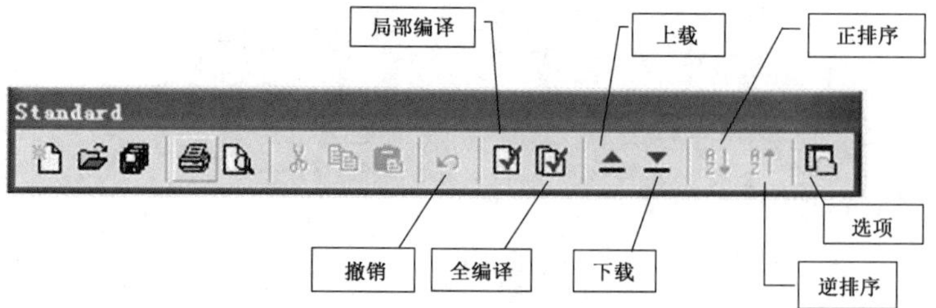

图 6-102　标准工具栏

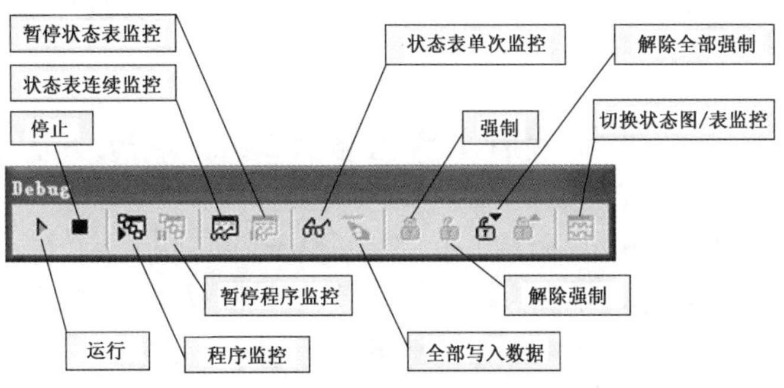

图 6-103　调试工具栏

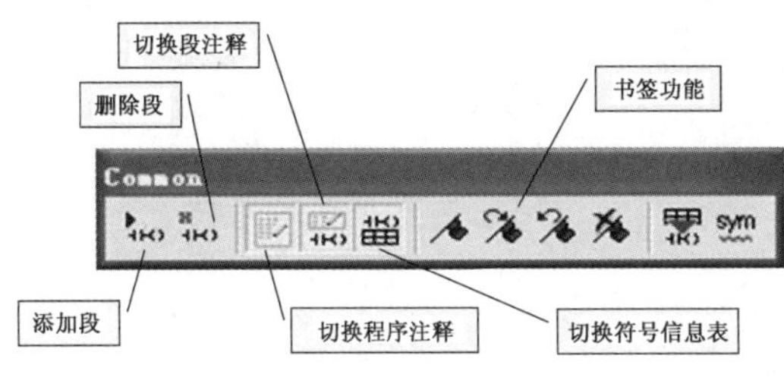

图 6-104　常用工具栏

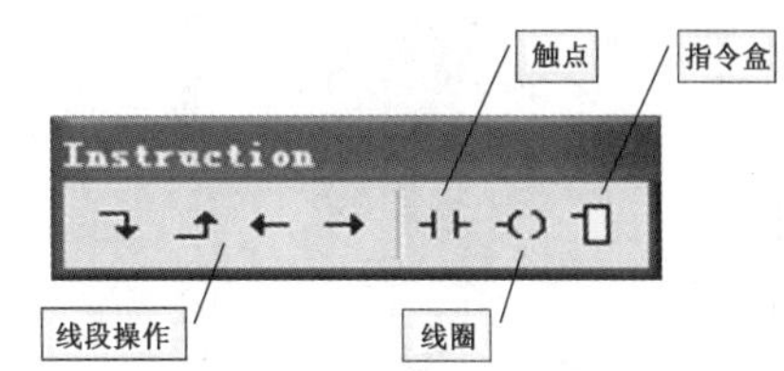

图 6-105　LAD 指令工具栏

3）项目及其组件

STEP7-Micro/Win 把每个实际的 S7-200 系列 PLC 的用户程序、系统设置等保存在一个扩展名为 mwp 的文件中。打开一个 mwp 文件就打开了相应的工程项目。使用浏览条的视图部分和指令树的项目分支（见图 6-106），可以查看项目的各个组件。

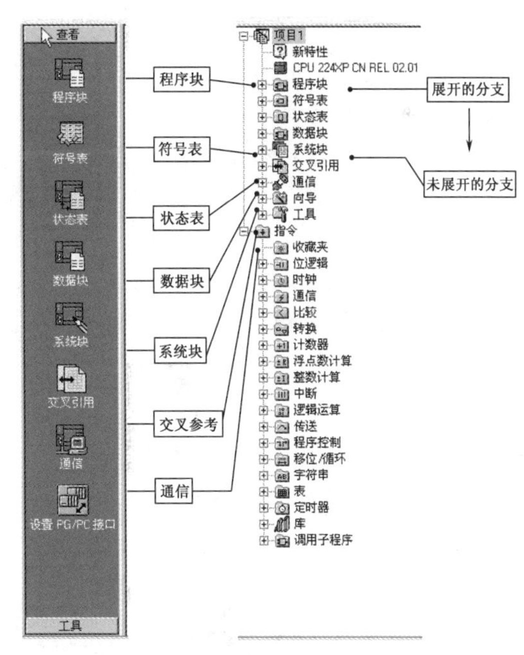

图 6-106　浏览条的视图部分和指令树的项目分支

3. 通信参数的设置

（1）双击指令树“通信”文件夹中的“设置 PG/PC 接口”图标，在弹出的对话框中设置编程计算机的通信参数。

（2）双击指令树文件夹“系统块”中的“通信端口”图标，设置 PLC 通信接口参数，默认的地址为 2，波特率为 9600bit/s。设置完成后需要将系统块下载到 PLC 后才会起作用。不能确定波特率时，可以选中“通信”对话框中的“搜索所有波特率”复选框。

（3）通过 PPI 电缆上的 DIP 开关设置 PPI 参数。DI 开关设置的波特率与“PG/PC 接口”对话框中设置的波特率和用系统块设置的 PLC 波特率一致。

4．程序的输入与编写

1）程序的输入

STEP7-Micro/Win 支持 LAD、FBD 和 STL3 种编程方式。其中，LAD 最接近传统的继电器逻辑电路，也是默认的编程方式。

LAD 程序编辑窗口如图 6-107 所示。在 STEP7-Micro/Win 中编辑程序。每个网络相当于继电器控制图中的一个电流通路。一个网络内只能有一个能流通路，不能有两条互不联系的通路。

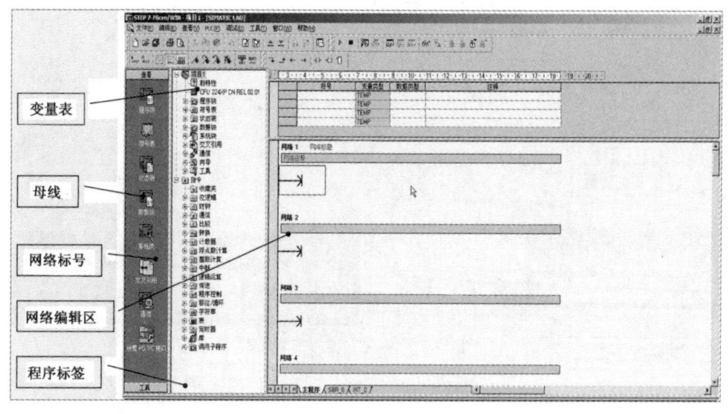

图 6-107　LAD 程序编辑窗口

在 LAD 编辑器中有以下几种输入程序指令的方法。

（1）拖动鼠标。

（2）使用特殊功能键（F4，F6，F9）。

（3）双击鼠标。

（4）使用 LAD 指令工具栏按钮。

SETP7-Micro/Win 支持与常用文档编辑软件类似的两种编辑模式：插入和改写。可用 PG/PC 键盘上的 Insert 键进行切换。

在 SETP7-Micro/Win 中编辑的程序必须经过编译 S7-200 系列 PLC 的 CPU 才能被识别下载到 S7-200 系列 PLC 的 CPU 内运行。

2）变量符号名

在变量数目较多，不便于编辑和调试程序时，可以使用符号为每个变量取一个唯一的符号名。变量符号名用于变量的符号寻址。

（1）在符号表中编辑变量符号：在浏览条上单击图标，或选择“View（查看）”→“Component（组件）”→“Symbol Table（符号表）”命令来打开符号表。在符号列中输入符号名，在地址列中输入地址，如图 6-108 所示。

符号表

			符号	地址	注释
1			LAMP_ON	I0.0	
2			LAMP_OFF	I0.1	
3					
4			LAMP	Q0.0	
5					

用户定义1　POU 符号

图 6-108　符号表

执行一次编译，就可以使符号表应用于程序中，单击工具栏上的 按钮或选择“View（查看）”→“Symbol Information Table（符号信息表）”命令来切换符号信息表的显示；使用“View（查看）”→“Symbolic Addressing（符号寻址）”命令在符号寻址和绝对寻址之间切换。

（2）在程序编辑器中定义和选用变量符号名：在 Micro/Win 的程序编辑器中编程时可以直接输入或选用变量符号名。在编辑时用鼠标或键盘选中元件的名称输入区，如图 6-109 所示，右击，选择“定义符号”选项，如图 6-110 所示，即可编辑变量符号，如图 6-111 所示。

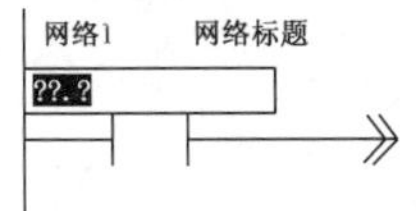

图 6-109　选中变量名

图 6-110　变量名编辑域右键菜单

图 6-111　“定义符号”对话框

5．程序调试

1）强制功能

S7-200 系列 PLC 的 CPU 提供了强制功能以便于程序工作。用户可以对所有的数字量 I/O（DI/DO）及多达 16 个内部存储器数据或模拟量 I/O（AI/AO）进行强制。

（1）显示状态表并且使其处于监控状态，在新值列中写入希望强制成的数据，单击工具栏按钮，或者选择“调试强制”命令来强制数据，如图 6-112 所示。

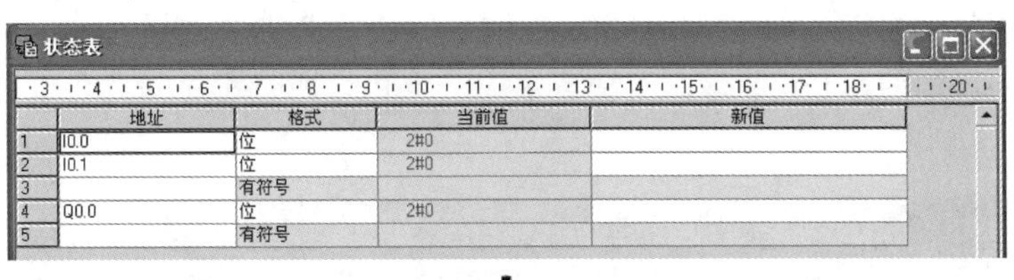

状态表

	地址	格式	当前值	新值
1	I0.0	位	2#0	
2	I0.1	位	2#0	
3		有符号		
4	Q0.0	位	2#0	
5		有符号		

状态表

	地址	格式	当前值	新值
1	I0.0	位	2#0	
2	I0.1	位	2#0	
3		有符号		
4	Q0.0	位	2#0	
5		有符号		

处在强制状态的标志

符号程序逻辑的结果

图 6-112　强制功能

（2）对于无须改变值的变量，只需在当前值列中选中它，并使用强制命令。

单击工具栏按钮或选择“调试取消强制”命令来解除强制；单击工具栏按钮或选择“调试取消全部强制”命令来取消所有的强制。

2）状态表

使用状态表可以监控数据。单击浏览条“View（查看）”→“Status Chart（状态表）”图标或选择“View（查看）”→“Component（组件）”→“Status Chart（状态表）”命令打开状态表窗口，如图 6-113 和图 6-114 所示。

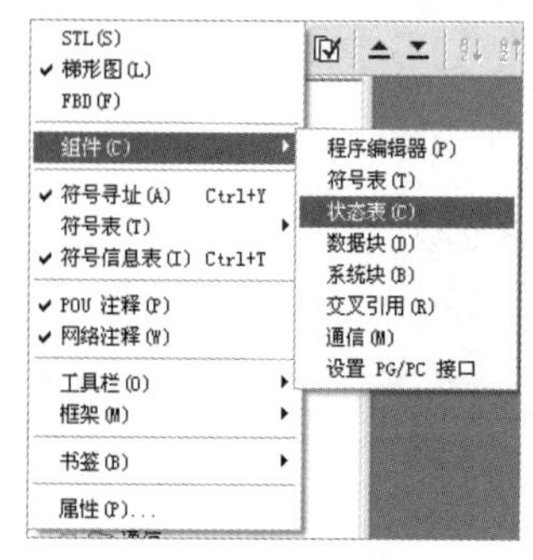

图 6-113　打开状态表

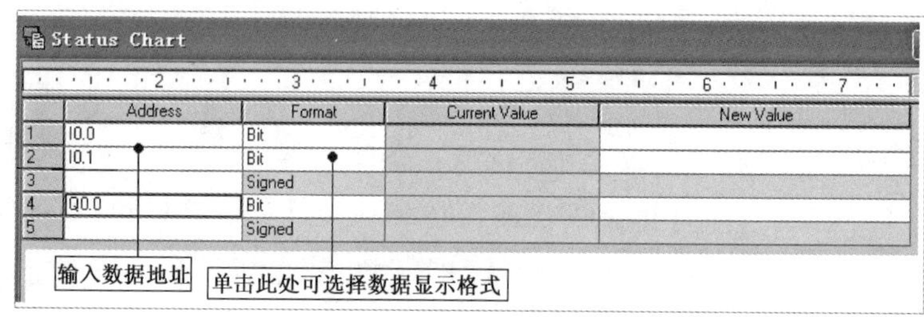

图 6-114　状态表窗口

选择“Debug（调试）”→“Chart Status（状态表监控）”命令，或单击“工具栏”按钮 来监控状态表表格内的数据，如图 6-115 所示。再次操作将停止监视。

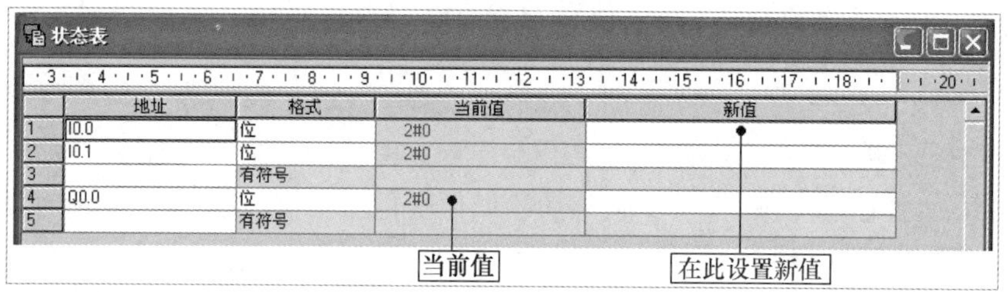

图 6-115　监控表格内数据值

可在程序编辑器中选择一个或几个网络，右击，在弹出的快捷菜单中选择“Create Status Chart（创建状态表）”选项，如图 6-116 所示，能快速生成一个包含所选程序段内各元件的新状态表格。

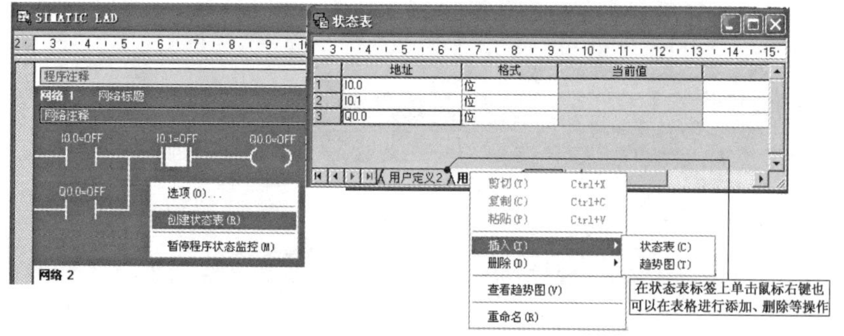

图 6-116　快速建立状态表

3）状态趋势图

Micro/Win 提供两种 PLC 变量在线查看方式：状态表和状态趋势图形式。后者的图形化

监控方式使用户更容易观察各变量的变化关系，能更加直观地观察数字量信号变化的逻辑时序，或者模拟量信号的变化趋势。

在状态表视图中，选择“View（查看）”→“View As Trend（查看趋势图）”命令，或单击“工具栏”按钮，可以在状态表格形式与状态形式之间切换；或者在当前显示的状态表界面中右击，选择“View AS Trend（查看趋势图）”选项。状态趋势图能显示当前时刻的前一段时间的变量变化过程，状态趋势图如图 6-117 所示。

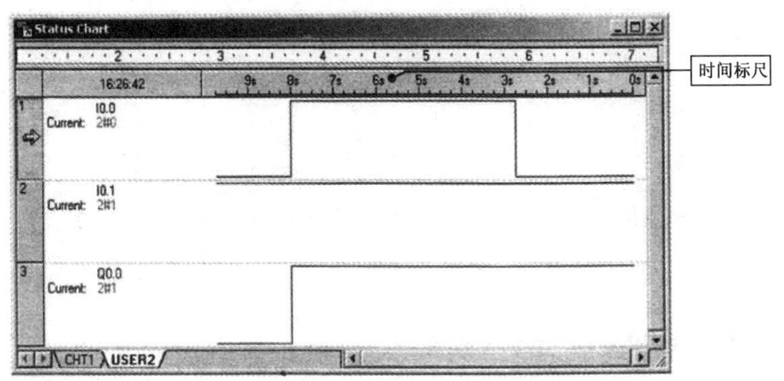

图 6-117　状态趋势图

按上述方法再次操作可以切换到状态表格形式。如果停止状态表监视，那么可以冻结图形以便仔细分析。状态趋势图对变量的反应速度取决于 Micro/Win 与 CPU 通信速度间的基准。在状态趋势图中右击可以选择图形更新的速率。

4）交叉引用

交叉引用参考表能显示程序中元件使用的详细信息。在浏览条“View（查看）”视图下单击图标，或选择“View（查看）”→“Component（组件）”→“Cross Reference（交叉引用）”命令显示交叉引用参考表，图 6-118 所示为符号寻址方式下的交叉引用参考表。注意只有经过编译后的程序才能显示交叉引用参考表。

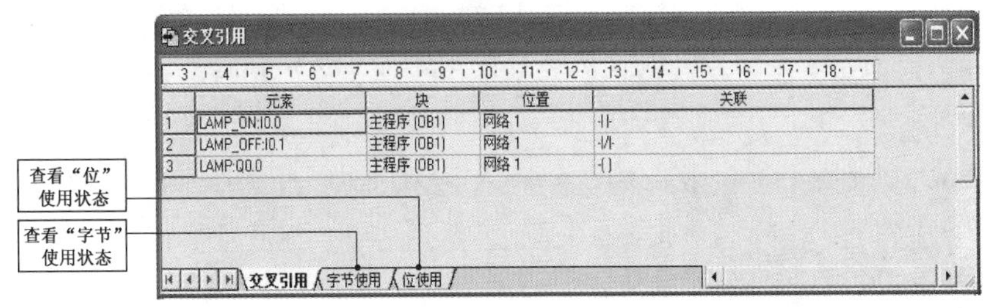

	元素	块	位置	关联
1	LAMP_ON:I0.0	主程序 (OB1)	网络 1	-||-
2	LAMP_OFF:I0.1	主程序 (OB1)	网络 1	-|/|-
3	LAMP:Q0.0	主程序 (OB1)	网络 1	-( )

图 6-118　符号寻址方式下的交叉引用参考表

5）数据块

数据块用于为 V 存储区指定初始值。数据块可以使用不同的长度（字节、字或双字），在 V 存储区中保存不同格式的数据。

单击浏览条“View”视图中的图标，或选择“View（查看）”→“Component（组件）”→“Data Block（数据块）”命令，打开数据块窗口。数据块窗口是一个文本编辑器，编辑时

直接在窗口内输入地址和数据。下面是一个数据块的示例，如图 6-119 所示。

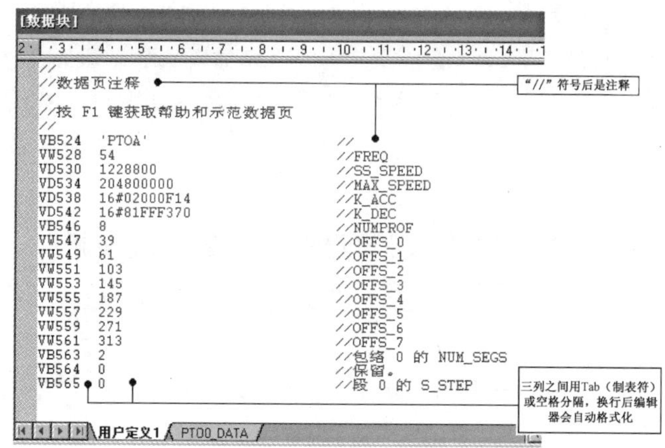

图 6-119　数据块的示例

6.4.2　S7-200 系列 PLC 仿真软件

学习 PLC 最有效的手段是多练习编程和上机调试。但有时因为缺乏实验的条件，编写程序后无法检验是否正确，编程能力很难提高。PLC 的仿真软件是解决这一问题的理想工具。西门子的 S7-300/400 系列 PLC 有非常好的仿真软件 PLCSIM。近年来在网上流行一种 S7-200 系列 PLC 的仿真软件。该软件不需要安装，执行其中的 S7-200.EXE 文件就可以打开它。单击屏幕中间出现的画面，在密码输入对话框中输入密码“6596”，进入仿真软件。仿真软件不能模拟 S7-200 系列 PLC 的全部指令和全部功能，但是它仍然是一个很好的学习 PLC 的软件。

1．硬件设置

选择“配置”→“CPU 型号”命令，在“CPU 型号”对话框的下拉列表框中选择 CPU 的型号。用户可以修改 CPU 的网络地址，一般使用默认的地址。图 6-120 中左边是 CPU224，右边空的方框是扩展模块的位置。双击紧靠已配置的模块右侧空的方框，在弹出的“扩展模块”对话框中（见图 6-121），用单选框选择需要添加的 I/O 扩展模块后，单击“确定”按钮。双击已存在的扩展模块，在“扩展模块”对话框中选择“无”单选按钮，可以取消该模块的选择。

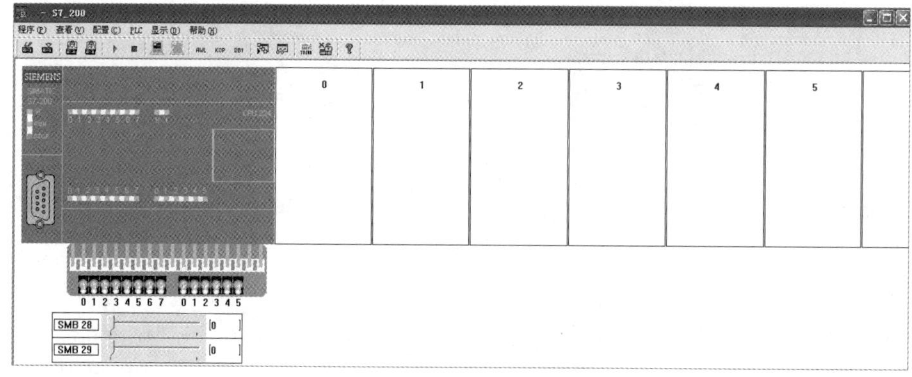

图 6-120　仿真软件画面

图 6-122 中的 0 号扩展模块是 4 通道的模拟量输入模块 EM231，单击模块下面的“Conf.Modle”按钮，在弹出的对话框中可以设置模拟量输入的量程。模块下面的 4 个滚动条用来设置各个通道的模拟量输入值。

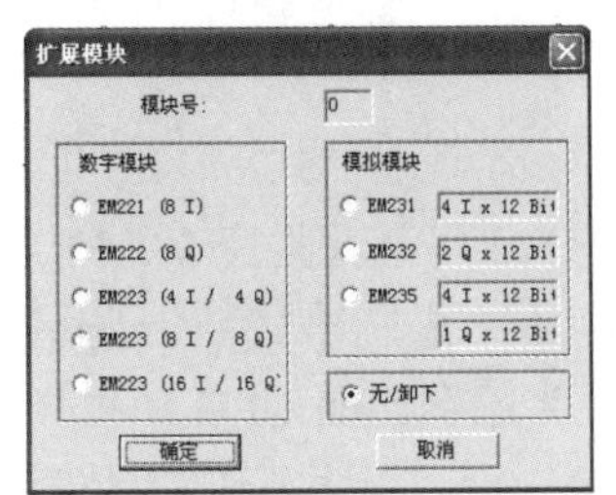

图 6-121　“扩展模块”对话框

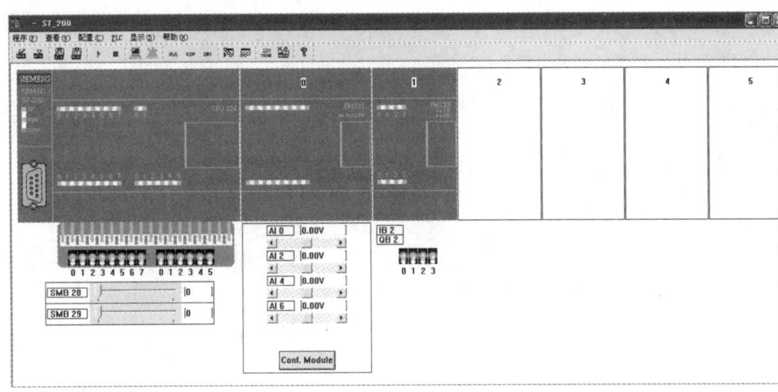

图 6-122　仿真软件画面

图 6-122 中的 1 号扩展模块是有 4 点数字量输入、4 点数字量输出的 EM223 模块，模块下面的 IB2 和 QB2 是它的输入点和输出点的字节地址。

CPU 模块下面是用于输入数字量信号的小开关板，它上面有 14 个输入信号用的小开关，与 CPU224 的 14 个输入点对应。它的下面有两个直线电位器，SMB28 和 SMB29 分别是 CPU224 的两个 8 位模拟量输入电位器对应的特殊存储器字节，可以用电位器的滑块来设置它们的值（0～255）。

2．生成 ASCII 文本文件

仿真软件不能直接接收 S7-200 系列 PLC 的程序代码，必须先用导出功能将 S7-200 系列 PLC 的用户程序转换为 ASCII 文本文件，再下载到仿真 PLC 中去。

在编程软件中打开一个编译成功的程序块，选择“文件”→“导出”命令，或右击某一程序块，在弹出的菜单中选择“导出”命令，在弹出的对话框中输入导出的 ASCII 文本文件的文件名，文件扩展名为 awl。如果打开的是 0BI（主程序），那么将导出当前项目所有的 POU（包括子程序和中断程序）的 ASCII 文本文件的组合。如果打开的是子程序或中断程序，那么只能导出当前打开的单个程序的 ASCII 文本文件。“导出”命令不能导出数据块，可以用 Windows 剪贴板的剪切、复制和粘贴功能导出数据块。

3．下载程序

生成文本文件后，单击仿真软件工具条中的“下载”按钮，可以下载程序，一般选择下载全部块，单击“接受”按钮后，在弹出的“打开”对话框中选中要下载的*.awl 文件，单击“打开”按钮开始下载。下载成功后，下载的程序的名称是“实验 3 彩灯双向循环移位”，同时会出现下载的程序代码文本框，关闭该文本框不影响仿真。如果仿真软件支持用户程序中的全部指令和功能，那么单击工具条内的“运行”按钮后，可以切换到 RUN 模式。如果用户程序中有仿真软件不支持的指令或功能，那么不能切换到 RUN 模式。

4．模拟调试程序

单击 CPU 模块下面的开关板上小开关上面的黑色部分，可以使小开关的手柄向上，触点闭合，对应的输入点的 LED（发光二极管）变为绿色。单击闭合的小开关下面的黑色部分，可以使小开关的手柄向下，触点断开，对应的输入点的 LED 变为灰色。扩展模块的下面也有 4 个小开关。与“真正”的 PLC 实验相同，在 RUN 模式调试数字量控制程序时，用鼠标切换各个小开关的通/断状态，改变 PLC 输入变量的状态，通过模块上的 LED 观察 PLC 输出点的状态变化，可以了解程序执行的结果是否正确。

5．监控变量

选择“显示”→“状态表”命令，在弹出的对话框中（见图 6-123）可以监控 V、M、T、C 等内部变量的值。“开始”和“结束”按钮用来启动和停止监控。用二进制格式（Binario）监控字节、字和双字，可以在一行中同时监控多个位变量。仿真软件还有读取 CPU 和扩展模块的信息、设置 PLC 的实时时钟、控制循环扫描的次数和对 TD 200 文本显示器的仿真等功能。

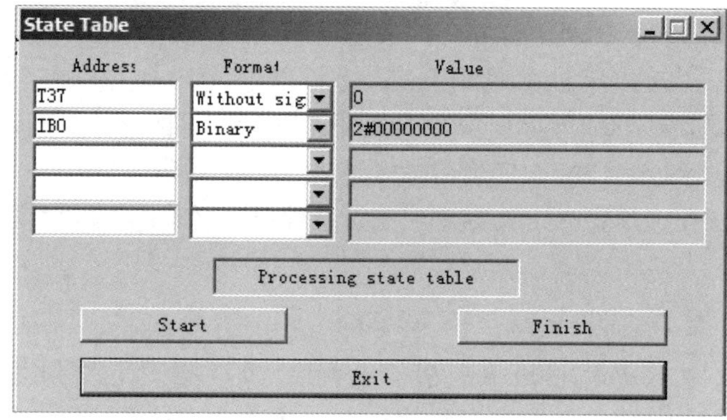

图 6-123　变量监控对话框

单元 7　人机界面在自动生产线中的应用

7.1　人机界面的定义

人机界面（Human Machine Interface，HMI）包括指示灯、显示仪表、主令按钮、开关和电位器等。操作人员通过这些设备将操作指令传输到自动控制器中，自动控制器也通过这些设备显示当前的控制数据和状态，这是一个广义的人机交互界面。随着技术的进步，新的模块化的、集成的 HMI 产品被开发出来。这些 HMI 产品一般具有灵活的可由用户（开发人员）自定义的信号显示功能，用图形和文本方式显示当前的控制状态；现代 HMI 产品提供了固定或可定义的按键，或者触摸屏输入功能。HMI 产品在现代控制系统的人机交互中的作用越来越大。操作员面板（如 OP270、OP73 等）和触摸屏（如 TP270、TP277 等）的基本功能是过程状态和过程控制的可视化，可以使用 Pro Tools 软件组态它们的显示和控制功能。文本显示器（如 TD400C）的基本功能是文本信息显示和实施操作，在控制系统中可以设定和修改参数，可编程的功能键可以作为控制键。部分 HMI 设备实物如图 7-1 所示。

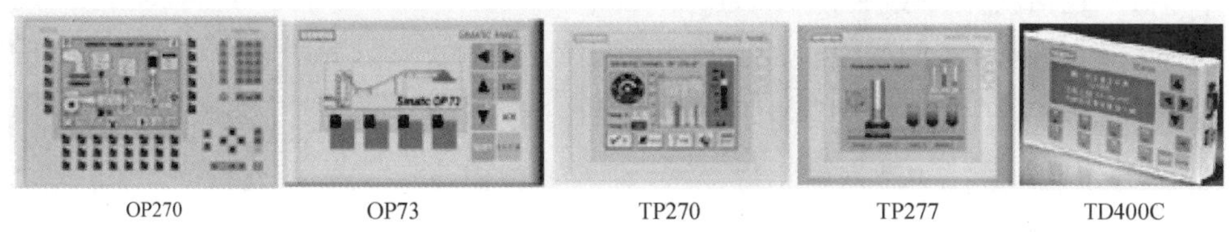

图 7-1　部分 HMI 设备实物

HMI 设备的作用是为自动化设备的操作人员与自控系统（PLC 系统）之间的交互界面提供接口。使用 HMI 设备可以实现如下功能。

（1）在 HMI 上显示当前的控制状态、过程变量，包括数字量（开关量）和数值等数据。

（2）显示报警信息，通过硬件或可视化图形按键输入数字量、数值等控制参数。

（3）使用 HMI 的内置功能对 PLC 内部进行简单的监控、设置等。

HMI 设备作为一个网络通信主站与 S7-200 系列 PLC 的 CPU 相连，因此也有通信协议、站地址及通信速率等属性。通过串行通信在两者之间建立数据对应关系，也就是 CPU 内部存储区与 HMI 输入/输出元素间的对应关系，如图 7-2 所示。只有建立了这种对应关系，操作人员才可以与 PLC 内部的用户程序建立交互联系。这种联系，以及在 HMI 上究竟如何安排、定义各种元素，都需要在软件中配置，俗称组态。通过触摸屏设备操作机器或系统为触摸屏设备组态用户界面的过程称为组态阶段。系统组态就是通过 PLC 以变量方式进行操作站与机械设备或过程之间的通信。将变量值写入 PLC 上的存储区域（地址），由操作站从该区域读取。各种不同的 HMI 有各自专用的配置软件。

HMI 设备上的操作、显示元素与 PLC 内存的对应关系需要进行配置才能建立；HMI 设备上的显示画面等也需要布置及制作。HMI 组态软件就是用来完成上述工作的。不同的 HMI 设备使用的组态软件不同，但一个系列的产品往往使用同一个软件。适用于 S7-200 系列 PLC 的 HMI 设备需要的组态软件有很多，如一些国产的组态软件。

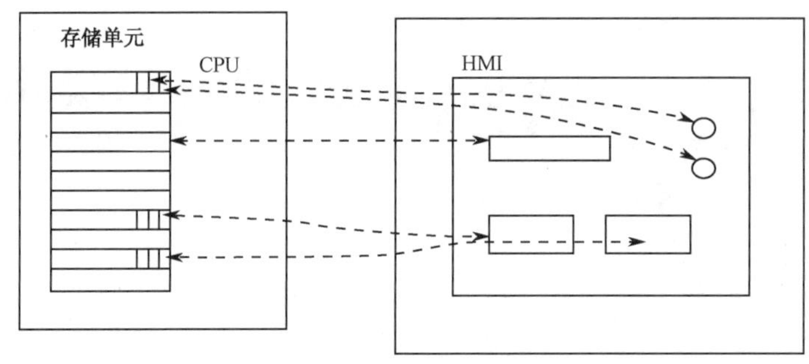

图 7-2　S7-200 系列 PLC 和 HMI 之间的数据对应关系

HMI 软件在以 PC 技术为基础的计算机[如 Pro Tools Pro RT（运行版）、WinCC 1]上直接与 HMI 软件通信，也可以运行 HMI 软件，直接与自动控制器通信并与人交互。

所谓直接通信，是指 HMI 软件能够支持 PLC 的通信协议。能够直接连接的 HMI 软件都通过专用的驱动接口与特定的 PLC 通信，因此往往同一厂家的产品之间具有更好的兼容性。对于世界性的通信标准来说，由于各主要厂家都提供符合标准的产品，其通用性也能得到保证。例如，S7-200 系列 PLC 可以通过 EM277 通信模块与支持 PROFIBUS-DP 通信标准的 HMI 计算机（包括软件和硬件接口）通信。

触摸屏是一种最直观的操作设备，触摸屏如图 7-3 所示。只要用手指触摸屏幕上的图形对象，计算机就会执行相应的操作，使人与机器间的交流变得简单、直接。触摸屏的组成及作用如图 7-4 所示。

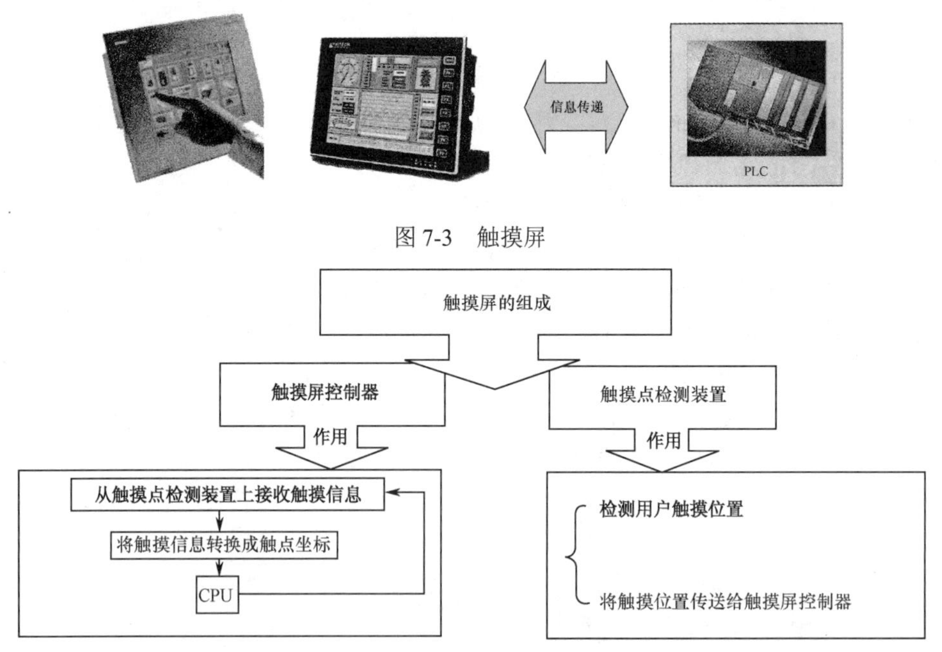

图 7-3　触摸屏

图 7-4　触摸屏的组成及作用

根据工作原理和传输信息介质的不同，触摸屏可分为电阻式触摸屏、电容式触摸屏、红外线式触摸屏和表面声波式触摸屏，如图 7-5 所示。

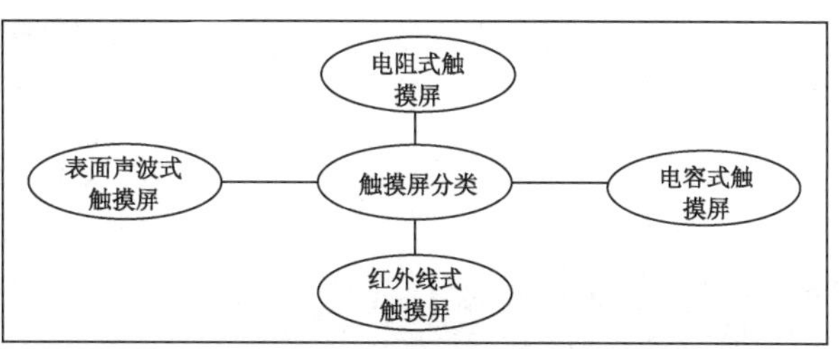

图 7-5 触摸屏分类

7.2 嵌入版组态软件的连接

下面就以 MCGS 嵌入版组态软件为例，介绍组态软件的应用。

TPC7062KS 触摸屏的硬件连接：TPC7062KS 触摸屏的电源进线、各种通信接口均在其背面，如图 7-6 所示。其中，USB1 口用于连接鼠标和 U 盘等，USB2 口用于工程项目下载，COM（RS-232）用于连接 PLC。下载线和通信线如图 7-7 所示。

1—电源；2—COM；3—USB1；4—USB2。

图 7-6 TPC7062KS 触摸屏的接口

1．TPC7062KS 触摸屏与个人计算机的连接

TPC7062KS 触摸屏是通过 USB2 口与个人计算机连接的，连接以前，个人计算机应先安装 MCGS 嵌入版组态软件。

当需要在 MCGS 嵌入版组态软件上将资料下载到 HMI 时，只需要在下载配置中选择“连接运行”命令，单击“工程下载”按钮即可进行下载，如图 7-8 所示。如果工程项目要在计算机上的模拟软件进行模拟测试，那么需要单击“模拟运行”按钮，然后下载工程。

2．TPC7062KS 触摸屏与 S7-200 系列 PLC 的连接

触摸屏通过 COM 口直接与输送站的 PLC（PORT1）的编程口连接，所使用的通信线采用西门子 PC-PPI 电缆，PC-PPI 电缆将 RS-232 转为 RS-485。PC-PPI 电缆的 9 针母头插在触摸屏侧，9 针公头插在 PLC 侧。

为了实现正常通信，除了正确地进行硬件连接，还需要对触摸屏的串行口属性进行设置，这将在设备窗口组态中实现，设置方法将在后面的工作任务中详细说明。

图 7-7　下载线和通信线

图 7-8　工程下载方法

7.3　工程实例——某水位控制系统的组态软件设计

扫一扫看某水位控制系统的组态软件设计微课视频

本节通过介绍水位控制系统的组态过程，详细讲解应用 MCGS 嵌入版组态软件完成一个工程的过程。内容包括动画制作、控制流程的编写、模拟设备的连接、报警输出、报表输出等多项组态操作。

工程效果图如图 7-9 所示。

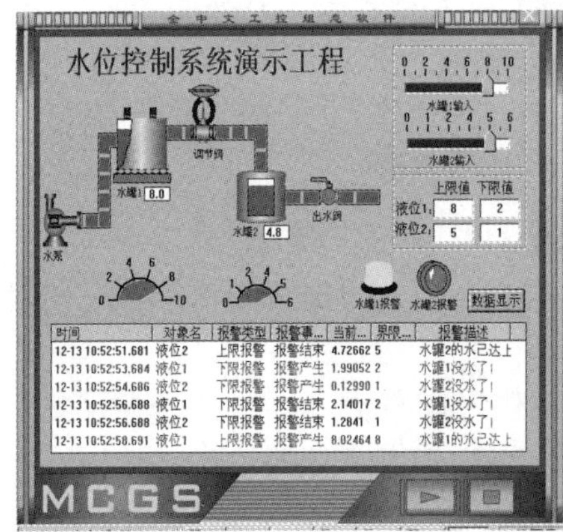

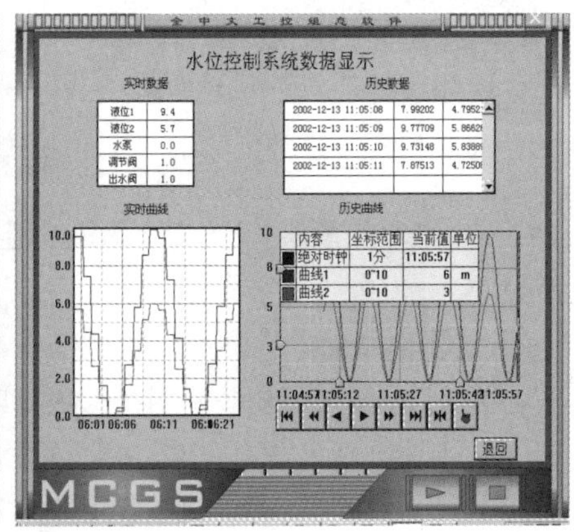

图 7-9　工程效果图

1. 工程分析

在实际工程项目中，使用 MCGS 嵌入版组态软件构造应用系统之前，应进行工程的整体规划，保证项目的顺利实施。对于工程设计人员来说，首先要了解整个工程的系统构成和工艺流程，清楚监控对象的特征，明确主要的监控要求和技术要求等问题。在此基础上，拟定组建工程的总体规划和设想，主要包括系统应实现哪些功能，控制流程如何实现，需要什么样的用户窗口界面，实现何种动画效果及如何在实时数据库中定义数据变量等环节，同时要分析工程中设备的采集及输出通道与实时数据库中定义的变量的对应关系，分清哪些变量是要求与设备连接的、哪些变量是软件内部用来传递数据及用于实现动画显示的等问题。做好工程的整体规划，在项目的组态过程中能够尽量避免一些无谓的劳动，快速有效地完成工程项目。

在开始组态工程之前，需要对该工程进行剖析，以便从整体上把握工程的结构、流程、需要实现的功能及如何实现这些功能。

工程包括以下内容。

（1）两个用户窗口：水位控制、数据显示。

（2）3 个策略：启动策略、退出策略、循环策略。

（3）数据对象：水泵、调节阀、出水阀、液位 1、液位 2、液位 1 上限、液位 1 下限、液位 2 上限、液位 2 下限、液位组。

（4）图形制作。

① 水位控制窗口。

- 水泵、调节阀、出水阀、水罐、报警指示灯：由对象元件库引入。
- 管道：通过流动块构件实现。
- 水罐水量控制：通过滑动输入器实现。
- 水量的显示：通过旋转仪表、标签构件实现。
- 报警实时显示：通过报警显示构件实现。
- 动态修改报警限值：通过输入框构件实现。

② 数据显示窗口。

- 实时数据：通过自由表格构件实现。
- 历史数据：通过历史表格构件实现。
- 实时曲线：通过实时曲线构件实现。
- 历史曲线：通过历史曲线构件实现。

（5）流程控制：通过循环策略中的脚本程序策略块实现。

（6）安全机制：通过用户权限管理、工程安全管理、脚本程序实现。

2. 创建工程

完成工程的规划后就创建工程。

运行 MCGS 嵌入版组态软件，在出现的界面上选择菜单中的“文件”→“新建工程”命令，弹出如图 7-10 所示的界面。MCGS 嵌入版组态软件用“工作台”窗口来管理构成用户应用系统的 5 个部分，工作台上的 5 个标签（主控窗口、设备窗口、用户窗口、实时数据库和运行策略）对应 5 个不同的窗口页面，每个页面负责管理用户应用系统的一部分，单击不同的标签可选取不同的窗口页面，对应用系统的相应部分进行组态操作，如图 7-10 所示。

可以按如下步骤建立样例工程。

（1）选择文件菜单中“新建工程”命令，如果将 MCGS 嵌入版组态软件安装在 D 盘根目录下，那么会在 D:\MCGSE\WORK\下自动生成新建工程，默认的工程名为“新建工程 X.MCE”（X 表示新建工程的顺序号，如 0、1、2 等）。

（2）选择文件菜单中的“工程另存为”命令，弹出文件保存对话框。

（3）在文件名一栏内输入“水位控制系统”，单击“保存”按钮，工程创建完毕。

3. 制作工程画面

1）建立画面

（1）在用户窗口中单击“新建窗口”按钮，建立“窗口 0”窗口。

（2）选中“窗口 0”窗口图标，单击“窗口属性”按钮，进入“用户窗口属性设置”界面。

（3）将窗口名称改为“水位控制”，将窗口标题改为“水位控制”，其他不变，单击“确认”按钮。

（4）在用户窗口中，选中“水位控制”窗口图标，右击，选择下拉菜单中的“设置为启动窗口”命令，将该窗口设置为运行时自动加载的窗口，如图 7-11 所示。

图 7-10　工作台

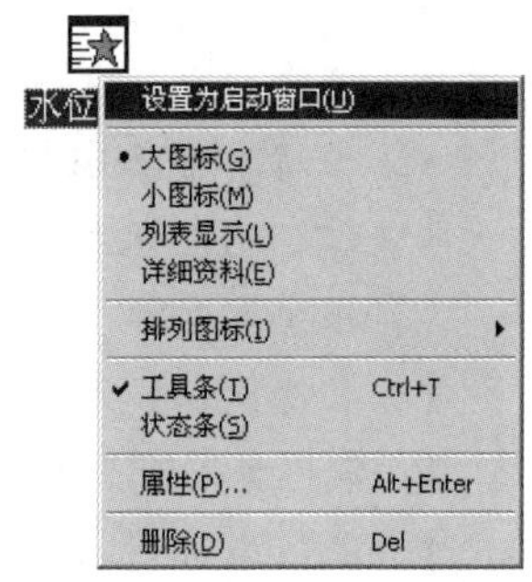

图 7-11　设置为启动窗口

2）编辑画面

选中“水位控制”窗口图标，单击“动画组态”按钮，进入“动画组态”窗口，开始编辑画面。

（1）制作文字框图。

① 单击工具条中的“工具箱”按钮，打开绘图工具箱。

② 单击“工具箱”中的“标签”按钮，鼠标的光标呈“十”字形，在窗口顶端中心位置拖动鼠标，根据需要绘制出一个一定大小的矩形。

③ 在光标闪烁位置输入文字“水位控制系统演示工程”，按回车键或在窗口任意位置单击，文字输入完毕。

④ 选中文字框，进行如下设置。

单击工具条上的“填充色”按钮，设置文字框的背景颜色为“没有填充”。

单击工具条上的“线色”按钮，设置文字框的边线颜色为“没有边线”。

单击工具条上的“字符字体”按钮，设置文字字体为“宋体”，字形为“粗体”，字号为“26”。

单击工具条上的“字符颜色”按钮，设置文字颜色为“蓝色”。

（2）制作水箱。

① 单击绘图工具箱中的“插入元件”图标，弹出“对象元件库管理”对话框，如

图 7-12 所示。

② 从“储藏罐”类中选取罐 17、罐 53。

③ 从“阀”和“泵”类中分别选取两个阀（阀 58、阀 44）、1 个泵（泵 38）。

④ 参照效果图，将储藏罐、阀、泵调整为适当大小，放到适当位置。

⑤ 选中工具箱中的“流动块动画构件”图标，鼠标的光标呈“十”字形，移动鼠标至窗口的预定位置并单击，再次移动鼠标，在鼠标光标后形成一道虚线时将鼠标拖动一定距离后单击，生成一段流动块。再次拖动鼠标（可沿原来方向，也可垂直于原来方向），生成下一段流动块。

⑥ 当用户想结束绘制时，双击即可。

⑦ 当用户想修改流动块时，选中流动块（流动块周围出现选中标志：白色小方块），鼠标指针指向小方块，拖动鼠标，即可调整流动块的形状。

⑧ 使用工具箱中的A图标，分别对阀、罐进行文字注释，依次为：水泵、水罐 1、调节阀、水罐 2、出水阀。文字注释的设置同“编辑画面”中的“制作文字框图”。

⑨ 选择“文件”菜单中的“保存窗口”命令，保存画面。

（3）整体画面。

生成的整体画面如图 7-13 所示。

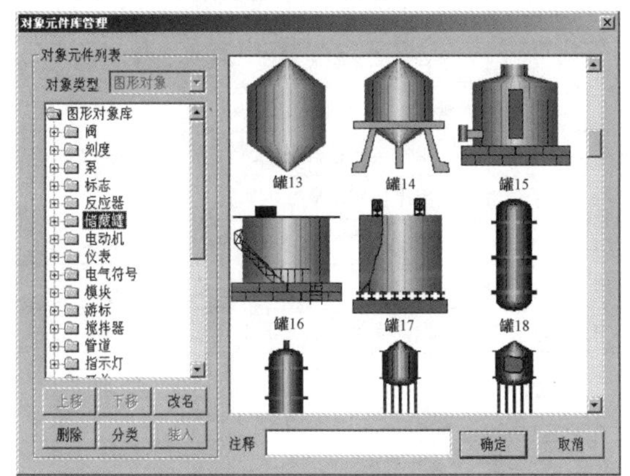

图 7-12　制作水箱

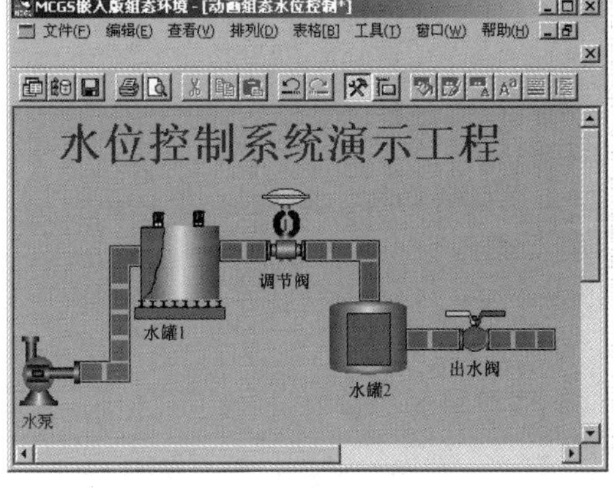

图 7-13　生成的整体画面

4．定义数据对象

在 MCGS 嵌入版组态软件中，用数据对象描述系统中的实时数据，用对象变量代替传统意义上的值变量，将数据库技术管理的所有数据对象的集合称为实时数据库。实时数据库是 MCGS 嵌入版组态软件的核心，是应用系统的数据处理中心。系统各个部分均以实时数据库为公用区交换数据，实现各个部分协调动作。数据对象是构成实时数据库的基本单元，建立实时数据库的过程就是定义数据对象的过程。

设备窗口通过设备构件驱动外部设备，将采集的数据送入实时数据库；由用户窗口组成的图形对象与实时数据库中的数据对象建立连接关系，以动画形式实现数据的可视化；运行策略通过策略构件对数据进行操作和处理。实时数据库数据流图如图 7-14 所示。

定义数据对象的内容主要包括：指定数据变量的名称、类型、初始值和数值范围；确定

与数据变量存盘相关的参数，如存盘的周期、存盘的时间范围和保存期限等。

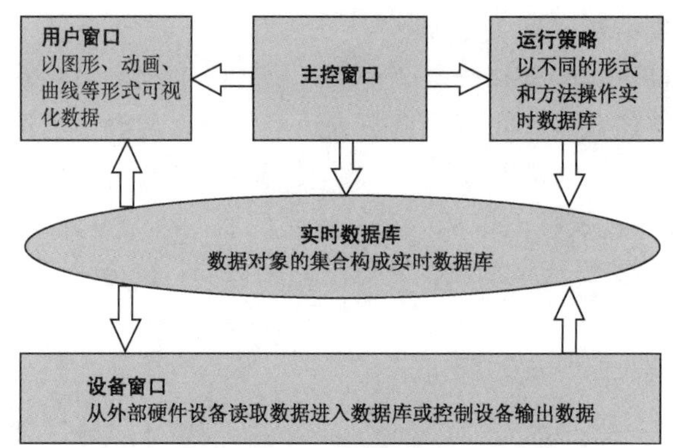

图 7-14　实时数据库数据流图

在开始定义之前，先对所有数据对象进行分析。在本工程中需要用到的数据对象表如表 7-1 所示。

表 7-1　在本工程中需要用到的数据对象表

对象名称	类　型	注　释
水泵	开关型	控制水泵启动、停止的变量
调节阀	开关型	控制调节阀打开、关闭的变量
出水阀	开关型	控制出水阀打开、关闭的变量
液位 1	数值型	水罐 1 的水位高度，用来控制水罐 1 的水位变化
液位 2	数值型	水罐 2 的水位高度，用来控制水罐 2 的水位变化
液位 1 上限	数值型	用来在运行环境下设定水罐 1 的上限报警值
液位 1 下限	数值型	用来在运行环境下设定水罐 1 的下限报警值
液位 2 上限	数值型	用来在运行环境下设定水罐 2 的上限报警值
液位 2 下限	数值型	用来在运行环境下设定水罐 2 的下限报警值
液位组	组对象	用于历史数据、历史曲线、报表输出等功能构件

下面以数据对象“水泵”为例，介绍一下定义数据对象的步骤。

（1）单击工作台中的“实时数据库”窗口标签，进入“实时数据库”窗口。

（2）单击“新增对象”按钮，在窗口的数据对象列表中增加新的数据对象，系统默认定义的名称为“Data1”“Data2”“Data3”等（多次单击该按钮，可增加多个数据对象）。

（3）选中对象，单击“对象属性”按钮，或双击“选中对象”数据对象，打开“数据对象属性设置”窗口。

（4）将对象名称改为“水泵”，选择对象类型为“开关型”，在对象内容注释文本框内输入“控制水泵启动、停止的变量”，单击“确认”按钮。

按照此步骤，根据表 7-1，设置其他 9 个数据对象。

定义组对象与定义其他数据对象略所有不同，需要对组对象成员进行选择，具体步骤如下。

① 在数据对象列表中，双击“液位组”位置，打开“数据对象属性设置”窗口。

② 单击“组对象成员”选项卡，在左边数据对象列表中选择“液位 1”数据对象，单击“增加”按钮，数据对象“液位 1”被添加到右边的“组对象成员列表”中。按照同样的方法

将“液位 2”添加到组对象成员中。

③ 单击“存盘属性”选项卡，在“数据对象值的存盘”下拉列表框中选择“定时存盘”选项，并将存盘周期设置为“5 秒”。

④ 单击“确认”按钮，组对象设置完毕。

5. 动画连接

由图形对象搭制而成的图形画面是静止不动的，需要对这些图形对象进行动画设计，真实地描述外界对象的状态变化，达到过程实时监控的目的。MCGS 嵌入版组态软件实现图形动画设计的主要方法是将用户窗口中的图形对象与实时数据库中的数据对象建立相关性连接，并设置相应的动画属性。在系统运行过程中，图形对象的外观和状态特征由数据对象的实时采集值驱动，从而实现了图形的动画效果。

本样例中需要制作动画效果的部分包括：水箱中水位的升降，水泵、阀门的启停，水流。

1）水箱中水位的升降效果

水箱中水位的升降效果是通过设置数据对象的“大小变化”连接类型实现的，具体设置步骤如下。

（1）在用户窗口中，双击“水罐 1”图标，弹出“单元属性设置”对话框。

（2）单击“动画连接”选项卡，显示如图 7-15 所示的界面。

（3）选中折线，在右端出现 > 按钮。

（4）单击 > 按钮，弹出“动画组态属性设置”对话框，如图 7-16 所示。

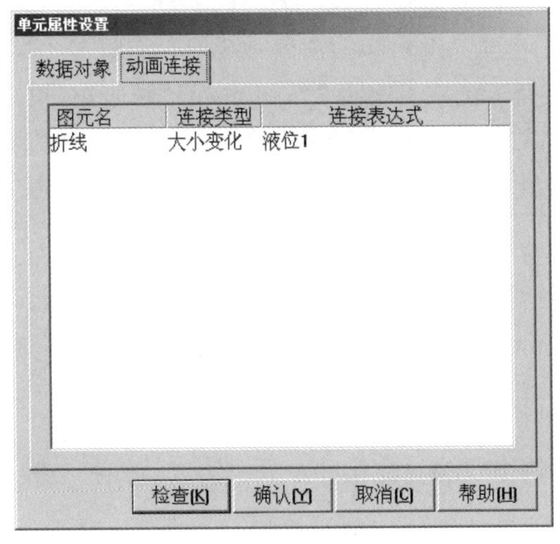

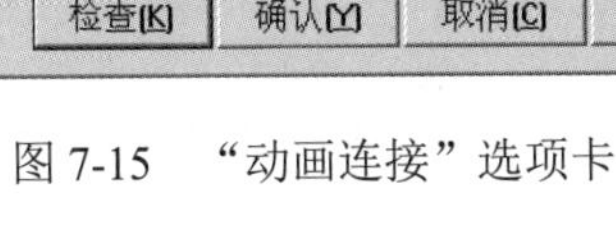

图 7-15　“动画连接”选项卡

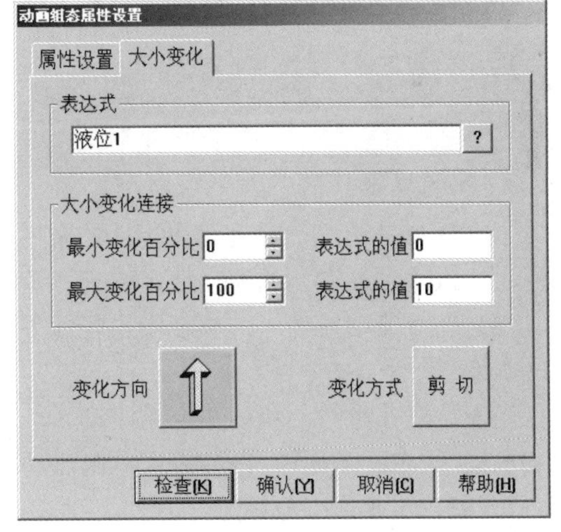

图 7-16　“动画组态属性设置”对话框

按照下面的要求进行参数设置。

- 表达式为“液位 1”。
- 最大变化百分比对应的表达式的值为“10”。
- 其他参数不变。

（5）单击“确认”按钮，水罐 1 水位的升降效果制作完毕。

水罐 2 水位的升降效果的制作同理。单击 > 按钮，弹出“动画组态属性设置”对话框后，

按照下面的要求进行参数设置。

- 表达式为“液位2”。
- 最大变化百分比对应的表达式的值为“6”。
- 其他参数不变。

2）水泵、阀门的启停效果

水泵、阀门的启停效果是通过设置连接类型对应的数据对象实现的，具体设置步骤如下。

图7-17　设置填充颜色

（1）双击“水泵”图标，弹出“单元属性设置”对话框。

（2）选择“数据对象”选项卡中的“按钮输入”选项，对话框右端出现“浏览”按钮 **?**。

（3）单击“浏览”按钮 **?**，双击“数据对象连接”列表中的“水泵”选项。

（4）使用同样的方法将“填充颜色”对应的数据对象设置为“水泵”，如图7-17所示。

（5）单击“确认”按钮，水泵的启停效果设置完毕。

调节阀的启停效果同理。只需在“数据对象”选项卡中，将“按钮输入”“填充颜色”的数据对象均设置为“调节阀”。

设置出水阀的启停效果时，需要在“数据对象”选项卡中将“按钮输入”“可见度”的数据对象均设置为“出水阀”。

3）水流效果

水流效果是通过设置流动块构件的属性实现的，具体设置步骤如下。

（1）双击水泵右侧的流动块，弹出“流动块构件属性设置”对话框。

（2）在“流动属性”选项卡中进行如下设置。

表达式为“水泵=1”。

当表达式非零时，流动块开始流动。

水罐1右侧流动块及水罐2右侧流动块的制作方法与此相同，只需将表达式相应改为“调节阀=1，出水阀=1”。

至此，动画连接已完成，看一下组态后的结果。前面的“建立画面”中已将“水位控制”窗口设置为启动窗口，所以在运行时，系统自动运行该窗口。

这时看见的画面仍是静止的。移动鼠标到“水泵”“调节阀”“出水阀”上面的红色部分，鼠标指针呈手形，单击，红色部分变为绿色，同时流动块相应地运动起来，但水罐仍没有变化，这是由于没有信号输入，也没有人为地改变水量。可以用滑动输入器和旋转仪表控制水位。

4）利用滑动输入器控制水位

以水罐1的水位控制为例。

（1）进入“水位控制”窗口。

（2）选中工具箱中的滑动输入器图标，当鼠标呈“十”字形后，拖动鼠标将其调整到适当大小。

（3）调整滑动块到适当的位置。

（4）双击滑动输入器构件，弹出“属性设置”对话框。按照下面的要求进行参数设置。

- 在“基本属性”选项卡中，将滑块指向设置为“指向左（上）”。
- 在“刻度与标注属性”选项卡中，将主划线数目设置为“5”，即能被 10 整除。
- 在“操作属性”选项卡中，将对应数据对象名称设置为“液位 1”；将滑块在最右（下）边时对应的值设置为“10”。
- 其他参数不变。

（5）在制作好的滑块下面适当的位置，制作一个文字标签，按下面的要求进行参数设置。

- 输入文字“水罐 1 输入”。
- 文字颜色为“黑色”。
- 框图填充颜色为“没有填充”。
- 框图边线颜色为“没有边线”。

（6）按照上述方法设置水罐 2 水位控制滑块，按照下面的要求进行参数设置。

- 在“基本属性”选项卡中，将滑块指向设置为“指向左（上）”。
- 在“操作属性”选项卡中，将对应数据对象名称设置为“液位 2”；将滑块在最右（下）边时对应的值设置为“6”。
- 其他参数不变。

（7）将水罐 2 水位控制滑块对应的文字标签进行如下设置。

- 输入文字“水罐 2 输入”。
- 文字颜色为“黑色”。
- 框图填充颜色为“没有填充”。
- 框图边线颜色为“没有边线”。

（8）单击工具箱中的“常用图符”按钮，打开常用图符工具箱。

（9）选择其中的“凹槽平面”按钮，拖动鼠标，绘制一个凹槽平面，恰好将两个滑块及标签全部覆盖。

（10）选中该平面，单击编辑条中“置于最后面”按钮，水位控制滑块图如图 7-18 所示。

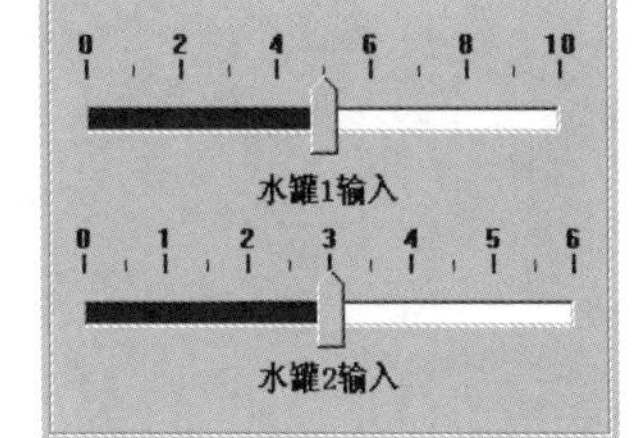

图 7-18　水位控制滑块图

此时按 F5 键，进行下载配置，工程下载完成后，进入模拟运行环境，此时可以通过拉动滑动输入器而使水罐中的液面动起来。

5）利用旋转仪表控制水位

在工业现场一般都会大量使用仪表进行数据显示。MCGS 嵌入版组态软件适应这一要求，提供了旋转仪表构件。用户可以利用此构件在动画界面中模拟现场的仪表运行状态。具体制作步骤如下。

（1）选中工具箱中的“旋转仪表”图标，调整大小并放在水罐 1 下面的适当位置。

（2）双击该构件进行属性设置，参数设置如下。

- 在“刻度与标注属性”选项卡中，将主划线数目设置为“5”。
- 在“操作属性”选项卡中，将表达式设置为“液位 1”。最大逆时针角度为“90°”，

对应的值为“0”；最大顺时针角度为“90°”，对应的值为“10”。

- 其他参数不变。

（3）按照此方法设置水罐2数据显示对应的旋转仪表，参数设置如下。

- 在“操作属性”选项卡中，将表达式设置为“液位2”。最大逆时针角度为“90°”，对应的值为“0”；最大顺时针角度为“90°”，对应的值为“6”。
- 其他参数不变。

进入运行环境后，可以通过拉动旋转仪表的指针使整个画面动起来。

6）水量显示

为了能够准确地了解水罐1、水罐2的水量，可以通过设置标签的“显示输出”属性显示其值，具体操作如下。

（1）单击工具箱中的“标签”按钮A，绘制两个标签，调整大小位置，将其并列放在水罐1下面。第一个标签用于标注，显示文字为“水罐1”；第二个标签用于显示水罐水量。

（2）双击第一个标签进行属性设置，参数设置如下。

- 输入文字“水罐1”。
- 文字颜色为“黑色”。
- 框图填充颜色为“没有填充”。
- 框图边线颜色为“没有边线”。

（3）双击第二个标签，进入动画组态属性设置窗口。

- 将填充颜色设置为“白色”。
- 将边线颜色设置为“黑色”。

（4）在输入/输出连接域中，选择“显示输出”命令，在“动画组态属性设置”对话框中会出现“显示输出”选项卡，如图7-19所示。

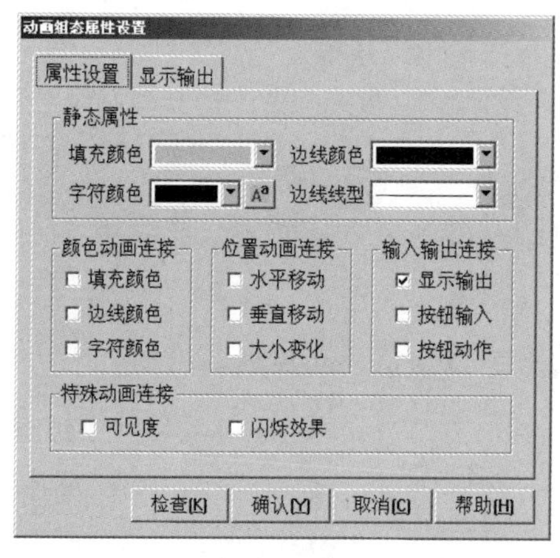

图7-19　“动画组态属性设置”对话框

（5）单击“显示输出”标签，设置显示输出属性，参数设置如下。

- 表达式为“液位1”。
- 输出值类型为“数值量输出”。
- 输出格式为“向中对齐”。
- 整数位数为“0”。
- 小数位数为“1”。

（6）单击“确认”按钮，水罐1水量显示标签制作完毕。

水罐2水量显示标签与此相同，需要做的改动如下。

① 第一个用于标注的标签，显示文字为“水罐2”。

② 第二个用于显示水罐水量的标签，表达式改为“液位2”。

6．设备连接

MCGS嵌入版组态软件提供了大量的工控领域常用的设备驱动程序。在本样例中，仅以

模拟设备为例，简单地介绍一下关于 MCGS 嵌入版组态软件的设备连接，使用户对该部分有一个概念性的了解。本教材将在后面的章节中对设备构件进行详细介绍。

模拟设备是供用户调试工程的虚拟设备。该构件可以产生标准的正弦波、方波、三角波、锯齿波信号，其幅值和周期都可以任意设置。

通过模拟设备的连接，可以使动画不需要手动操作而自动运行起来。通常情况下，在启动 MCGS 嵌入版组态软件时，模拟设备都会自动装载到设备工具箱中。如果未被装载，那么可按照以下步骤将其选入。

① 在“设备窗口”组态中双击“设备窗口”图标进入“设备窗口”界面。

② 单击工具条中的“工具箱”图标，打开“设备工具箱”窗口。

③ 单击“设备工具箱”窗口中的“设备管理”按钮，弹出如图 7-20 所示的对话框。

④ 在“可选设备”列表中双击“通用设备”图标。

⑤ 双击“模拟数据设备”选项，在下方出现模拟设备图标。

⑥ 双击“模拟设备”图标，即可将“模拟设备”添加到右侧的“选定设备”列表中。

⑦ 选择“选定设备”列表中的“模拟设备”选项，单击“确认”按钮，“模拟设备”即被添加到“设备工具箱”中。

下面详细介绍模拟设备的添加及属性设置。

（1）双击“设备工具箱”中的“模拟设备”按钮，模拟设备被添加到“设备组态”窗口中，如图 7-21 所示。

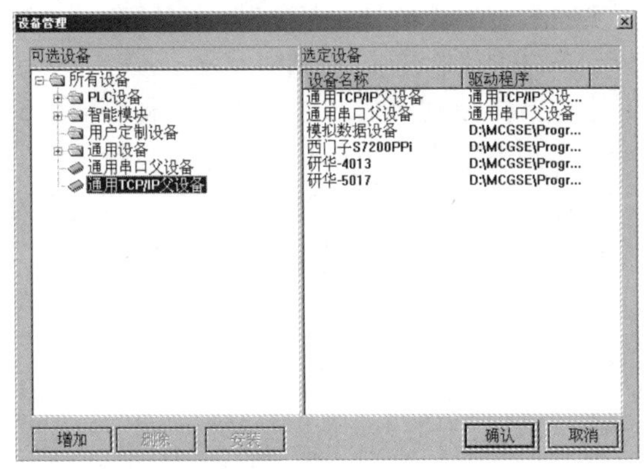

图 7-20　“设备管理”对话框

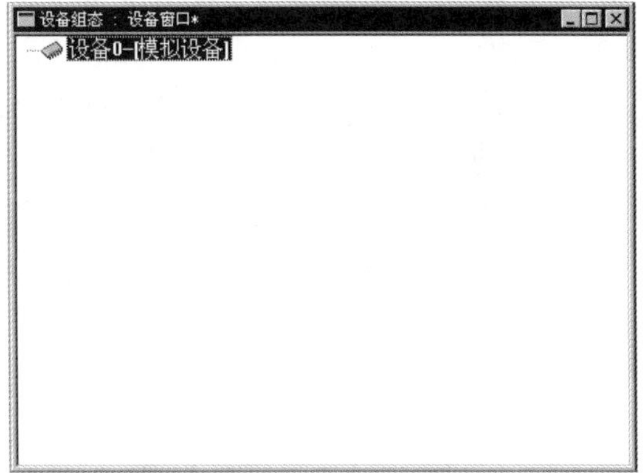

图 7-21　“设备组态”窗口

（2）双击“设备 0-[模拟设备]”，弹出“设备属性设置”对话框，如图 7-22 所示。

（3）选择“基本属性”选项卡中的“内部属性”选项，该项右侧会出现...按钮，单击此按钮进入“内部属性”设置界面，将通道 1、通道 2 的最大值分别设置为“10”“6”。

（4）单击“确认”按钮，完成内部属性设置。

（5）单击通道连接标签，进入“通道连接”设置界面。

- 选中通道 0 对应数据对象文本框，输入“液位 1”。
- 选中通道 1 对应数据对象文本框，输入“液位 2”，如图 7-23 所示。

（6）单击“设备调试”选项卡，即可看到通道值中数据在变化。

（7）单击“确认”按钮，完成设备属性设置。

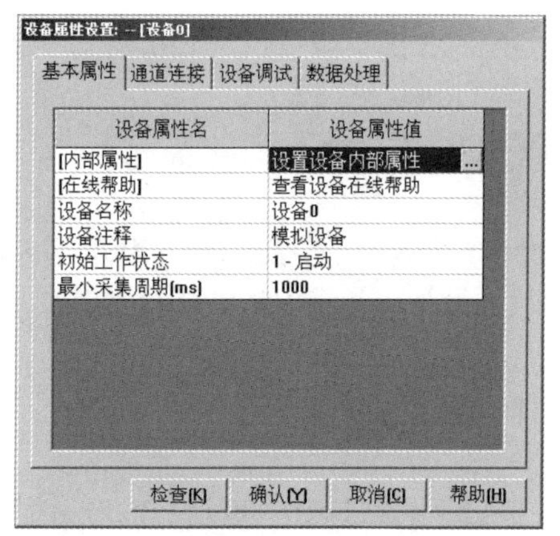

图 7-22　“设备属性设置”对话框 1

图 7-23　“设备属性设置”对话框 2

7．编写控制流程

用户脚本程序是由用户编制的、用来完成特定操作和处理的程序，脚本程序的编程语法类似于普通的 Basic 语言，但在概念和使用上更加简单直观。

对于大多数简单的应用系统，MCGS 嵌入版组态软件的简单组态就可以完成控制流程的编写。只有比较复杂的系统，才需要使用脚本程序，但正确地编写脚本程序，可以简化组态过程，提高工作效率，优化控制过程。对于复杂的工程，监控系统必须设计成多分支、多层循环嵌套式结构，按照预定的条件，对系统的运行流程及设备的运行状态进行有针对性的选择和精确的控制。为此，MCGS 嵌入版组态软件引入运行策略解决上述问题。

所谓运行策略，是指用户为实现对系统运行流程自由控制所组态生成的一系列功能块的总称。MCGS 嵌入版组态软件为用户提供了进行策略组态的专用窗口和工具箱。运行策略的建立，使系统能够按照设定的顺序和条件操作实时数据库，控制用户窗口的打开、关闭及设备构件的工作状态，从而实现对系统工作过程进行精确控制及有序调度管理的目的。

脚本程序的语法规则及用法请参考 MCGS 嵌入版组态软件说明书。这里主要通过编写一段脚本程序实现水位控制系统的控制流程，从而使用户熟悉脚本程序的编写环境。

下面先对控制流程进行分析。

① 当“水罐 1”的液位达到 9m 时，要把“水泵”关闭，否则“水泵”自动开启。

② 当“水罐 2”的液位不足 1m 时，“出水阀”要自动关闭，否则“出水阀”自动开启。

③ 当“水罐 1”的液位大于 1m，同时“水罐 2”的液位小于 6m 时，“调节阀”要自动开启，否则“调节阀”自动关闭。

具体操作如下。

（1）在“运行策略”界面中，双击“循环策略”图标进入“策略组态”窗口。

（2）双击图标进入“策略属性设置”界面，将循环时间设定为“200ms”，单击“确认”按钮。

（3）在“策略组态”窗口中，单击工具条中的“新增策略行”图标，增加一策略行，如图 7-24 所示。

如果“策略组态”窗口中没有策略工具箱，那么请单击工具条中的“工具箱”图标，弹出“策略工具箱”对话框，如图 7-25 所示。

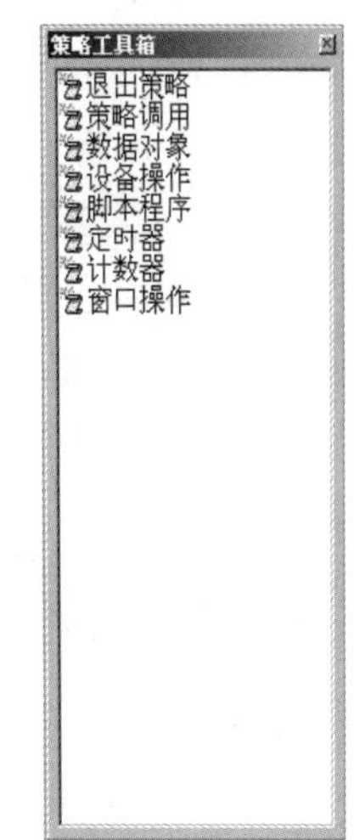

按照设定的时间循环运行

图 7-24　运行策略设置

图 7-25　“策略工具箱”对话框

（4）单击“策略工具箱”中的“脚本程序”按钮，将鼠标指针移到策略块图标上并单击，添加脚本程序构件，如图 7-26 所示。

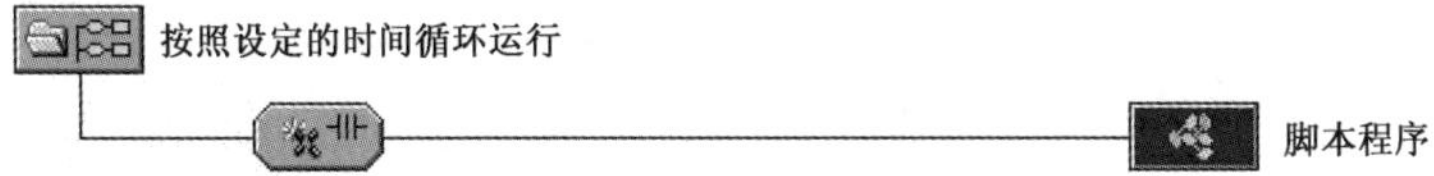

图 7-26　添加脚本程序构件

（5）双击图标进入脚本程序编辑环境，输入下面的程序。

```
IF 液位 1<9 THEN
   水泵=1
ELSE
   水泵=0
ENDIF
IF 液位 2<1 THEN
   出水阀=0
ELSE
   出水阀=1
ENDIF
IF 液位 1>1 and 液位 2<6 THEN
   调节阀=1
ELSE
   调节阀=0
ENDIF
```

单击“确认”按钮，脚本程序编写完毕。

8．报警显示

MCGS 嵌入版组态软件将报警处理作为数据对象的属性封装在数据对象内，由实时数据库自动处理。当数据对象的值或状态发生改变时，实时数据库判断对应的数据对象是否发生

了报警或已发生的报警是否已经结束，并将所产生的报警信息通知给系统的其他部分。

1）定义报警

本样例中需要设置报警的数据对象包括液位1和液位2。

定义报警的具体操作如下。

（1）进入实时数据库，双击“液位1”数据对象。

（2）选中“报警属性”标签。

（3）选中“允许进行报警处理”标签，报警设置域被激活。

（4）选择报警设置域中的“下限报警”选项，将报警值设置为“1”，在报警注释文本框中输入“水罐1没水了!”。

（5）选择“上限报警”选项，将报警值设置为“9”，在报警注释文本框中输入“水罐1的水已达上限值!”。在“存盘属性”选项卡中选择“自动保存产生的报警信息”选项。

（6）单击“确认”按钮，“液位1”报警设置完毕。

（7）同理，设置“液位2”的报警属性，需要改动的设置如下。

- 下限报警：将报警值设置为“1.5”，在报警注释文本框中输入“水罐2没水了!”。
- 上限报警：将报警值设置为“4”，在报警注释文本框中输入“水罐2的水已达上限值!”。

2）制作报警显示画面

实时数据库只负责关于报警的判断、通知和存储3项工作，而报警产生后所要进行的其他操作（对报警动作的响应）需要在组态时实现。

报警显示画面的具体操作步骤如下。

（1）双击用户窗口中的“水位控制”窗口，进入组态画面。选中工具箱中的“报警显示”构件，鼠标指针呈“十”字形后，在适当的位置拖动鼠标至适当大小。

（2）选中该图形并双击，弹出“报警显示构件属性设置”对话框，如图7-27所示。

图7-27 “报警显示构件属性设置”对话框

（3）在“基本属性”选项卡中，将对应的数据对象的名称设置为“液位组”，将最大记录次数设置为“6”。

（4）单击“确认”按钮即可。

3）修改报警限值

在实时数据库中，“液位1”和“液位2”的上、下限报警值都是已定义好的。如果用户想在运行环境下根据实际情况需要随时改变报警上、下限值，那么可按如下操作步骤进行。

（1）设置数据对象。

在实时数据库中，增加4个变量，分别为“液位1上限”“液位1下限”“液位2上限”“液位2下限”。

在“基本属性”选项卡中设置如下参数。

- 对象名称分别为“液位1上限”“液位1下限”“液位2上限”“液位2下限”。

- 对象内容注释分别为“水罐 1 的上限报警值”“水罐 1 的下限报警值”“水罐 2 的上限报警值”“水罐 2 的下限报警值”。

（2）制作交互界面。

下面通过对 4 个文本框进行设置，实现用户与数据库的交互。

需要用到的构件包括 4 个标签（用于标注）和 4 个输入框（用于输入修改值）。

交互界面的具体制作步骤如下。

① 在“水位控制”窗口中制作 4 个标签。

② 选中工具箱中的“输入框”构件 abl，拖动鼠标，绘制 4 个文本框。

③ 双击“输入框”图标 输入框，进行属性设置。这里只需设置操作属性即可。4 个文本框的具体设置如下。对应数据对象的名称分别为“液位 1 上限值”“液位 1 下限值”“液位 2 上限值”“液位 2 下限值”，液位数据如表 7-2 所示。

表 7-2　液位数据

项　目	最　小　值	最　大　值
液位 1 上限值	5	10
液位 1 下限值	0	5
液位 2 上限值	4	6
液位 2 下限值	0	2

④ 参照“5.动画连接”中的方法，制作一个平面区域，将 4 个文本框及标签包围起来。

⑤ 编写控制流程。

进入“运行策略”窗口，依次双击“循环策略”图标和图标进入脚本程序编辑环境，在脚本程序中增加如下语句。

```
!SetAlmValue(液位 1, 液位 1 上限, 3)
!SetAlmValue(液位 1, 液位 1 下限, 2)
!SetAlmValue(液位 2, 液位 2 上限, 3)
!SetAlmValue(液位 2, 液位 2 下限, 2)
```

如果对!SetAlmValue(液位 1，液位 1 上限，3)函数不太了解，可按 F1 键查看“在线帮助”。在弹出的“MCGS 帮助系统”的“索引”文本框中输入“!SetAlmValue”，即可获得详细的解释。

4）报警提示按钮

当有报警信息产生时，可以使用指示灯进行提示，具体操作步骤如下。

（1）在“水位控制”窗口中单击工具箱中的“插入元件”图标，进入“对象元件库管理”界面。

（2）在“指示灯”类中选取报警灯 1、指示灯 3，如、，调整指示灯的大小并将其放在适当位置。

作为“液位 1”的报警指示。

作为“液位 2”的报警指示。

（3）双击图标，进入动画连接设置界面，设置方法同“5.动画连接”中水位升降效果的制作方法。

（4）单击 按钮，弹出“动画组态属性设置”对话框，选中“可见度”复选框并进行如下设置。

表达式为“液位 1>=液位 1 上限”或“液位 1<=液位 1 下限”。

当表达式非零时，对应图符可见。

（5）按照上面的步骤对“液位 2”进行如下设置。

表达式为“液位 2>=液位 2 上限”或“液位 2<=液位 2 下限”。

当表达式非零时，对应图符可见。

按 F5 键进入运行环境，整体效果如图 7-9 所示。

9．报表输出

在工程应用中，大多数监控系统需要将设备采集的数据进行存盘和统计分析，并根据实际情况打印出数据报表。所谓数据报表，是指根据实际需要以一定的格式将统计分析后的数据记录显示和打印出来，如实时数据报表、历史数据报表（班报表、日报表、月报表等）。数据报表在控制系统中是必不可少的一部分；是数据显示、查询、分析、统计、打印的最终体现；是整个控制系统的最终结果输出；是对生产过程中系统监控对象的状态的综合记录和规律总结。

1）最终效果图

最终效果图如图 7-9 所示，包括以下内容。

（1）一个标题：水位控制系统数据显示。

（2）两个标签：实时数据和历史数据。

（3）两个报表：实时报表和历史报表。

（4）用到的构件：自由表格和历史表格。

2）实时报表

实时报表是对瞬时量的反映，通常用于将当前时间的数据变量按一定报告格式（用户组态）显示和打印出来。实时报表可以通过 MCGS 嵌入版组态软件的自由表格构件来组态显示实时数据报表。

实时报表的具体制作步骤如下。

（1）在用户窗口中新建一个窗口，将窗口名称、窗口标题均设置为“数据显示”。

（2）双击“数据显示”窗口，进入动画组态界面。

（3）按照效果图，使用“标签”按钮 A，制作如下内容。

① 一个标题：水位控制系统数据显示。

② 两个注释：实时数据和历史数据。

（4）选中工具箱中的“自由表格”图标 ，在桌面适当位置绘制一个表格。

（5）双击表格进入编辑状态。改变单元格大小的方法同微软的 Excel 表格的编辑方法，即：将鼠标指针移到 A 与 B 或 1 与 2 之间，当鼠标指针呈分隔线形状时，拖动鼠标至单元格所需大小即可。

（6）保持编辑状态，右击，在弹出的下拉菜单中选择“删除一列”命令，连续操作两次，删除两列。选择“增加一行”选项，在表格中增加一行。

（7）在 A 列的 5 个单元格中分别输入“液位 1”“液位 2”“水泵”“调节阀”“出水阀”；在 B 列的 5 个单元格中均输入“1|0”，表示输出的数据有 1 位小数，无空格。

（8）在 B 列中，选中“液位 1”对应的单元格，右击，在弹出的下拉菜单中选择“连接”命令，如图 7-28 所示。

（9）再次右击，弹出数据对象列表，双击数据对象“液位 1”，B 列 1 行单元格所显示的数值即“液位 1”的数据。

按照上述操作，将 B 列的 2、3、4、5 行分别与数据对象“液位 2”“水泵”“调节阀”“出水阀”建立连接。

（10）进入“水位控制”窗口中，增加一个名为“数据显示”的按钮，在“操作属性”选项卡中选择“打开用户窗口”选项，从下拉菜单中选择“数据显示”命令。

按 F5 键进入运行环境后，单击“数据显示”按钮，即可弹出“数据显示”对话框。

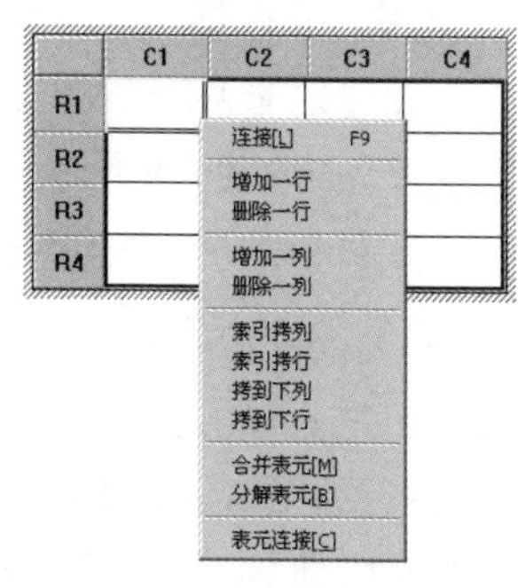

图 7-28 数据连接

3）历史报表

历史报表通常用于从历史数据库中提取数据记录，并以一定的格式显示历史数据。实现历史报表有如下两种方式。

（1）利用动画构件中的“历史表格”构件。

（2）利用动画构件中的“存盘数据浏览”构件。

在本样例中仅介绍第一种方式。

4）利用历史表格构件实现历史报表

历史表格构件是基于“Windows 下的窗口”和“所见即所得”机制的，用户可以在窗口上利用历史表格构件实现强大的格式编辑功能，配合 MCGS 嵌入版组态软件的画图功能做出各种精美的报表。

（1）在“数据显示”组态窗口中，选中工具箱中的“历史表格”构件，在适当位置绘制一个历史表格。

（2）双击“历史表格”图标进入编辑状态。使用右键菜单中的“增加一行”“删除一行”命令，或者单击按钮，使用编辑条中的、、、编辑表格，制作一个 5 行 3 列的表格。参照实时报表部分的相关内容制作如下内容。

① 列表头，表头分别为“采集时间”“液位 1”“液位 2”。

② 数值输出格式均为“1|0”。

（3）选中 R2 行、R3 行、R4 行、R5 行，右击，选择“连接”命令。

（4）单击菜单栏中的“表格”菜单，选择“合并表元”命令，所选区域会出现反斜杠。

（5）双击该区域，弹出“数据库连接设置”对话框，具体设置如下。

① 在“基本属性”选项卡中，选取“在指定的表格单元内，显示满足条件的数据记录”“按照从上到下的方式填充数据行”“显示多页记录”连接方式。

② 在“数据来源”选项卡中，选取组对象对应的存盘数据，组对象名为“液位组”。

③ 在“显示属性”选项卡中，单击“复位”按钮。

④ 在“时间条件”选项卡中，排序列名为“MCGS_TIME”；选择“升序”选项；时间列名为“MCGS_TIME”；选择“所有存盘数据”选项。

10. 曲线显示

在实际生产过程中，对实时数据和历史数据的查看、分析是不可缺少的工作。但对大量数据仅做定量的分析还远远不够，必须根据大量的数据信息，绘制出曲线，分析曲线的变化趋势并从中发现数据变化规律，曲线处理在控制系统中也是非常重要的部分。

1）实时曲线

实时曲线构件用曲线显示一个或多个数据对象的数值动画图形，像笔绘记录仪一样实时记录数据对象的数值变化情况。

实时曲线的具体制作步骤如下。

（1）双击“数据显示”组态窗口图标。在实时报表的下方，使用标签构件制作一个标签，输入文字“实时曲线”。

（2）单击工具箱中的“实时曲线”图标，在标签下方绘制一个实时曲线，并调整其大小。

（3）双击曲线，弹出“实时曲线构件属性设置”对话框，进行如下设置。

① 在“基本属性”选项卡中，将 Y 轴主划线设置为“5”，其他参数不变。

② 在“标注属性”选项卡中，将时间单位设置为“秒”，将小数位数设置为“1”，将最大值设置为“10”，其他参数不变。

③ 在“画笔属性”选项卡中，进行如下设置。

- 将曲线1对应的表达式设置为“液位1”，将曲线颜色设置为“蓝色”。
- 将曲线2对应的表达式设置为“液位2”，将曲线颜色设置为“红色”。

（4）单击“确认”按钮即可。

这时，在运行环境中单击“数据显示”按钮，就可以看到实时曲线了。双击曲线可以将其放大。

2）历史曲线

历史曲线构件实现了历史数据的曲线浏览功能。软件运行时，历史曲线构件能够根据需要绘制出相应历史数据的趋势效果图。历史曲线主要用于事后查看数据、显示状态的变化趋势和总结规律。

历史曲线的具体制作步骤如下。

（1）在“数据显示”窗口中，使用标签构件在历史报表下方制作一个标签，输入文字“历史曲线”。

（2）在标签下方，使用工具箱中的“历史曲线”构件，绘制一个大小合适的历史曲线图形。

（3）双击该曲线，弹出“历史曲线构件属性设置”对话框，进行如下设置。

① 在“基本属性”选项卡中，将曲线名称设置为“液位历史曲线”，将轴主划线设置为“5”，将背景颜色设置为“白色”。

② 在“存盘数据属性”选项卡中，存盘数据来源选择组对象对应的存盘数据，并在下拉菜单中选择“液位组”命令。

③ 在“曲线标识”选项卡中，选中曲线1，将曲线内容设置为“液位1”，将曲线颜色设置为“蓝色”，将工程单位设置为“m”，将小数位数设置为“0”，将最大坐标设置为“10”，

将实时刷新设置为“液位 1”，其他参数不变。“历史曲线构件属性设置”对话框如图 7-29 所示。

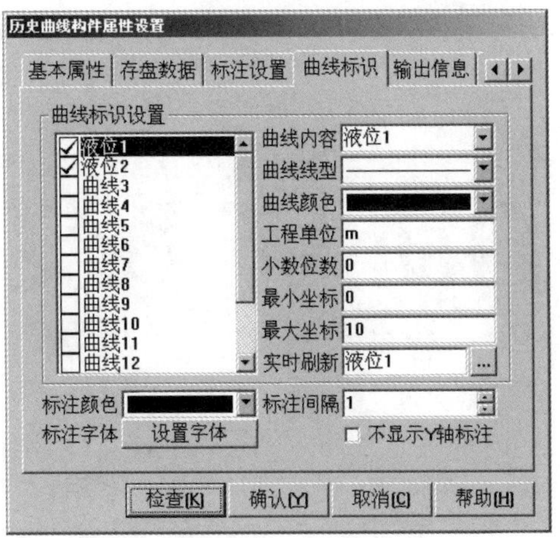

图 7-29　“历史曲线构件属性设置”对话框

实践篇　自动生产线安装与调试

YL-335B 型自动生产线实训考核装备的铝合金导轨式实训台上装有供料站、加工站、装配站、分拣站、输送站，这些工作站构成了一个典型的自动生产线的机械平台，系统各机构采用了气动驱动、变频器驱动和步进（伺服）电动机位置控制等技术。系统的控制方式采用每一个工作站由一台 PLC 承担其控制任务，各 PLC 之间通过 RS-485 串行通信实现互联的分布式控制方式。因此，YL-335B 型自动生产线综合应用了多种技术知识，如气动控制技术、机械技术（机械传动、机械连接等）、传感器应用技术、PLC 控制和组网技术、伺服电动机位置控制和变频器技术等。利用 YL-335B 型自动生产线，可以模拟一个与实际生产情况十分接近的控制过程，使学习者得到一个非常接近实际生产情况的教学设备环境，从而缩短了理论教学与实际应用之间的距离。

YL-335B 型自动生产线采用模块组合式的结构，其各工作站是相对独立的模块，并采用了标准结构和抽屉式模块放置架，具有较强的互换性。读者可根据实训需要或工作任务的不同将 YL-335B 型自动生产线的各工作站进行不同的组合、安装和调试，达到模拟生产功能和整合学习功能的目标，十分适合教学实训考核或技能竞赛的需要。下面就以 YL-335B 型自动生产线为载体来进行自动生产线安装与调试的实践教学项目的描述。

本篇以 YL-335B 型自动生产线为载体，按照自动生产线的工作过程及各工作站的工作情况，设计 6 个实践项目，即供料站、加工站、装配站、分拣站、输送站的安装与调试，以及自动生产线整体联调。

项目 1　供料站的安装与调试

项目描述

供料站是 YL-335B 型自动生产线的起始站，在整个系统中，起着向系统中的其他站提供原料的作用，相当于实际生产线中的自动上料系统。供料站的具体功能是将放置在料仓内的待加工工件（原料，以下简称工件）按照需要自动地推到物料台上，以便输送站的机械手抓取工件并将其输送到其他站上。

供料站的工作过程：将工件叠放在料仓内，推料气缸处于料仓的最下层，顶料气缸则与次下层工件处于同一水平位置。需要供料时，顶料气缸的活塞杆伸出，压住次下层工件；推料气缸活塞杆推出，将最下层工件推到物料台上。当推料气缸返回后，再使顶料气缸返回，松开次下层工件。料仓内的工件在重力的作用下自动下落，为下一次供料做好准备。

供料站的控制要求：本项目只考虑供料站作为独立设备运行时的情况，供料站的主令信号和工作状态显示信号来自 PLC 旁边的按钮/指示灯模块。具体的控制要求如下。

（1）设备上电和气源接通后，若供料站的两个气缸均处于缩回位置，且料仓内有足够多的工件，则“正常工作”指示灯 HL1 常亮，表示设备准备好。否则，该指示灯以 1Hz 的频率闪烁。

（2）若设备准备好，则按下启动按钮，供料站启动，“设备运行”指示灯 HL2 常亮。供料站启动后，若物料台上没有工件，则应将工件推到物料台上。物料台上的工件被取出后，若没有停止信号输入，则进行下一次推料操作。

（3）若在运行过程中按下停止按钮，则供料站在完成本工作周期任务后停止工作，指示灯 HL2 熄灭。

（4）若在运行过程中料仓内工件不足，则供料站继续工作，但“正常工作”指示灯 HL1 以 1Hz 的频率闪烁，“设备运行”指示灯 HL2 保持常亮。若料仓内没有工件，则指示灯 HL1 和指示灯 HL2 均以 2Hz 的频率闪烁。供料站在完成本工作周期任务后停止工作。除非向料仓内补充足够多的工件，否则供料站不能再启动。

项目要求

以小组为单位，根据给定的任务，搜集资料，制订自动生产线供料站的安装与调试工作计划表，设计自动生产线供料站的气路、电路图，设计 PLC 程序并进行调试，填写调试运行记录，整理相关文件并进行检查评价。

项目资讯

1.1　供料站的结构组成

供料站的结构组成包括：管形料仓、工件推出装置、支撑架、阀组、端子排组件、PLC、急停按钮、启动/停止按钮、走线槽、底板等。供料站的机械部分结构组成如图 1-1 所示。

其中，管形料仓用于储存工件，工件推出装置用于在需要时将料仓最下层的工件推出到物料台上。供料站主要由管形料仓、推料气缸、顶料气缸、磁性开关、漫射式光电传感器组成，管形料仓、推料气缸、顶料气缸等部分如图 1-2 所示。

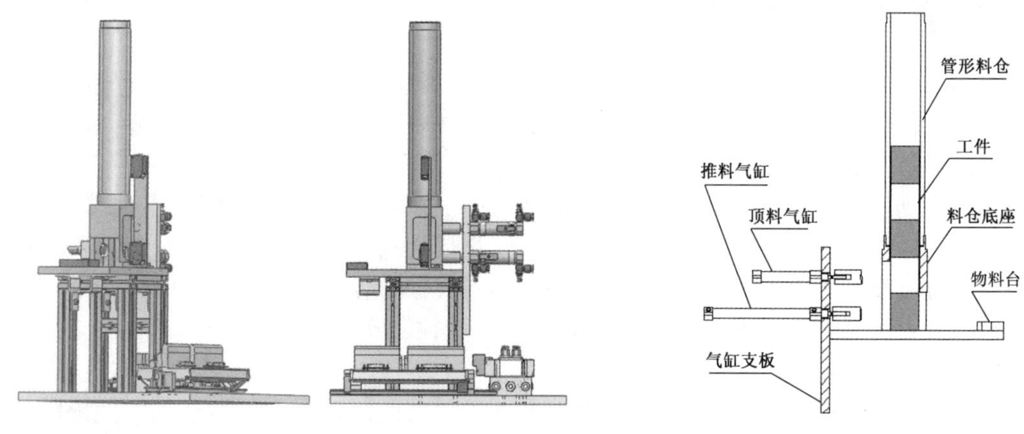

图 1-1 供料站的机械部分结构组成

图 1-2 供料站组成示意图

1. 供料站的气动元件

1）气源处理组件

气源处理组件如图 1-3 所示。气源处理组件的气路入口处安装着一个快速气路开关，用于开/闭气源，当将快速气路开关向左拨出时，气路接通；当将快速气路开关向右推入时，气路关闭。

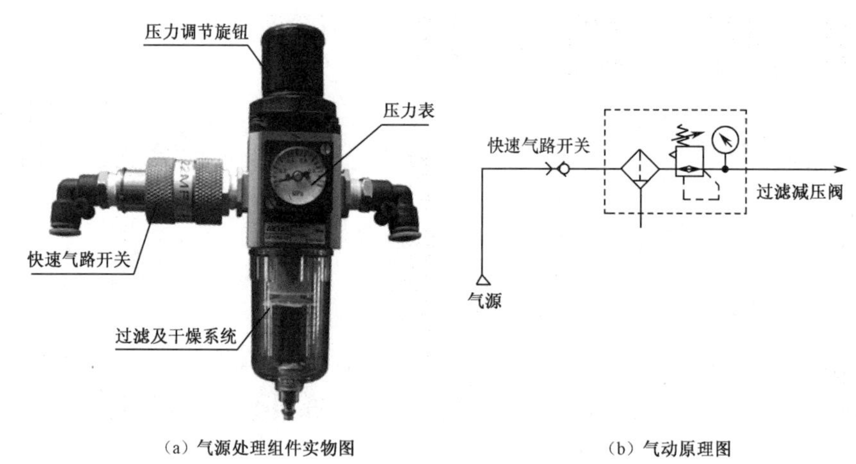

（a）气源处理组件实物图

（b）气动原理图

图 1-3 气源处理组件

2）供料站的气动执行元件

YL-335B 型自动生产线的供料站中只用到了单杆双作用直线气缸。图 1-4 所示为安装上节流阀的气缸。节流阀上带有气管的快速接头，只要将尺寸合适的气管插到快速接头上就可以将气管连接好了，使用时十分方便。当调节左边的节流阀时，可调节气缸的伸出速度；当调节右边的节流阀时，可调节气缸的回缩速度。

3）供料站的方向控制阀

YL-335B 型自动生产线的供料站的执行气缸是双作用气缸，因此控制它们工作的电磁换向阀需要有两个工作口、两个排气口及一个供气口，故使用的电磁换向阀均为二位五通电磁换向阀。供料站用了两个二位五通的单电控电磁换向阀。这两个电磁换向阀带有手动换向和加锁钮，有锁定（LOCK）和开启（PUSH）两个位置。用小螺丝刀将手动换向和加锁钮旋到 LOCK 位置时，手控开关向下凹进去，不能进行手控操作。只有将手动换向和加锁钮旋到 PUSH 位置时，才可以用工具向下按，此时，手控开关的信号为“1”，等同于该侧的电磁信号为“1”；常态时，手控开关的信号为“0”。在进行设备调试时，可以使用手控开关对电磁换向阀进行控制，从而实现对相应气路的控制，以改变推料气缸等执行机构的控制，达到调试的目的。

在 YL-335B 型自动生产线采用电磁换向阀组连接形式，几个电磁换向阀被集中安装在汇流板上，汇流板上的两个排气口末端均连接了消声器，消声器的作用是减小向大气中排放压缩空气时的噪声。这种将多个电磁换向阀与消声器、汇流板等集中在一起构成的一组控制阀的集成结构称为阀组，而每个阀的功能是彼此独立的。供料站的阀组的结构如图 1-5 所示。

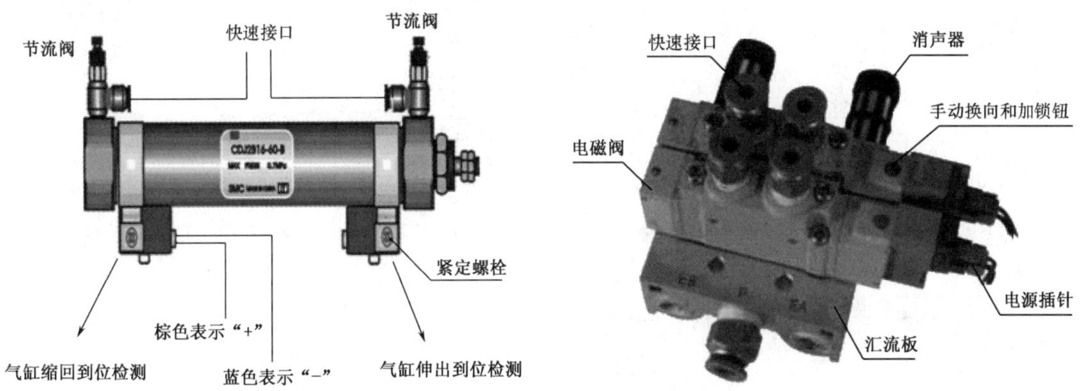

图 1-4　安装上节流阀的气缸　　　　图 1-5　供料站的阀组的结构

4）供料站的气动控制回路

供料站的气动控制回路如图 1-6 所示。图 1-6 中，1A 和 2A 分别为推料气缸和顶料气缸，1Y1 和 2Y1 分别为控制推料气缸和顶料气缸的电磁换向阀的电磁控制端，这两个气缸的初始位置均被设定在缩回状态。

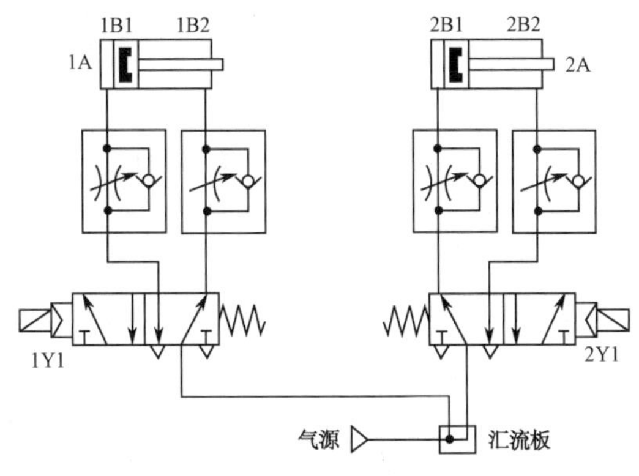

图 1-6　供料站的气动控制回路

2．供料站的检测元件

YL-335B 型自动生产线的供料站所使用的接近开关有磁性开关、电感式接近开关、光电式接近开关。

1）磁性开关

YL-335B 型自动生产线所使用的气缸的缸筒都采用导磁性弱、隔磁性强的材料，如硬铝、不锈钢等。在非磁性体的活塞上安装一个永久磁铁的磁环，这样就提供了一个反映气缸活塞位置的磁场。安装在气缸外侧的磁性开关用来检测气缸活塞的位置。图 1-6 中，1B1 和 1B2 为安装在推料气缸的两个极限工作位置的磁性开关，2B1 和 2B2 为安装在顶料气缸的两个极限工作位置的磁性开关。

磁性开关有蓝色和棕色两根引出线（见基础篇的图 2-2），使用时，蓝色引出线应连接到 PLC 输入公共端，棕色引出线应连接到 PLC 输入端。

2）电感式接近开关

在供料站中，为了检测工件是否为金属材料，在供料站底座侧面安装了一个电感式接近开关，如图 1-7 所示。

3）光电式接近开关

在供料站中，用来检测物料不足或物料有无的漫射式光电式接近开关选用 OMRON 公司的 CX-441（E3Z-L61）型放大器内置型光电开关（细小光束型，NPN 型晶体管集电极开路输出），将其安装在底座和管形料仓的第 4 层工件位置。该光电式接近开关的调节、安装请参阅基础篇 2.1.2 节。

物料台下面也装有一个圆柱形漫射式光电式接近开关，选用的是 SICK 公司的 MHT15-N2317 型产品，用来检测是否有物料存在，以便向系统提供供料站物料台上有无物料的信号。在输送站的控制程序中，可以利用该信号状态来判断是否需要驱动机械手装置来抓取此工件。MHT15-N2317 型光电式接近开关的外形如图 1-8 所示。

图 1-7　供料站电感式接近开关

图 1-8　MHT15-N2317 型光电式接近开关的外形

项目实施

基于本工作站的控制要求，完成自动生产线供料站的安装与调试，完成 PLC 程序设计，并对其进行调试。

对学生归档文件的要求如下。

（1）制订供料站安装与调试工作计划表。

（2）绘制气动原理图。

（3）绘制电气线路图。

（4）填写 I/O 分配表。

（5）设计和检查程序。

（6）填写实施记录单。

工作计划表如表 1-1 所示。

表 1-1　工作计划表

步　骤	内　容	计划时间	实际时间
1	制订工作计划		
2	根据元件清单准备材料		
3	制订安装计划		
4	根据安装计划及装配图进行机械部分的安装		
5	根据安装计划进行传感器的安装、调试		
6	气动控制回路的设计及安装、调试		
7	电气线路的设计及连接		
8	程序的设计及检查		
9	调试		
10	文件整理		
11	总结评价		

1.2　供料站的安装

供料站的安装包括机械安装与气路连接。

1．供料站的机械安装

将传感器支架安装在支撑板下方，将底座安装在支撑板上方，安装两个传感器支架。将以上结构整体安装在落料支撑架上。注意底座出料口的方向朝前，与挡料板方向一致，支撑架的横架在后面，螺栓先不锁紧，安装气缸后再进行固定。

先后在气缸支撑板上安装两个气缸，安装节流阀和推料头，将支撑板固定在落料支撑架上。

将供料站的各零件组合成整体安装时的组件，并将组件进行装配。供料站组件包括：铝合金型材支撑架、物料台及料仓底座、推料机构，如图 1-9 所示。

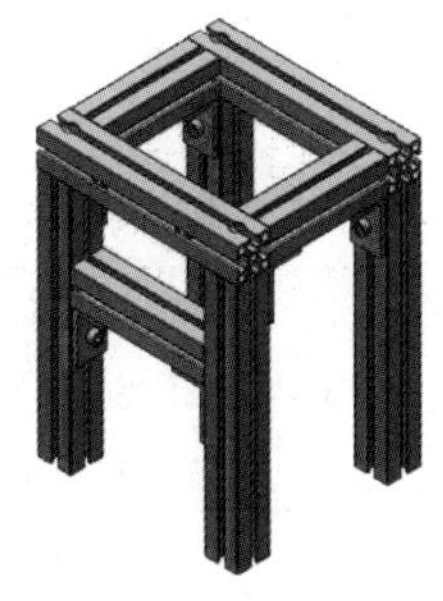

（a）铝合金型材支撑架

（b）出料台及料仓底座

（c）推料机构

图 1-9　供料站组件

各组件装配好后，用螺栓将它们连接为整体，并用橡皮锤将管形料仓敲入料仓底座。将连接好的供料站机械部分及电磁换向阀组固定在底板上，固定底板，完成供料站的安装。

安装过程中的注意事项如下。

① 装配铝合金型材支撑架时，注意调整好各条边的平行度及垂直度，锁紧螺栓。

② 气缸安装板和铝合金型材支撑架的连接，靠预先在特定位置的铝型材 T 型槽中放置与之相配的螺母实现，因此在对该部分的铝合金型材进行连接时，一定要在相应的位置放置相应的螺母。如果没有放置螺母或没有放置足够多的螺母，那么将造成无法安装或安装不可靠的后果。

③ 将机械机构固定在底板上时，需要将底板移动到操作台的边缘，将螺栓从底板的反面拧入，将底板和机械机构部分的支撑型材连接起来。

2. 供料站的气路连接与调试

（1）供料站的气路连接步骤。

从汇流排开始，按图 1-6 所示的气动控制回路连接电磁换向阀、气缸。连接时注意气管走向应按序排布，均匀美观，不能交叉、打折及漏气；气管要在快速接头上插紧，不能有漏气现象。

（2）供料站的气路调试。

① 用电磁换向阀上的手动换向和加锁钮验证顶料气缸和推料气缸的初始位置和动作位置是否正确。

② 调整气缸节流阀以控制活塞杆的往复运动速度，伸出速度以不推倒工件为准。

1.3 供料站的 PLC 控制

1.3.1 供料站的电气线路设计及连接

供料站的电气线路设计及连接包括：在工作站装置侧完成各传感器、电磁换向阀、电源端子等引线到装置侧接线端口之间的接线；在 PLC 侧完成 I/O 点接线等。

电气线路设计及连接的工艺应符合国家职业标准的规定。例如，导线连接到端子时，采用压紧端子压接方法；连接线需要有符合规定的标号；每一个端子连接的导线不超过两根等。

根据供料站的工作任务要求和装置的 I/O 信号表（见表 1-2），供料站 PLC 选用 S7-224 AC/DC/RLY 主站，该主站共有 14 点输入和 10 点继电器输出。供料站 PLC 的 I/O 接线原理图如图 1-10 所示。

表 1-2 供料站 PLC 的 I/O 信号及装置侧的接线端口信号端子的分配表

输入信号					输出信号				
序号	PLC 输入点	信号名称	信号来源装置侧		序号	PLC 输出点	信号名称	信号来源装置侧	
			设备名	端子号				设备号	端子号
1	I0.0	顶料气缸伸出到位	1B1	2	1	Q0.0	顶料电磁换向阀	1Y	2
2	I0.1	顶料气缸缩回到位	1B2	3	2	Q0.1	推料电磁换向阀	2Y	3
3	I0.2	推料气缸伸出到位	2B1	4	3	Q0.2	—	—	
4	I0.3	推料气缸缩回到位	2B2	5	4	Q0.3	—	—	
5	I0.4	物料台物料检测	SC1	6	5	Q0.4	—	—	

续表

输入信号					输出信号				
序号	PLC输入点	信号名称	信号来源装置侧		序号	PLC输出点	信号名称	信号来源装置侧	
			设备名	端子号				设备号	端子号
6	I0.5	物料不足检测	SC2	7	6	Q0.5	—	—	
7	I0.6	缺料检测	SC3	8	7	Q0.6	—	—	
8	I0.7	金属工件检测	SC4	9	8	Q0.7	HL1	按钮/指示灯模块	
9	I1.0	—	—		9	Q1.0	HL2		
10	I1.1	—	—		10	Q1.1	HL3		
11	I1.2	停止按钮	按钮/指示灯模块		—	—	—	—	
12	I1.3	启动按钮							
13	I1.4	—							
14	I1.5	单站/全线							

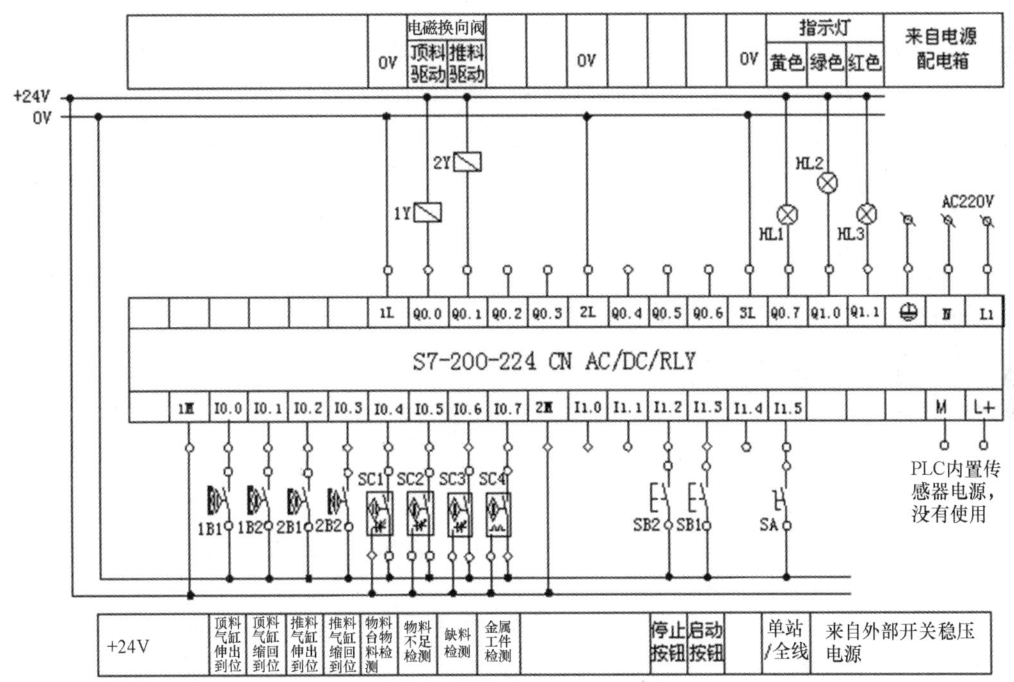

图1-10 供料站PLC的I/O接线原理图

1.3.2 供料站的程序编制

1. 程序设计思路

（1）程序结构：供料站的主程序有两个子程序，一个是系统状态显示子程序，另一个是供料控制子程序。主程序在每一个扫描周期都调用系统状态显示子程序，仅当在运行状态已经建立时才可能调用供料控制子程序。

（2）PLC上电后应首先进入初始状态检查阶段，确认系统已经准备就绪后，才允许投入运行，这样可以及时发现存在的问题，避免出现事故。

（3）供料控制是供料站运行的主要过程，它是一个步进顺序控制过程。供料控制子程序流程图如图1-11所示。

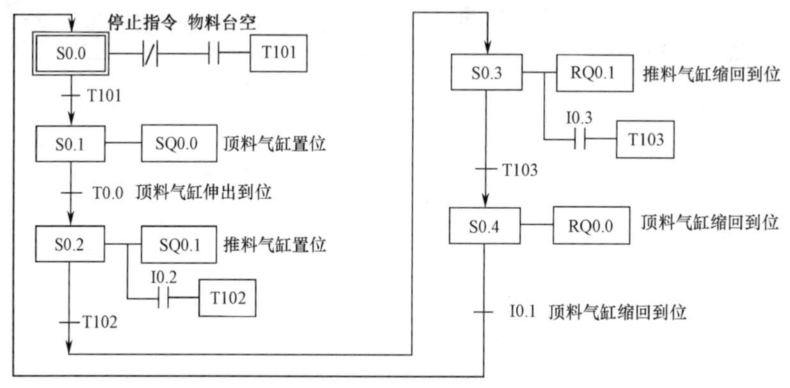

图1-11　供料控制子程序流程图

（4）如果没有停止要求，那么顺序控制过程将周而复始地不断循环。常见的顺序控制系统的正常停止要求是，接收到停止指令后，系统在完成本工作周期任务（返回到初始步）后才停止工作。

（5）当料仓内最后一个工件被推出后，将发生缺料报警。推料气缸复位，即完成本工作周期任务（返回到初始步）后，也应停止工作。

2．程序检查与调试

使用模拟仿真软件进行程序的检查与调试。

1.4　供料站的运行调试

供料站的运行调试步骤如下。

（1）调整气动部分，检查气路是否正确、气压是否合理、气缸的动作速度是否合理。

（2）检查磁性开关的安装位置是否到位、磁性开关工作是否正常。

（3）检查I/O接线是否正确。

（4）检查光电传感器的安装是否合理、灵敏度是否合适，保证检测的可靠性。

（5）加入工件，运行程序，检查供料站动作是否满足任务要求。

（6）调试各种可能出现的情况，如在任何情况下都有可能加入工件，系统都应能可靠工作。

（7）优化程序。

工作手册

<table>
<tr><td>课程名称</td><td colspan="3">自动生产线安装与调试</td><td>地　点</td><td></td></tr>
<tr><td>指导教师</td><td colspan="2"></td><td>时　间</td><td colspan="2">年　月　日</td></tr>
<tr><td>班　级</td><td></td><td>姓　名</td><td></td><td>学　号</td><td></td></tr>
<tr><td>项目1</td><td colspan="5">供料站的安装与调试</td></tr>
<tr><td>学习目标</td><td colspan="5">根据项目描述，学习供料站相关气动技术和传感器技术知识，设计供料站的气路、电路图，编写PLC程序并进行调试，培养学生综合应用PLC技术的能力。</td></tr>
</table>

续表

<table>
<tr><td>课程名称</td><td colspan="3">自动生产线安装与调试</td><td>地　点</td><td></td></tr>
<tr><td>指导教师</td><td colspan="2"></td><td>时　间</td><td colspan="2">年　月　日</td></tr>
<tr><td>班　级</td><td></td><td>姓　名</td><td></td><td>学　号</td><td></td></tr>
<tr><td>注意事项</td><td colspan="5">1. 将供料站进行机械安装时，注意各条边的平行度和垂直度。
2. 气路连接不能交叉、打折及漏气。
3. PLC 的 I/O 点按照设计分配表接线，软硬件一致。</td></tr>
<tr><td rowspan="6">任　务</td><td colspan="5">任务 1. 供料站的安装</td></tr>
<tr><td colspan="5">1. 供料站的机械安装步骤。
2. 供料站的机械安装组件部分。</td></tr>
<tr><td colspan="5">任务 2. 供料站的 PLC 控制</td></tr>
<tr><td colspan="5">1. 供料站 PLC 的 I/O 信号及装置侧的接线端口信号端子的分配表。
2. 供料控制子程序流程图。</td></tr>
<tr><td colspan="5">任务 3. 供料站的运行调试</td></tr>
<tr><td colspan="5">1. 运行调试前检查内容。
2. 运行调试过程中出现的问题及解决方法。</td></tr>
<tr><td>总　结</td><td colspan="5"></td></tr>
</table>

项目评价单

<table>
<tr><td>课程名称</td><td colspan="5">自动生产线安装与调试</td></tr>
<tr><td>项目 1</td><td colspan="5">供料站的安装与调试</td></tr>
<tr><td>项目</td><td>内容</td><td>要求</td><td>互评</td><td>教师评价</td><td>综合评价</td></tr>
<tr><td rowspan="8">任务书及成果清单的填写
（30 分）</td><td>任务书（10 分）</td><td>搜集信息，引导学生正确回答问题</td><td></td><td></td><td></td></tr>
<tr><td rowspan="2">工作计划（3 分）</td><td>合理安排计划步骤</td><td></td><td></td><td></td></tr>
<tr><td>合理安排时间</td><td></td><td></td><td></td></tr>
<tr><td>材料清单（2 分）</td><td>材料齐全</td><td></td><td></td><td></td></tr>
<tr><td>气路图（3 分）</td><td>正确绘制气路图，画图规范</td><td></td><td></td><td></td></tr>
<tr><td>电路图（4 分）</td><td>正确绘制电路图，符号规范</td><td></td><td></td><td></td></tr>
<tr><td>程序清单（4 分）</td><td>程序正确</td><td></td><td></td><td></td></tr>
<tr><td>调试运行记录单（4 分）</td><td>记录单包括气路调试及整体运行调试两部分，如实填写运行调试记录单</td><td></td><td></td><td></td></tr>
<tr><td rowspan="3">实施过程
（40 分）</td><td>机械安装及装配工艺（20 分）</td><td>完成装配，坚固件不能有松动</td><td></td><td></td><td></td></tr>
<tr><td>气路连接工艺（10 分）</td><td>气路不能有漏气现象，气缸速度合适，气路连接整齐</td><td></td><td></td><td></td></tr>
<tr><td>电路连接工艺（10 分）</td><td>接线规范，连接牢固，电路连接整齐</td><td></td><td></td><td></td></tr>
<tr><td>成果质量
（20 分）</td><td>功能测试（20 分）</td><td>测试运行满足要求，传感器、磁性开关调试正确</td><td></td><td></td><td></td></tr>
<tr><td rowspan="3">团队协作精神与职业素养
（10 分）</td><td rowspan="2">团队协作精神（5 分）</td><td rowspan="2">小组成员有分工、有合作，配合紧密，积极参与</td><td></td><td></td><td></td></tr>
<tr><td></td><td></td><td></td></tr>
<tr><td>职业素养（5 分）</td><td>符合安全操作规程；工具摆放等符合职业岗位要求，遵规守纪</td><td></td><td></td><td></td></tr>
<tr><td colspan="3">总　评</td><td></td><td></td><td></td></tr>
</table>

<table>
<tr><td>班级</td><td></td><td>姓名</td><td></td><td>第　　组</td><td>组长签字</td><td></td></tr>
<tr><td>教师签字</td><td colspan="3"></td><td>日期</td><td colspan="2"></td></tr>
</table>

项目 2　加工站的安装与调试

项目描述

加工站的基本功能是将工件送到冲压机构下方，完成对工件的冲压，并将加工好的工件送回到物料台上，待输送站的抓取机械手装置将工件取走。

加工站作为独立设备运行时，其按钮/指示灯模块上的工作方式选择开关应置于“单站方式”位置，具体的控制要求如下。

（1）加工站各组件的初始状态：设备上电和气源接通后，滑动加工台伸缩气缸处于伸出位置，加工台气动手指（也称气爪）处于松开状态，冲压气缸处于缩回位置，急停按钮没有被按下。

若设备在上述初始状态，则“正常工作”指示灯 HL1 常亮，表示设备准备好；否则，该指示灯以 1Hz 的频率闪烁。

（2）若设备准备好，则按下启动按钮，加工站启动，“设备运行”指示灯 HL2 常亮。当工件被送到加工台上时，气爪夹紧工件并将其送往加工区域进行冲压加工，完成冲压动作后返回。如果没有停止信号输入，那么当再有工件被送到加工台上时，加工站开始下一周期的工作。

（3）若在运行过程中按下停止按钮，则加工站在完成本工作周期任务后停止工作，指示灯 HL2 熄灭。

项目要求

以小组为单位，根据给定的任务，搜集资料，制订自动生产线加工站的安装与调试工作计划表，设计自动生产线加工站的气路、电路图，设计 PLC 程序并进行调试，填写调试运行记录，整理相关文件并进行检查评价。

项目资讯

2.1　加工站的结构组成

加工站由加工机构组件和滑动加工台组件组成，加工机构组件图 2-1 所示为加工站实物图。

1．加工站的加工机构组件

加工站的加工机构组件由支撑架、冲压气缸及压头组成。加工机构组件如图 2-2 所示。

加工机构的冲压机构所使用的气动执行元件是薄型气缸。在此选用薄型气缸用于冲压，主要是考虑到该气缸行程短的特点。图 2-3 所示为 YL-335B 型自动生产线加工站所用的薄型气缸。

2．加工站的滑动加工台组件

加工站的滑动加工台组件由夹紧机构、伸缩台、直线导轨机构组成。滑动加工台组件如图 2-4 所示。

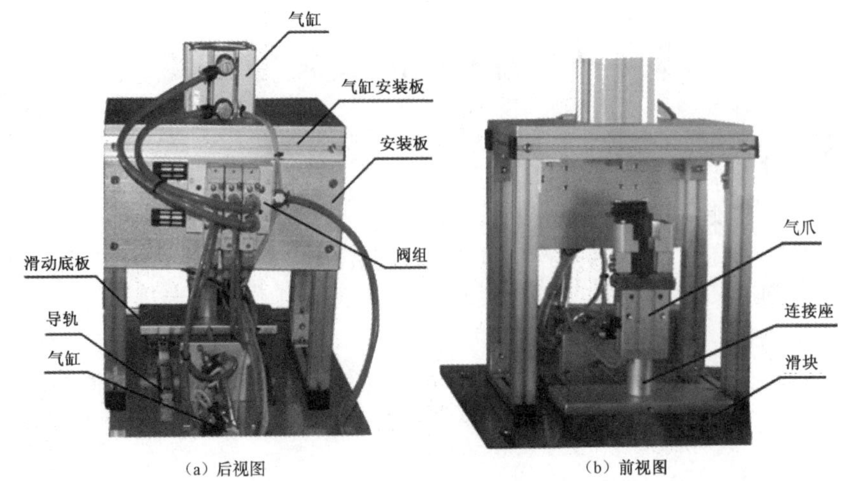

（a）后视图　　（b）前视图

图 2-1　加工站实物图

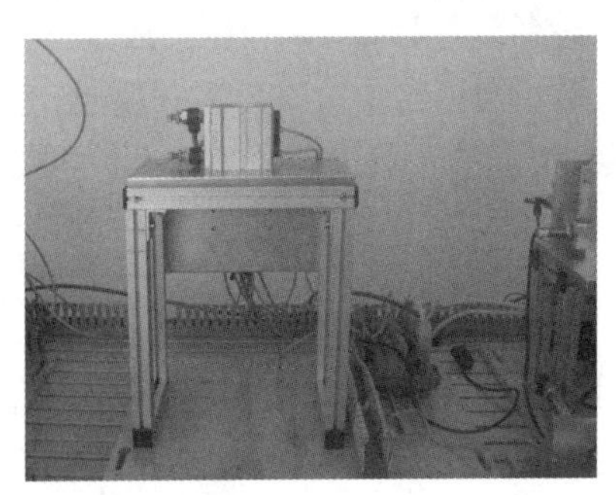

图 2-2　加工机构组件

（a）薄型汽缸实例

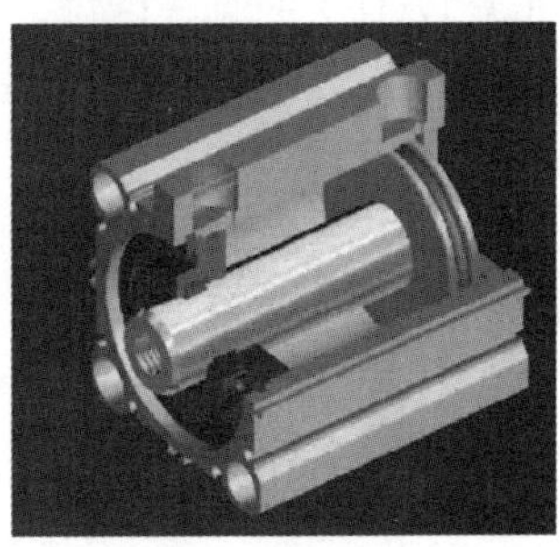

（b）工作原理剖视图

图 2-3　YL-335B 型自动生产线加工站所用的薄型气缸

1）夹紧机构

夹紧机构的主要器件是气爪，气爪用于抓取、夹紧工件。气爪通常有滑动导轨型、支点开闭型和回转驱动型等工作方式。YL-335B 型自动生产线的加工站使用的气爪是滑动导轨型气爪，如图 2-5（a）所示。从图 2-5 中的剖面图可看出，当下口进气、上口排气时，中间机构向上移动，气爪张开；当上口进气、下口排气时，中间机构向下移动，气爪夹紧。

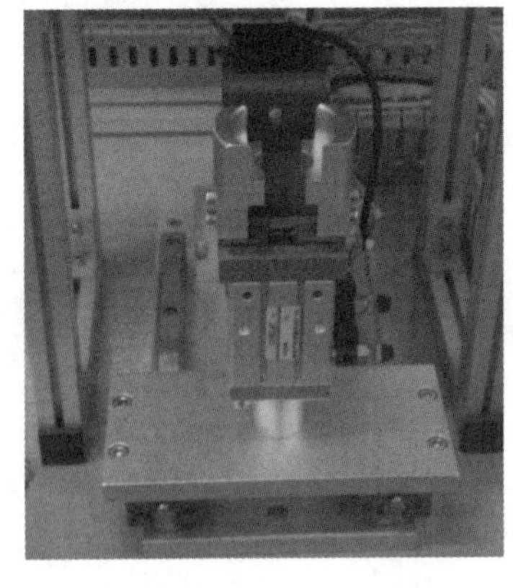

图 2-4　滑动加工台组件

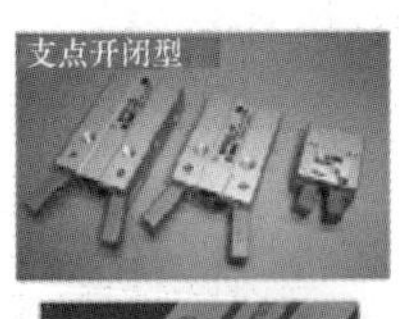

（a）气爪实物

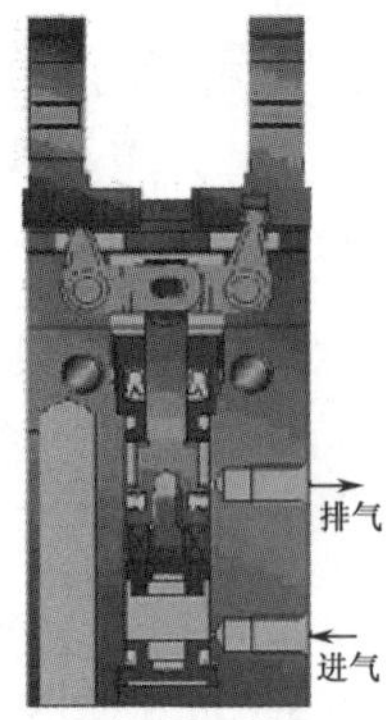

（b）气爪松开状态

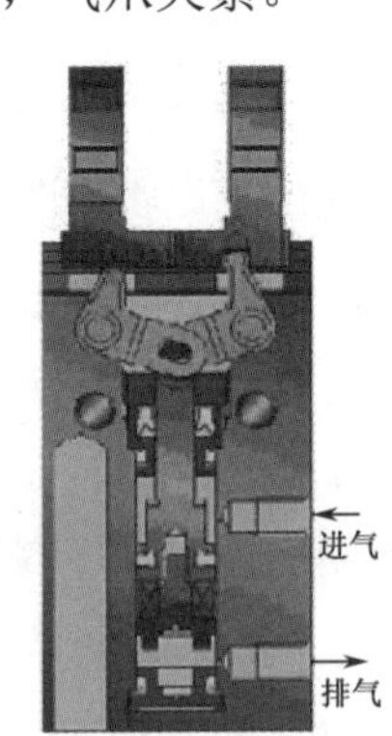

（c）气爪夹紧状态

图 2-5　气爪实物和工作原理

2）直线导轨机构

直线导轨又称线轨、滑轨、线性导轨、线性滑轨，适用于直线往复运动场合，拥有比直线轴承更高的额定负载，同时可以承担一定的扭矩，可在高负载的情况下实现高精度的直线运动。

按结构分类，直线导轨可以分为方形滚珠直线导轨、双轴芯滚轮直线导轨、单轴芯直线导轨。

直线导轨的作用是支撑和引导运动部件按给定的方向做往复直线运动。按摩擦性质分类，直线导轨可以分为滑动摩擦导轨、滚动摩擦导轨、弹性摩擦导轨、流体摩擦导轨等。直线导轨主要用在精度要求比较高的机械结构上。直线导轨实物图如图 2-6 所示。

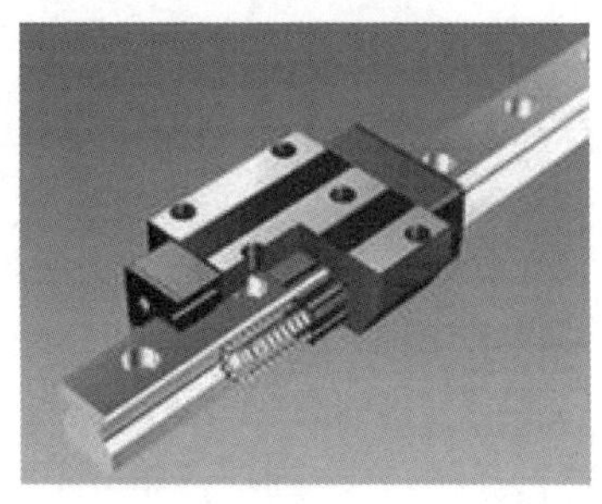

图 2-6　直线导轨实物图

直线导轨有两个基本元件，一个是具有导向功能的固定元件，另外一个是移动元件。

直线导轨的移动元件和固定元件之间不用中间介质，而用滚动钢球，因为滚动钢球适用于高速运动场合，它的摩擦系数小、灵敏度高，满足运动部件的工作要求。

直线导轨副通常按照滚动钢球在导轨和滑块之间的接触类型进行分类，主要有两列式和四列式两种。两列式直线导轨副的接触角在运动中保持不变，刚性也比较稳定。图 2-7（a）所示为直线导轨副的截面示意图，图 2-7（b）所示为装配好的直线导轨副。

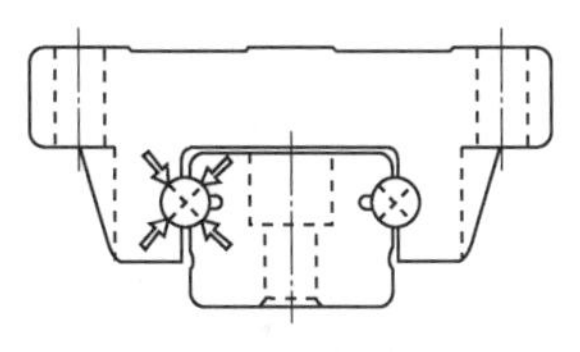

（a）直线导轨副的截面示意图

（b）装配好的直线导轨副

图 2-7　两列式直线导轨副

3. 加工站的气动控制回路

加工站的气动控制回路如图 2-8 所示。图 2-8 中，1B1 和 1B2 为安装在冲压气缸的两个极限工作位置的磁性开关，2B1 和 2B2 为安装在加工台伸缩气缸的两个极限工作位置的磁性开关，3B1 和 3B2 为安装在气爪气缸的两个极限工作位置的磁性开关，1Y1、2Y1 和 3Y1 分别为控制冲压气缸、加工台伸缩气缸和气爪气缸的电磁换向阀的电磁控制端。

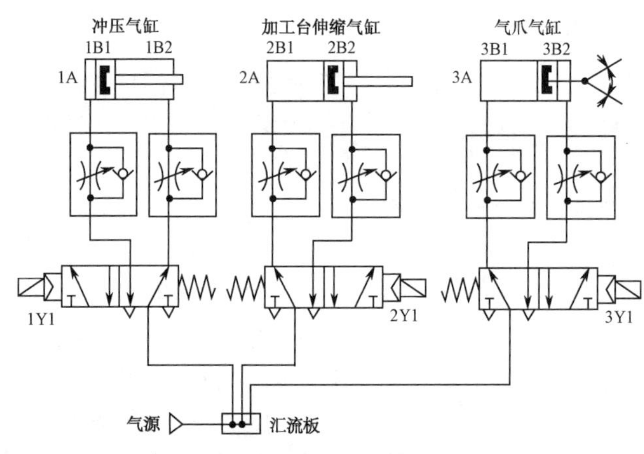

图 2-8　加工站的气动控制回路

项目实施

基于本工作站的控制要求，完成自动生产线加工站的安装与调试，完成 PLC 程序设计，并对其进行调试。

对学生归档文件的要求同项目 1。

2.2　加工站的安装

加工站的安装包括机械安装与气路连接。

1. 加工站的机械安装

加工站的机械安装过程包括两部分，一是加工机构组件装配，二是滑动加工台组件装配。完成以上装配过程后进行总装。图 2-9 所示为加工机构组件装配图，图 2-10 所示为滑动加工台组件装配图，图 2-11 所示为加工站组装图。

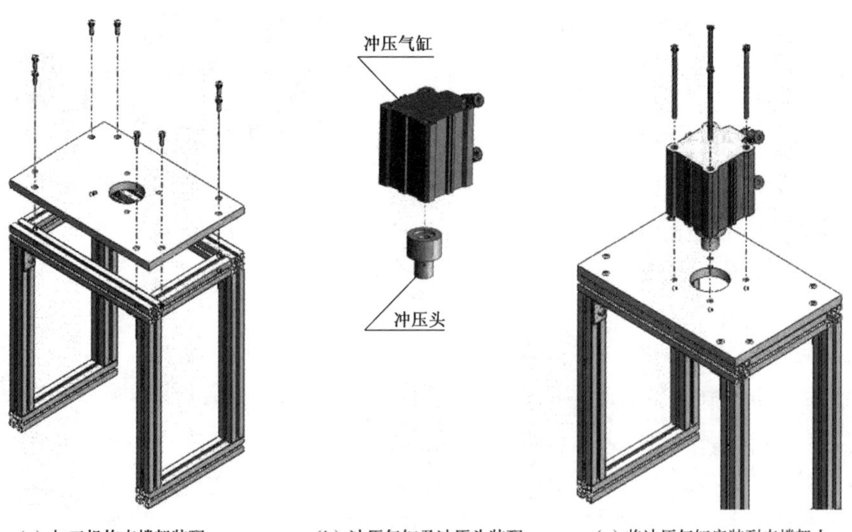

（a）加工机构支撑架装配　（b）冲压气缸及冲压头装配　（c）将冲压气缸安装到支撑架上

图 2-9　加工机构组件装配图

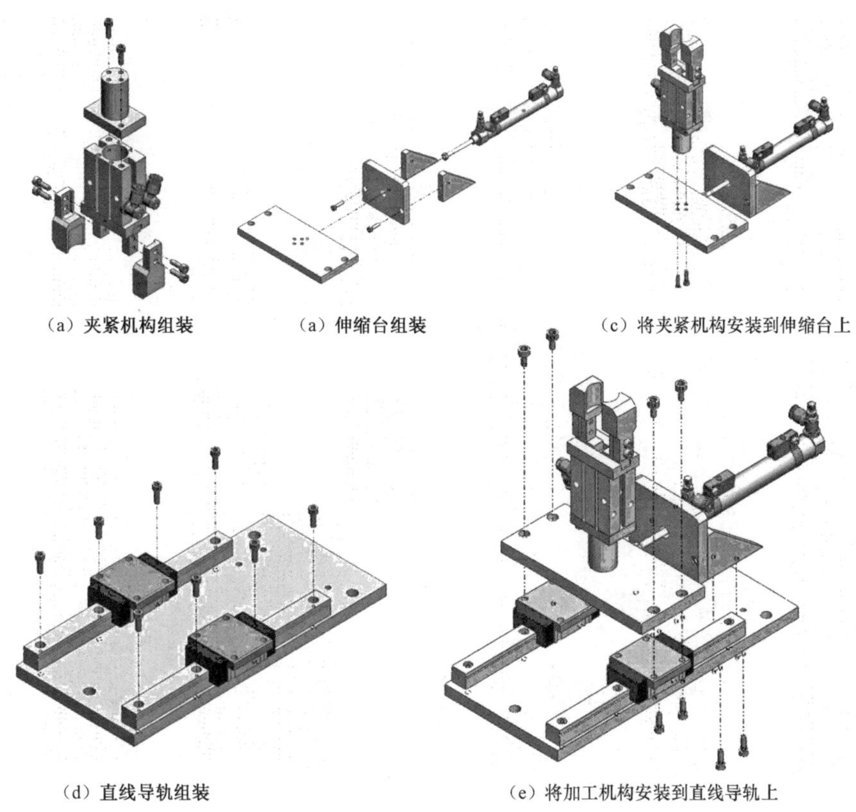
(a) 夹紧机构组装　(a) 伸缩台组装　(c) 将夹紧机构安装到伸缩台上

(d) 直线导轨组装　(e) 将加工机构安装到直线导轨上

图 2-10　滑动加工台组件装配图

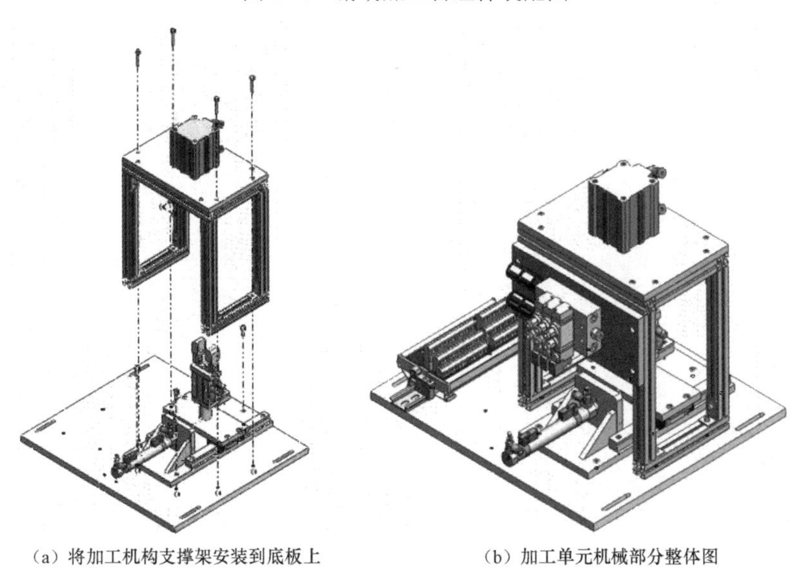
(a) 将加工机构支撑架安装到底板上　(b) 加工单元机械部分整体图

图 2-11　加工站组装图

完成以上各组件的装配后，首先将物料夹紧并将运动送料部分和整个安装底板连接固定，然后将铝合金支撑架安装在大底板上，最后将加工组件部分固定在铝合金支撑架上，完成加工站的机械安装。

安装过程中的注意事项如下。

（1）安装直线导轨副应注意：

① 要轻拿轻放，避免磕碰，以免影响直线导轨副的直线精度。

② 不要将滑块拆离导轨或超过行程后又推回去。

（2）加工站移动料台滑动机构由两个直线导轨副和导轨构成，安装滑动机构时要注意调整两个直线导轨的平行度。

（3）安装移动料台及滑动机构组件时应注意：

① 调整两个直线导轨的平行度时，要一边移动安装在两个导轨上的安装板，一边拧紧固定导轨的螺栓。

② 如果加工组件部分的冲压头和加工台上工件的中心没有对正，那么可以通过调整推料气缸旋入两个导轨连接板的深度来进行对正。

2. 加工站的气路连接

按照气动控制回路进行气路连接。

2.3 加工站的 PLC 控制

2.3.1 加工站的电气线路设计及连接

加工站 PLC 选用 S7-224 AC/DC/RLY 主站，该主站共有 14 点输入和 10 点继电器输出。加工站 PLC 的 I/O 信号及装置侧的接线端口信号端子的分配如表 2-1 所示，加工站 PLC 的 I/O 接线原理图如图 2-12 所示。

表 2-1　加工站 PLC 的 I/O 信号及装置侧的接线端口信号端子的分配表

输入信号					输出信号				
序号	PLC 输入点	信号名称	信号来源装置侧		序号	PLC 输出点	信号名称	信号来源装置侧	
			设备名	端子号				设备名	端子号
1	I0.0	加工台物料检测	SC1	2	1	Q0.0	夹紧电磁换向阀	1Y	2
2	I0.1	物料夹紧检测	1B	3	2	Q0.1	—		3
3	I0.2	加工台伸出到位	2B1	4	3	Q0.2	物料台伸缩电磁换向阀	2Y	4
4	I0.3	加工台缩回到位	2B2	5	4	Q0.3	加工压头电磁换向阀	3Y	5
5	I0.4	加工压头上限	3B1	6	5	Q0.4	—	—	
6	I0.5	加工压头下限	3B2	7	6	Q0.5	—	—	
7	I0.6	—	—		7	Q0.6	—	—	
8	I0.7	—			8	Q0.7	HL1	按钮/指示灯模块	
9	I1.0	—			9	Q1.0	HL2		
10	I1.1	—	—		10	Q1.1	HL3		
11	I1.2	停止按钮	按钮/指示灯模块		—	—	—	—	
12	I1.3	启动按钮							
13	I1.4	急停按钮							
14	I1.5	单站/全线							

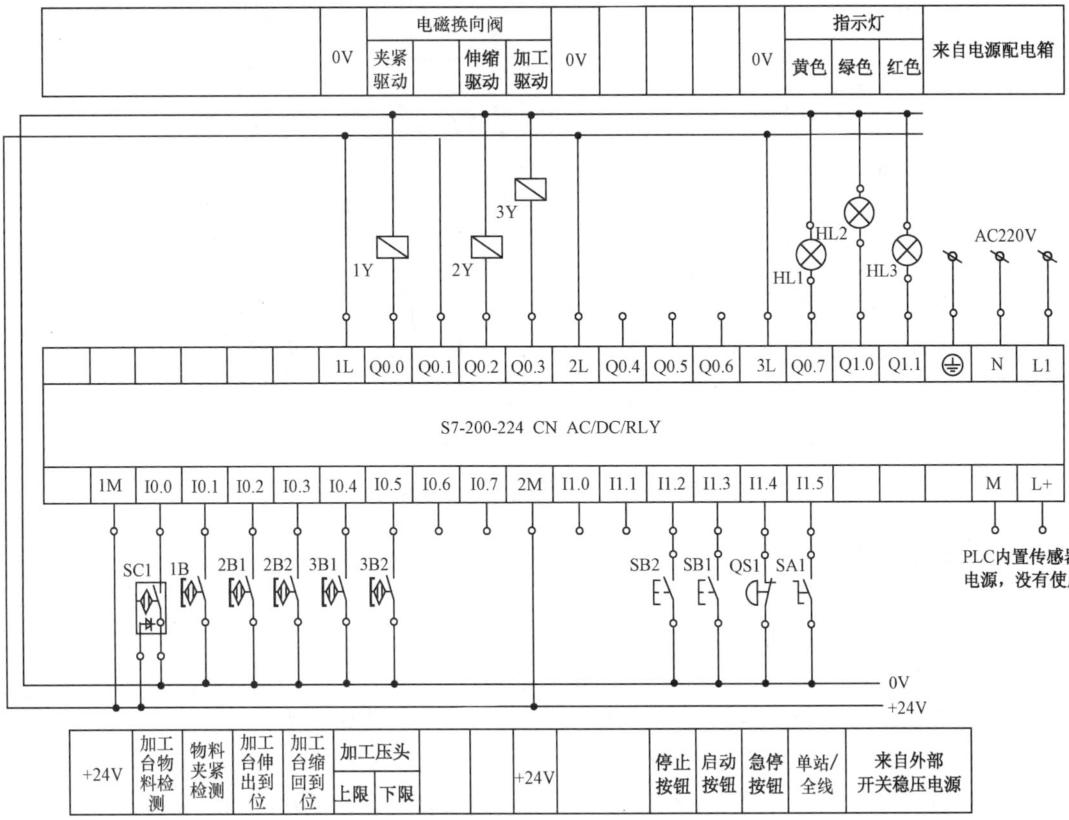

图 2-12　加工站 PLC 的 I/O 接线原理图

2.3.2　加工站的程序编制

1．程序设计思路

加工站主程序流程与供料站类似，PLC 上电后首先进入初始状态检查阶段，确认系统准备就绪后，才允许启动投入运行，但加工站工作任务中增加了急停功能。为此，调用加工控制子程序的条件应该是“运行状态”和“急停按钮未按”两者同时成立。这样，当在运行过程中按下急停按钮时，立即停止调用加工控制子程序，但急停前当前步的 S 元件仍在置位状态，急停复位后，程序就能从断点处开始继续运行。

加工站的加工过程是一个顺序控制过程，其流程图如图 2-13 所示。

从流程图可以看出，当一个加工周期结束时，只有加工好的工件被取走后，程序才能返回 S0.0 步，这样就避免了重复加工。

2．程序清单

程序清单全部参考程序梯形图清单，请扫码获取。

3．程序检查与调试

使用模拟仿真软件进行程序的检查与调试。

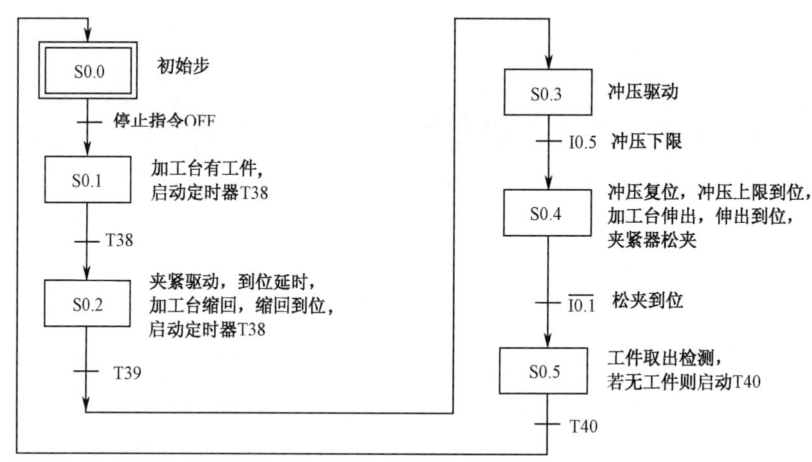

图 2-13　加工站的加工过程流程图

2.4　加工站的运行调试

加工站的运行调试步骤如下。

（1）调整气动部分，检查气路是否正确、气压是否合理、气缸的动作速度是否合理。

（2）检查磁性开关的安装位置是否到位、磁性开关工作是否正常。

（3）检查 I/O 接线是否正确。

（4）检查光电传感器的安装是否合理、灵敏度是否合适，保证检测的可靠性。

（5）加入工件，运行程序，检查加工站动作是否满足任务要求。

（6）调试各种可能出现的情况，如在任何情况下都有可能加入工件，系统都应能可靠工作。

（7）优化程序。

工作手册

课程名称	自动生产线安装与调试			地　点	
指导教师			时　间	年　月　日	
班　级		姓　名		学　号	
项目 2	加工站的安装与调试				
学习目标	根据项目描述，学习加工站相关气动技术和传感器技术知识，设计加工站的气路、电路图，编写PLC 程序并进行调试，培养学生综合应用 PLC 技术的能力。				
注意事项	1．将加工站进行机械安装时，避免磕碰直线导轨，滑块不能被拆离导轨或超程，两个直线导轨平行。 2．气路连接不能交叉、打折及漏气。 3．PLC 的 I/O 点按照设计分配表接线，软硬件一致。				
任　务	任务 1．加工站的安装				
	1．加工站的机械安装步骤。				

续表

课程名称	自动生产线安装与调试		地　　点		
指导教师			时　　间	年　　月　　日	
班　　级		姓　　名		学　　号	
任　　务	2．加工站的气动控制回路工作原理图。				
	任务 2．加工站的 PLC 控制				
	1．加工站 PLC 的 I/O 信号及装置侧的接线端口信号端子的分配表。 2．加工站的加工过程流程图。				
	任务 3．加工站的运行调试				
	1．运行调试前检查内容。 2．运行调试过程中出现的问题及解决方法。				
总　　结					

项目评价单

课程名称	自动生产线安装与调试				
项目 2	加工站的安装与调试				
项目	内容	要求	互评	教师评价	综合评价
任务书及成果清单的填写（30 分）	任务书（10 分）	搜集信息，引导学生正确回答问题			
	工作计划（3 分）	合理安排计划步骤			
		合理安排时间			
	材料清单（2 分）	材料齐全			
	气路图（3 分）	正确绘制气路图，画图规范			
	电路图（4 分）	正确绘制电路图，符号规范			
	程序清单（4 分）	程序正确			

续表

课程名称	自动生产线安装与调试				
项目2	加工站的安装与调试				
项目	内容	要求	互评	教师评价	综合评价
任务书及成果清单的填写（30分）	调试运行记录单（4分）	记录单包括气路调试及整体运行调试两部分，如实填写运行调试记录单			
实施过程（40分）	机械安装及装配工艺（20分）	完成装配，坚固件不能有松动			
	气路连接工艺（10分）	气路不能有漏气现象，气缸速度合适，气路连接整齐			
	电路连接工艺（10分）	接线规范，连接牢固，电路连接整齐			
成果质量（20分）	功能测试（20分）	测试运行满足要求，传感器、磁性开关调试正确			
团队协作精神与职业素养（10分）	团队协作精神（5分）	小组成员有分工、有合作，配合紧密，积极参与			
	职业素养（5分）	符合安全操作规程；工具摆放等符合职业岗位要求，遵规守纪			
总　评					
班级		姓名	第　组	组长签字	
教师签字			日期		

项目 3　装配站的安装与调试

项目描述

装配站的工作过程是将自动生产线中的两个工件进行装配，即将装配站料仓内的小圆柱工件嵌入已加工的工件中。装配站实物图如图 3-1 所示。

扫一扫看本项目教学课件

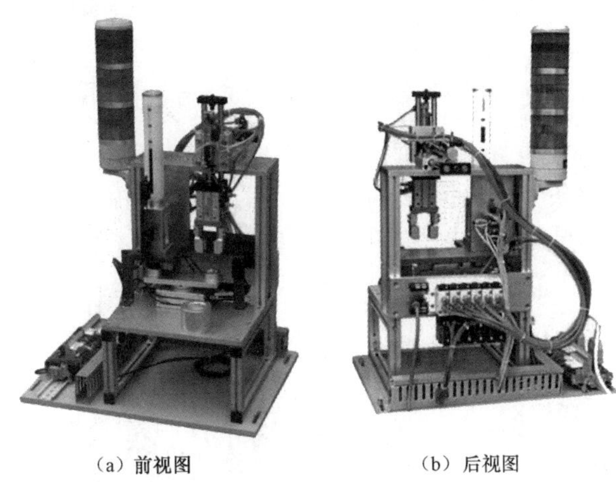

（a）前视图　　（b）后视图

图 3-1　装配站实物图

装配站的控制要求如下。

（1）装配站各气缸的初始位置：挡料气缸处于伸出状态，顶料气缸处于缩回状态，料仓内已经有足够多的小圆柱工件；装配机械手的升降气缸处于提升状态，伸缩气缸处于缩回状态，气爪处于松开状态。

设备上电和气源接通后，若各气缸满足初始位置要求，且料仓内已经有足够多的小圆柱工件，工件装配台上没有待装配工件，则“正常工作”指示灯 HL1 常亮，表示设备准备好；否则，该指示灯以 1Hz 的频率闪烁。

（2）若设备准备好，则按下启动按钮，装配站启动，“设备运行”指示灯 HL2 常亮。如果回转物料台上的左料盘内没有小圆柱工件，那么执行下料操作；如果左料盘内有工件，而右料盘内没有工件，那么执行回转物料台回转操作。

（3）如果回转物料台上的右料盘内有小圆柱工件且装配台上有待装配工件，那么执行装配机械手抓取小圆柱工件并将其放入待装配工件中的操作。

（4）完成装配任务后，装配机械手应返回初始位置，等待下一次装配。

（5）若在运行过程中按下停止按钮，则供料机构应立即停止供料，在满足装配条件的情况下，装配站在完成本次装配后停止工作。

（6）在运行过程中发生“物料不足”报警时，指示灯 HL3 以 1Hz 的频率闪烁，指示灯 HL1 和指示灯 HL2 常亮；在运行过程中发生“缺料”报警时，指示灯 HL3 以亮 1s、灭 0.5s 的方式闪烁，指示灯 HL2 熄灭，指示灯 HL1 常亮。

项目要求

以小组为单位，根据给定的任务，搜集资料，制订自动生产线装配站安装与调试工作计划表，设计自动生产线装配站的气路、电路图，设计 PLC 程序并进行调试，填写调试运行记录，整理相关文件并进行检查评价。

项目资讯

3.1 装配站的结构组成

装配站的结构组成包括：管形料仓、落料机构、回转物料台、装配机械手、待装配工件的定位机构、气动系统及其阀组、信号采集及其自动控制系统、用于电器连接的端子排组件、用于指示整条生产线状态的指示灯、用于安装其他机构的铝型材支架及底板、传感器安装支架等附件。装配站机械结构图如图 3-2 所示。

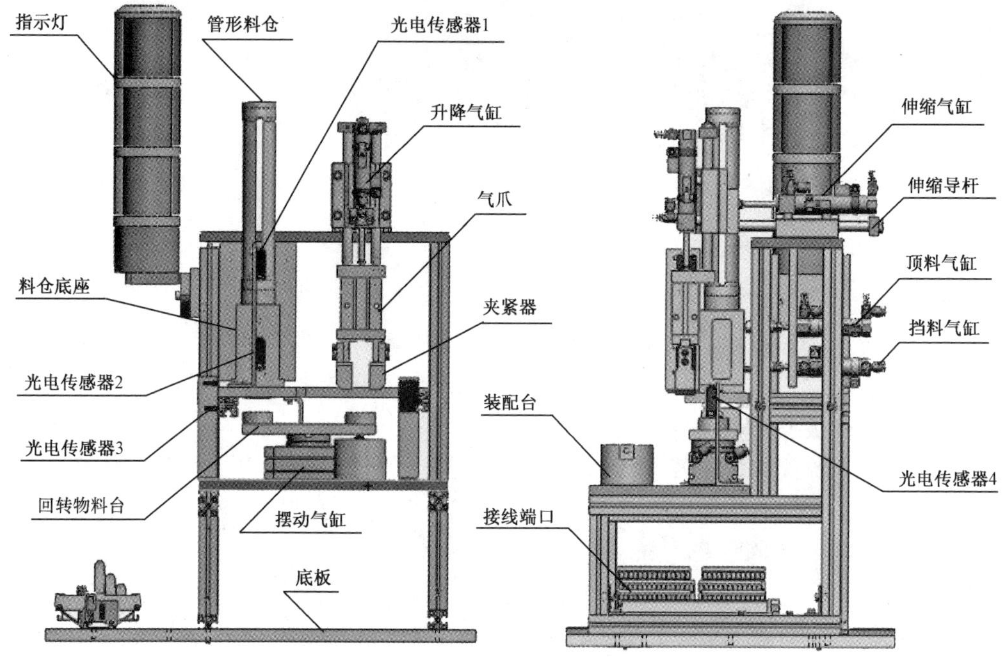

图 3-2　装配站机械结构图

1. 管形料仓

管形料仓用来存储装配用的小圆柱工件，它由塑料圆管和中空底座构成。小圆柱工件被竖直放入料仓的空心圆管内后，其在重力作用下自由下落。

为了使装配站能在料仓物料不足和缺料时报警，在塑料圆管底部和底座处分别安装了两个漫反射光电传感器（E3Z-L 型），如图 3-3 所示。光电传感器的灵敏度调整应以能检测到黑色工件为准。

2. 落料机构

图 3-3 所示为落料机构剖面图。落料机构的工作过程为：系统气源接通后，顶料气缸处

于缩回状态，挡料气缸处于伸出状态。这样，当从料仓上面放下工件时，工件将被挡料气缸活塞杆终端的挡块阻挡而不能落下。需要进行落料时，顶料气缸伸出，将次下层的工件夹紧，此时挡料气缸缩回，工件落入回转物料台的料盘中，此时挡料气缸复位伸出，顶料气缸缩回，次下层工件落到挡料气缸终端挡块上，为下一次供料做准备。

3. 回转物料台

回转物料台由气动摆台和两个料盘组成，气动摆台能驱动料盘旋转 180°，实现将从供料机构落到料盘的工件移动到装配机械手正下方的功能。回转物料台的结构如图 3-4 所示，图 3-4 中的光电传感器 1 和光电传感器 2 分别用来检测左料盘和右料盘中是否有工件，两个光电传感器均选用 CX-441 型。

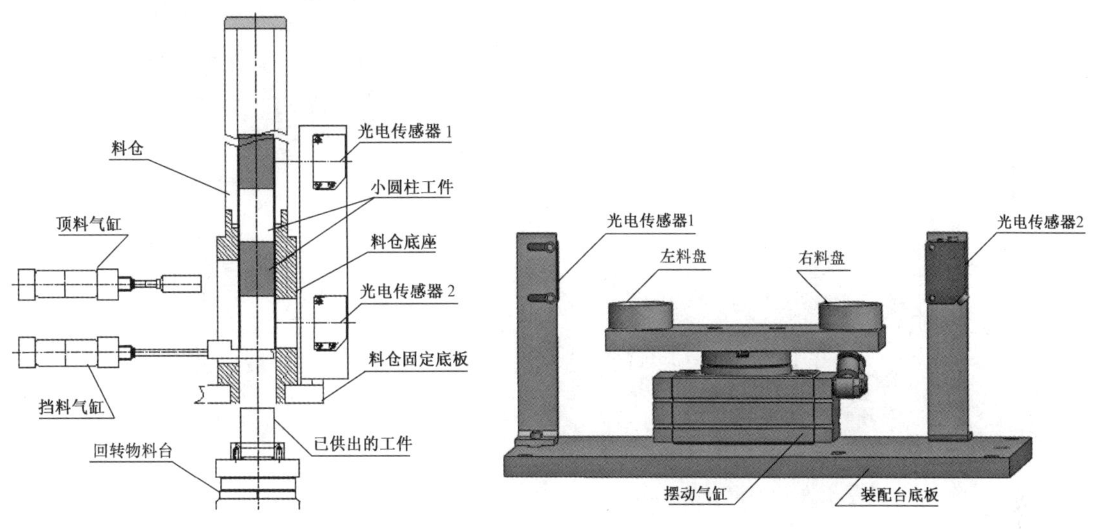

图 3-3　落料机构剖面图　　　　图 3-4　回转物料台的结构

回转物料台的主要器件是气动摆台，它由直线气缸驱动齿轮齿条实现回转运动，回转角度可在 0～90° 和 0～180° 范围内任意调整，回转物料台上安装了磁性开关，可以检测旋转到位信号。气动摆台如图 3-5 所示。

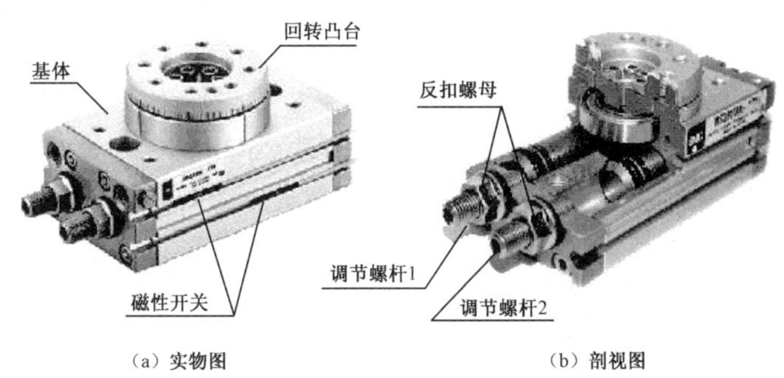

（a）实物图　　（b）剖视图

图 3-5　气动摆台

气动摆台的摆动回转角度可在 0～180° 范围内任意调整。当需要调节回转角度或调整摆动位置精度时，应先松开调节螺杆上的反扣螺母，通过旋入和旋出调节螺杆改变回转凸台的

回转角度，调节螺杆 1 和调节螺杆 2 分别用于调整左旋角度和右旋角度。当调整好摆动角度后，应将反扣螺母与基体反扣锁紧，防止调节螺杆松动造成的回转精度降低。

回转到位的信号是通过调整气动摆台滑轨内的两个磁性开关的位置实现的，图 3-6 所示为调整磁性开关位置的示意图。将磁性开关安装在气缸体的滑轨内，松开磁性开关的紧定螺钉，磁性开关就可以沿着滑轨左右移动了。确定磁性开关位置后，旋紧紧定螺钉，即可完成磁性开关位置的调整。

4. 装配机械手

装配机械手是整个装配站的核心部分，装配机械手的整体外形如图 3-7 所示。

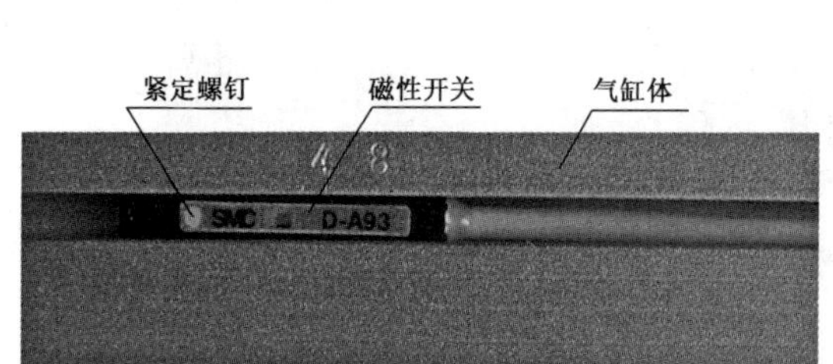

图 3-6 调整磁性开关位置的示意图

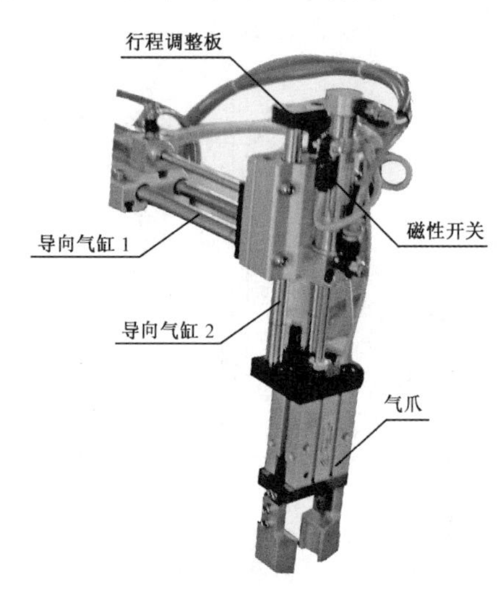

图 3-7 装配机械手的整体外形

装配机械手是一个三维运动机构，它由水平方向移动和竖直方向移动的两个导向气缸和气爪组成。

装配机械手的运行过程如下。

装配机械手正下方的回转物料台料盘上有小圆柱工件，装配台侧面的光纤传感器检测到装配台上有待装配工件的情况下，装配机械手从初始状态开始执行装配操作过程。

PLC 驱动与竖直移动气缸相连的电磁换向阀动作，由竖直移动气缸驱动气爪向下移动，气爪移动到位后夹紧工件，并将夹紧信号通过磁性开关传送给 PLC；在 PLC 的控制下，竖直移动气缸复位，被夹紧的工件随气爪一并被提起，离开物料台的料盘；工件被提升到最高位后，在水平移动气缸在和与之对应的电磁换向阀的驱动下，活塞杆伸出；活塞杆移动到气缸前端位置后，竖直移动气缸再次被驱动下移；竖直移动气缸移动到最下端位置后，气爪松开，经短暂延时，竖直移动气缸和水平移动气缸缩回，装配机械手恢复初始状态。

在装配机械手的整个动作过程中，除气爪松开到位无传感器检测外，其余动作的到位信号均采用与气缸配套的磁性开关进行检测，将采集到的信号输入 PLC，PLC 输出信号驱动电磁换向阀换向，使由气缸及气爪组成的装配机械手按程序自动运行。

5. 导向气缸

导向气缸是指具有导向功能的气缸，一般为标准气缸和导向装置的集合体。导向气缸具

有导向精度高、抗扭转力矩、承载能力强、工作平稳等特点。

用于驱动装配机械手水平方向移动的导向气缸外形如图 3-8 所示。该气缸由带双导杆的直线气缸和其他附件组成。

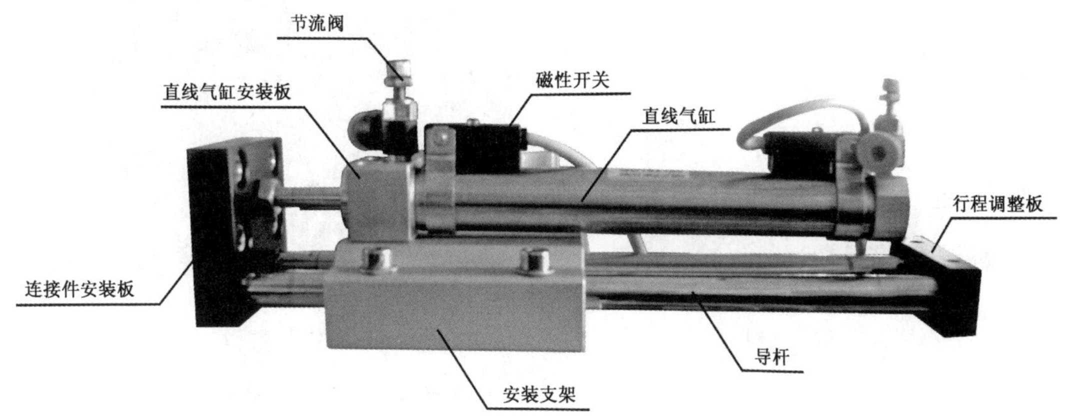

图 3-8　用于驱动装配机械手水平方向移动的导向气缸外形

安装支架用于导向件的安装和导向气缸的整体固定，连接件安装板用于固定其他需要连接到该导向气缸上的器件，并将两个导杆和直线气缸活塞杆的相对位置固定，当直线气缸的一端接触压缩空气后，活塞被驱动，做直线运动，活塞杆也一起移动，被连接件安装板固定到一起的两个导杆也随活塞杆伸出或缩回，从而实现导向气缸的整体功能。安装在导杆末端的行程调整板用于调整该导向气缸的伸出行程，具体调整方法是松开行程调整板上的紧定螺钉，使行程调整板在导杆上移动，当达到理想的伸出距离以后，再完全锁紧紧定螺钉，完成导向气缸的行程调节。

6. 装配台料斗

输送站运送来的待装配工件被直接放置在装配台料斗的定位孔中，由定位孔与工件之间的较小间隙配合实现定位，从而完成准确的装配动作和确保定位精度。装配台料斗如图 3-9 所示。

为了确定装配台料斗内是否放置了待装配工件，可以使用光纤传感器进行检测。装配台料斗的侧面开设了一个 M6 的螺孔，光纤传感器的光纤探头就固定在螺孔内。

7. 指示灯

本工作站上安装有红、黄、绿 3 色指示灯，在整个系统中起警示作用。指示灯有 5 根引出线，其中黄、绿交叉线为“地线”；红色线为红色灯控制线；黄色线为黄色灯控制线、绿色线为绿色灯控制线；黑色线为信号灯公共控制线。

8. 电磁换向阀组和气动控制回路

装配站的电磁换向阀组由 6 个二位五通单电控电磁换向阀组成，装配站的阀组如图 3-10 所示。这些阀分别对供料、位置变换和装配动作气路进行控制，以改变这些动作的动作状态。装配站气动控制回路如图 3-11 所示。

在进行气路连接时，请注意各气缸的初始位置，其中，挡料气缸在伸出位置，气爪提升气缸在提起位置。

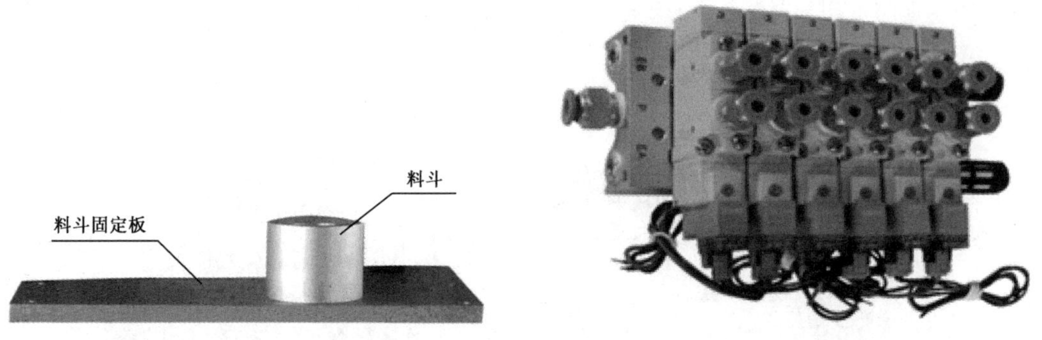

图 3-9 装配台料斗

图 3-10 装配站的阀组

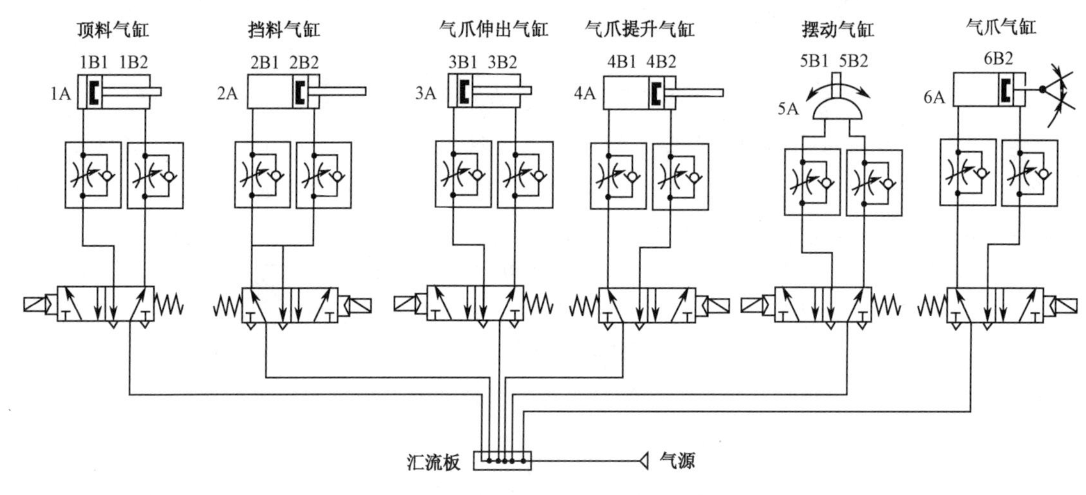

图 3-11 装配站气动控制回路

项目实施

基于本工作站的控制要求，完成自动生产线装配站的安装与调试，完成 PLC 程序设计，并对其进行调试。

对学生归档文件的要求同前。

3.2 装配站的安装

1. 装配站的机械安装

装配站是整个 YL-335B 型自动生产线中包含气动元件最多、结构最为复杂的工作站，遵循先前的思路，先完成组件，再进行总装。装配站装配过程的组件图如图 3-12 所示。

完成以上组件的装配后，将与底板接触的型材放置在底板的连接螺纹上，使用“L”形的连接件和连接螺栓，将框架组件安装在底板上，如图 3-13 所示。

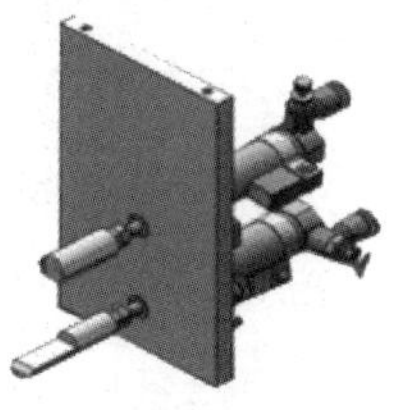

（a）小工件供料组件

（b）装配回转物料台组件

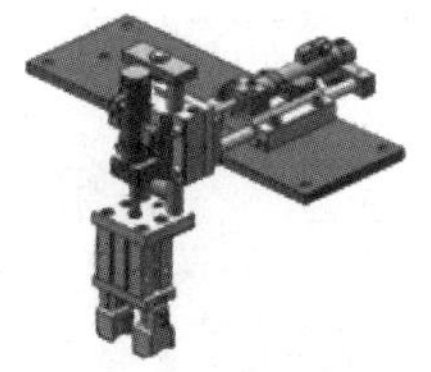

（c）装配机械手组件

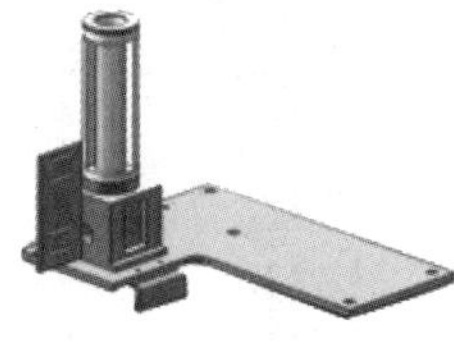

（d）小工件料仓组件

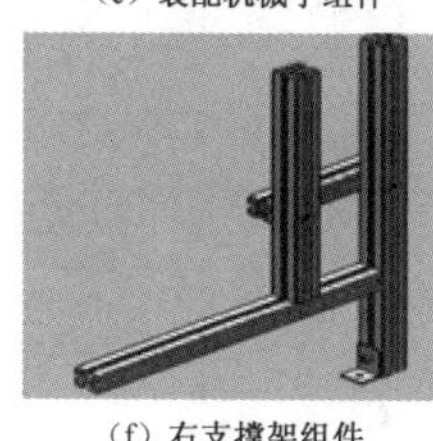

（e）左支撑架组件　（f）右支撑架组件

图 3-12　装配站装配过程的组件图

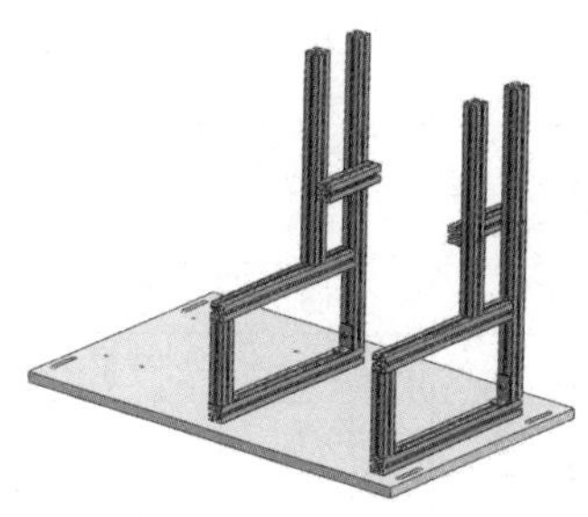

图 3-13　框架组件在底板上的安装图

将图 3-12 中的组件逐个安装上去，安装顺序为：装配回转物料台组件→小工件料仓组件→小工件供料组件→装配机械手组件。

安装指示灯及其各传感器，从而完成装配站机械部分的安装。

安装过程中的注意事项如下。

（1）安装时要注意摆台的初始位置，以免安装完成后摆动角度不到位。

（2）预留螺栓的放置一定要足够多，以免造成组件之间不能完成安装。

（3）建议先进行装配，但不要一次拧紧所有紧定螺栓，待基本确定相互位置后，再依次进行调整固定。

2．装配站的气路连接

按装配站气动控制回路进行气路连接。

3.3　装配站的 PLC 控制

3.3.1　装配站的电气线路设计及连接

装配站 PLC 的 I/O 分配及系统安装接线 I/O 点较多，选用 S7-226AC/DC/RLY 主站，该主站共有 24 点输入和 16 点继电器输出。装配站 PLC 的 I/O 信号及装置侧的接线端口信号端子的分配表如表 3-1 所示。图 3-14 所示为装配站 PLC 接线原理图。

表 3-1　装配站 PLC 的 I/O 信号及装置侧的接线端口信号端子的分配表

输入信号					输出信号				
序号	PLC 输入点	信号名称	信号来源装置侧		序号	PLC 输出点	信号名称	信号来源装置侧	
			设备符号	端子号				设备符号	端子号
1	I0.0	物料不足检测	SC1	2	1	Q0.0	挡料电磁换向阀	1Y	2
2	I0.1	物料有无检测	SC2	3	2	Q0.1	顶料电磁换向阀	2Y	3

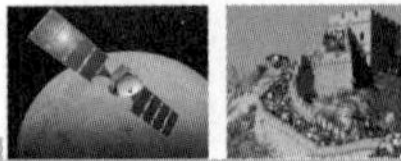

续表

输入信号					输出信号				
序号	PLC 输入点	信号名称	信号来源装置侧		序号	PLC 输出点	信号名称	信号来源装置侧	
			设备符号	端子号				设备符号	端子号
3	I0.2	左料盘物料检测	SC3	4	3	Q0.2	回转电磁换向阀	3Y	4
4	I0.3	右料盘物料检测	SC4	5	4	Q0.3	气爪夹紧电磁阀	4Y1	5
5	I0.4	物料台物料检测	SC5	6	5	Q0.4	气爪松开电磁换向阀	4Y2	6
6	I0.5	顶料到位检测	1B1	7	6	Q0.5	气爪下降电磁换向阀	5Y	7
7	I0.6	顶料复位检测	1B2	8	7	Q0.6	气爪伸出电磁换向阀	6Y	8
8	I0.7	挡料状态检测	2B1	9	8	Q0.7	红色指示灯	AL2	9
9	I1.0	落料状态检测	2B2	10	9	Q1.0	黄色指示灯	AL3	10
10	I1.1	旋转缸左限位检测	3B1	11	10	Q1.1	绿色指示灯	—	
11	I1.2	旋转缸右限位检测	3B2	12	11	Q1.2	—	—	
12	I1.3	气爪夹紧检测	4B	13	12	Q1.3	—	—	
13	I1.4	气爪下降到位检测	5B1	14	13	Q1.4	—	—	
14	I1.5	气爪上升到位检测	5B2	15	14	Q1.5	HL1	按钮/指示灯模块	
15	I1.6	气爪缩回到位检测	6B1	16	15	Q1.6	HL2		
16	I1.7	气爪伸出到位检测	6B2	17	16	Q1.7	HL3		
17	I2.0	—	—		—	—	—	—	
18	I2.1	—	—		—	—	—	—	
19	I2.2	—	—		—	—	—	—	
20	I2.3	—	—		—	—	—	—	
21	I2.4	停止按钮	按钮/指示灯模块		—	—	—	—	
22	I2.5	启动按钮							
23	I2.6	急停按钮							
24	I2.7	单站/全线							

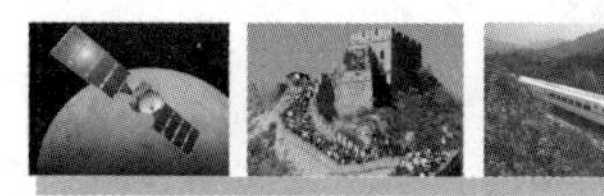

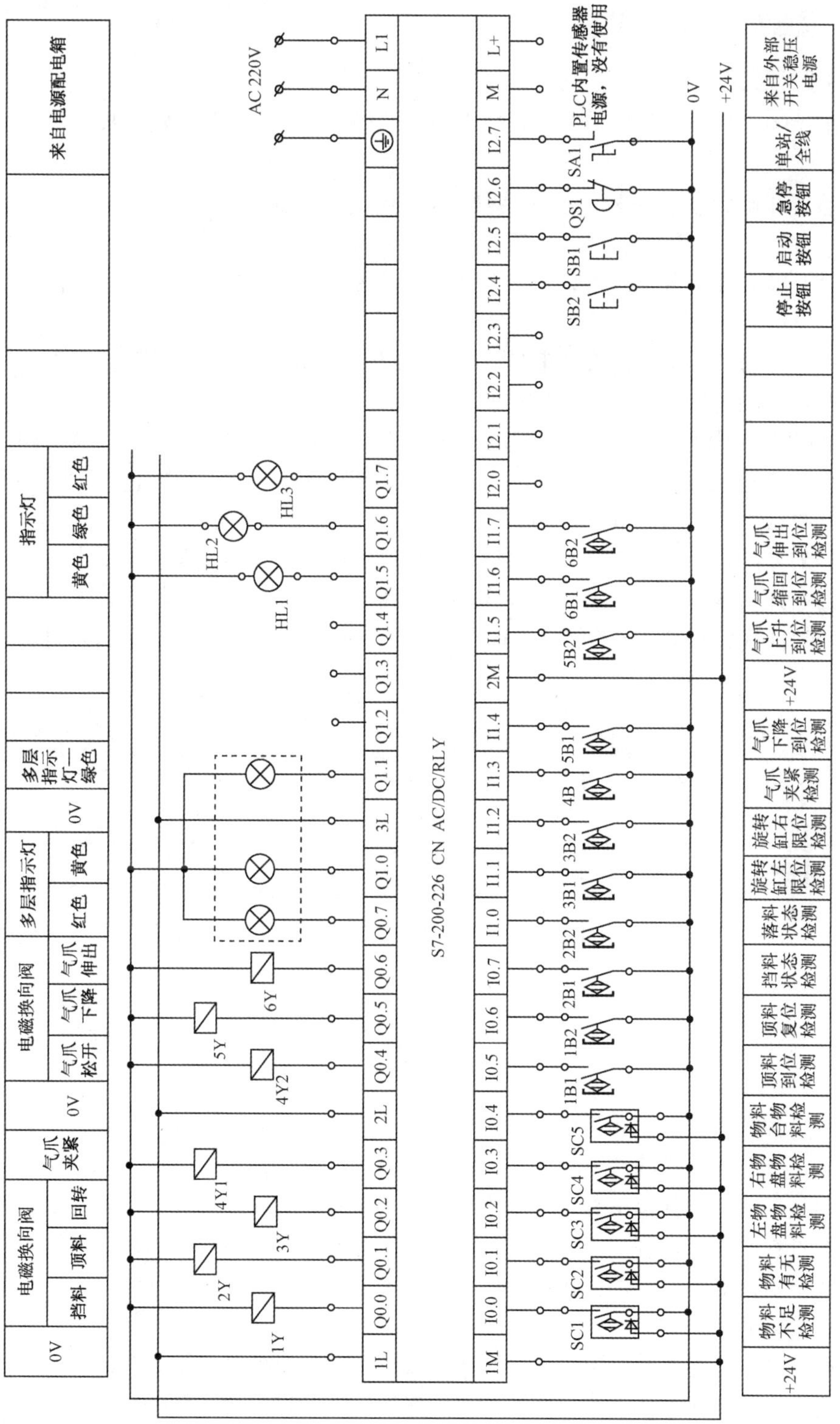

图3-14 装配站PLC接线原理图

指示灯用来指示 YL-335B 型自动生产线整体运行时的工作状态，工作任务是装配站单独运行，没有要求使用指示灯，可以不连接到 PLC 上。

3.3.2 装配站的程序编制

1. 程序设计思路

（1）装配站的工作过程包括两个相互独立的子工作过程，一个是供料过程，另一个是装配过程。

供料过程是指通过供料机构的操作使料仓内的小圆柱工件落到摆台左料盘上；摆台转动，使装有工件的料盘转移到右边，以便装配机械手抓取工件。

装配过程是指当装配台上有待装配工件且装配机械手下方有小圆柱工件时，装配站进行装配操作。

在主程序中，当初始状态检查结束时，确认装配站准备就绪，按下启动按钮进入运行状态后，应同时调用供料控制和装配控制两个子程序。

（2）供料控制过程包含两个互相联锁的过程，即落料过程和摆台转动、料盘转移的过程。在小圆柱工件从料仓下落到左料盘的过程中，禁止摆台转动；反之，在摆台转动过程中，禁止打开料仓（挡料气缸缩回）进行落料。

实现联锁的方法是：①当摆台的左限位或右限位磁性开关动作且左料盘中没有工件时，经定时确认后，开始落料过程；②当挡料气缸伸出到位使料仓关闭且左料盘有工件而右料盘为空时，经定时确认后，摆台开始转动，直到摆台达到限位位置。图3-15所示为摆动气缸转动操作的梯形图。

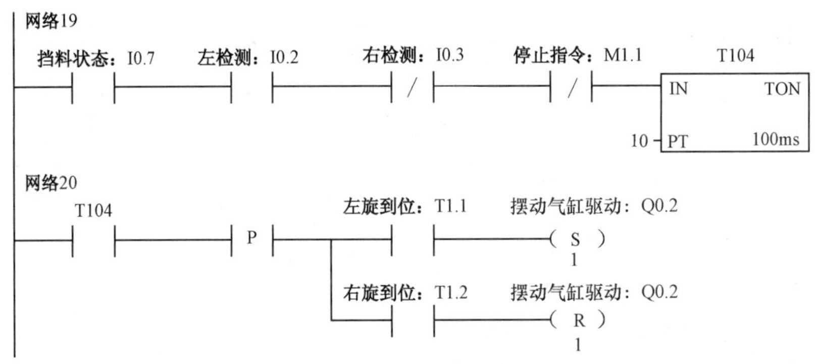

图3-15　摆动气缸转动操作的梯形图

（3）供料过程的落料控制和装配控制过程都是单序列步进顺序控制过程。

（4）停止运行有两种情况，一种是在运行过程中按下停止按钮，停止指令被置位；另一种是当料仓内最后一个工件落下时，检测物料有无的传感器（I0.1 OFF）将发出缺料报警。

对于供料过程的落料控制，上述两种情况均应在料仓关闭、顶料气缸复位到位即返回到初始步后停止下次落料，并复位落料初始步。但对于摆台转动控制，一旦停止指令发出，就应立即停止摆台转动。

对于装配控制，上述两种情况也应在装配完成后、装配机械手返回到初始位置后停止。

仅当落料机构和装配机械手均返回到初始位置后，才能复位运行状态标志和停止指令。停止运行的操作应在主程序中编制，停止运行的梯形图如图3-16所示。

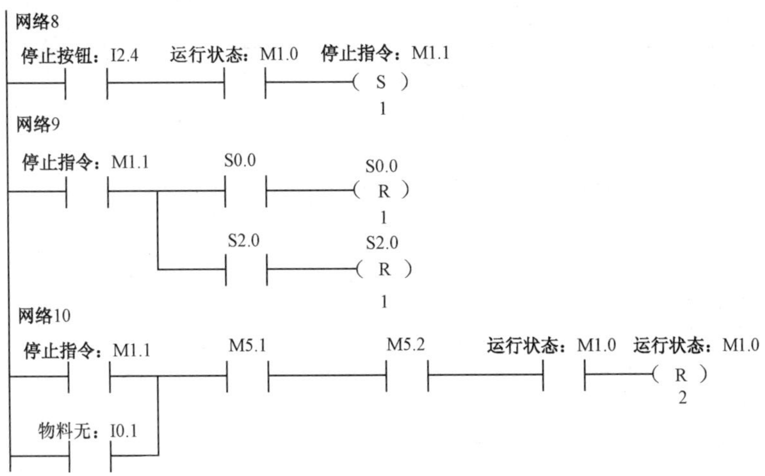

图3-16　停止运行的梯形图

2．程序清单

程序清单全部参考程序梯形图清单，请扫码获取。

3．程序检查与调试

使用模拟仿真软件进行程序的检查与调试。

3.4　装配站的运行调试

装配站的运行调试步骤如下。

（1）调整气动部分，检查气路是否正确、气压是否合理、气缸的动作速度是否合理。

（2）检查磁性开关的安装位置是否到位、磁性开关工作是否正常。

（3）检查I/O接线是否正确。

（4）检查光电传感器的安装是否合理、灵敏度是否合适，保证检测的可靠性。

（5）加入工件，运行程序，检查加工站动作是否满足任务要求。

（6）调试各种可能出现的情况，如在任何情况下都有可能加入工件，系统都应能可靠工作。

（7）优化程序。

工作手册

<table>
<tr><td>课程名称</td><td colspan="3">自动生产线安装与调试</td><td colspan="2">地　点</td><td></td></tr>
<tr><td>指导教师</td><td colspan="2"></td><td colspan="2">时　间</td><td colspan="2">年　　月　　日</td></tr>
<tr><td>班　级</td><td></td><td>姓　名</td><td colspan="2"></td><td>学　号</td><td></td></tr>
<tr><td>项目3</td><td colspan="6">装配站的安装与调试</td></tr>
<tr><td>学习目标</td><td colspan="6">根据项目描述功能，学习装配站相关摆动气缸和光纤传感器知识，设计装配站的气路、电路图，编写PLC程序并进行调试，培养学生综合应用PLC技术的能力。</td></tr>
<tr><td>注意事项</td><td colspan="6">1．将装配站进行机械安装时，应先放入阀组汇流排部分螺母，将机械手部分组装完成后安装在框架上。
2．装配站机械安装摆台初始位置。
3．摆动气缸左右限位电磁传感器位置。</td></tr>
</table>

续表

<table>
<tr><td>课程名称</td><td colspan="3">自动生产线安装与调试</td><td>地　　点</td><td></td></tr>
<tr><td>指导教师</td><td colspan="2"></td><td>时　　间</td><td colspan="2">年　　月　　日</td></tr>
<tr><td>班　　级</td><td></td><td>姓　　名</td><td></td><td>学　　号</td><td></td></tr>
<tr><td rowspan="6">任　　务</td><td colspan="5">任务 1．装配站的安装</td></tr>
<tr><td colspan="5">1．装配站的结构组成。

2．装配站机械手的运行过程。</td></tr>
<tr><td colspan="5">任务 2．装配站的 PLC 控制</td></tr>
<tr><td colspan="5">1．装配站 PLC 的 I/O 信号及装置侧的接线端口信号端子的分配表。

2．装配站的装配过程流程图。</td></tr>
<tr><td colspan="5">任务 3．装配站的运行调试</td></tr>
<tr><td colspan="5">1．运行调试前检查内容。

2．运行调试过程中出现的问题及解决方法。</td></tr>
<tr><td>总　　结</td><td colspan="5"></td></tr>
</table>

项目评价单

<table>
<tr><td>课程名称</td><td colspan="5">自动生产线安装与调试</td></tr>
<tr><td>项目3</td><td colspan="5">装配站的安装与调试</td></tr>
<tr><td>项目</td><td>内容</td><td>要求</td><td>互评</td><td>教师评价</td><td>综合评价</td></tr>
<tr><td rowspan="8">任务书及成果清单的填写（30分）</td><td>任务书（10分）</td><td>搜集信息，引导学生正确回答问题</td><td></td><td></td><td></td></tr>
<tr><td rowspan="2">工作计划（3分）</td><td>合理安排计划步骤</td><td></td><td></td><td></td></tr>
<tr><td>合理安排时间</td><td></td><td></td><td></td></tr>
<tr><td>材料清单（2分）</td><td>材料齐全</td><td></td><td></td><td></td></tr>
<tr><td>气路图（3分）</td><td>正确绘制气路图，画图规范</td><td></td><td></td><td></td></tr>
<tr><td>电路图（4分）</td><td>正确绘制电路图，符号规范</td><td></td><td></td><td></td></tr>
<tr><td>程序清单（4分）</td><td>程序正确</td><td></td><td></td><td></td></tr>
<tr><td>调试运行记录单（4分）</td><td>记录单包括气路调试及整体运行调试两部分，如实填写运行调试记录单</td><td></td><td></td><td></td></tr>
<tr><td rowspan="3">实施过程（40分）</td><td>机械安装及装配工艺（20分）</td><td>完成装配，坚固件不能有松动</td><td></td><td></td><td></td></tr>
<tr><td>气路连接工艺（10分）</td><td>气路不能有漏气现象，气缸速度合适，气路连接整齐</td><td></td><td></td><td></td></tr>
<tr><td>电路连接工艺（10分）</td><td>接线规范，连接牢固，电路连接整齐</td><td></td><td></td><td></td></tr>
<tr><td>成果质量（20分）</td><td>功能测试（20分）</td><td>测试运行满足要求，传感器、磁性开关调试正确</td><td></td><td></td><td></td></tr>
<tr><td rowspan="2">团队协作精神与职业素养（10分）</td><td>团队协作精神（5分）</td><td>小组成员有分工、有合作，配合紧密，积极参与</td><td></td><td></td><td></td></tr>
<tr><td>职业素养（5分）</td><td>符合安全操作规程；工具摆放等符合职业岗位要求，遵规守纪</td><td></td><td></td><td></td></tr>
<tr><td colspan="3">总　评</td><td></td><td></td><td></td></tr>
<tr><td>班级</td><td></td><td>姓名</td><td>第　　组</td><td>组长签字</td><td></td></tr>
<tr><td>教师签字</td><td colspan="2"></td><td>日期</td><td colspan="2"></td></tr>
</table>

项目4　分拣站的安装与调试

项目描述

分拣站的基本功能：将装配站送来的工件进行分拣，使不同颜色的工件从不同的出料滑槽分流。分拣站实物图如图4-1所示。

扫一扫看本项目教学课件

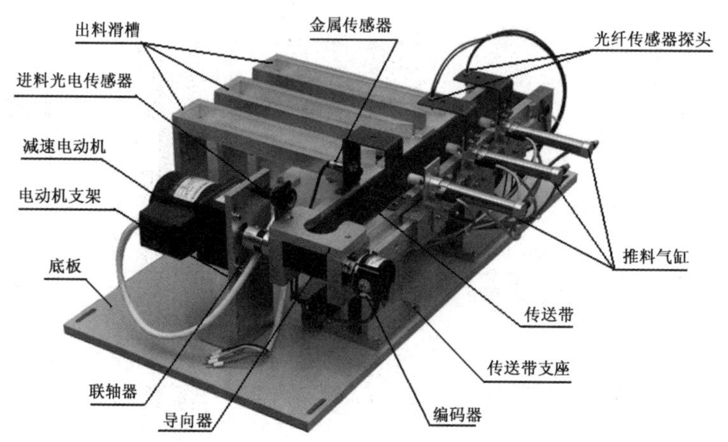

图4-1　分拣站实物图

分拣站的工作任务如下。

（1）分拣站的工作目标是完成对白色芯金属工件、白色芯塑料工件和黑色芯金属或塑料工件的分拣。为了在分拣时准确推出工件，要求使用旋转编码器进行定位检测。工件材料和芯体颜色属性应在推料气缸前的适当位置被检测出来。

（2）设备上电和气源接通后，若分拣站的3个气缸均处于缩回位置，则“正常工作”指示灯HL1常亮，表示设备准备好；否则，该指示灯以1Hz的频率闪烁。

（3）若设备准备好，则启停操作和工作状态不通过按钮指示灯盒操作指示，而是在触摸屏上实现。按下启动按钮，系统启动，“设备运行”指示灯HL2常亮。当在传送带入料口处人工放下已装配的工件时，变频器即启动，驱动传动电动机以触摸屏给定的速度将工件送往分拣区。电动机频率在40～50Hz范围内可调节。

各出料滑槽中工件的累计数据在触摸屏上显示，且数据在触摸屏上可以清零。

如果工件为白色芯金属工件，那么该工件到达1号出料滑槽中间时，传送带停止，工件被推到1号出料滑槽中；如果工件为白色芯塑料工件，那么该工件到达2号出料滑槽中间时，传送带停止，工件被推到2号出料滑槽中；如果工件为黑色芯金属或塑料工件，那么该工件到达3号出料滑槽中间时，传送带停止，工件被推到3号出料滑槽中。工件被推出出料滑槽后，该工作站的一个工作周期结束。仅当工件被推出出料滑槽后，才能再次向传送带下料。

如果在运行期间按下停止按钮，那么该工作站在本工作周期结束后停止运行。

项目要求

以小组为单位，根据给定的任务，搜集资料，制订自动生产线分拣站的安装与调试工作

计划表，设计自动生产线分拣站的气路、电路图，设计 PLC 程序并进行调试。填写调试运行记录，整理相关文件并进行检查评价。

项目资讯

4.1　分拣站的结构组成

扫一扫看分拣站的工作过程微课视频

1. 传送和分拣机构

传送和分拣机构主要由传送带、出料滑槽、推料（分拣）气缸、漫射式光电传感器、光纤传感器、磁感应接近式传感器组成。传送和分拣机构用于传送已经加工、装配好的工件，在光纤传感器检测到工件后进行分拣。

传送带将机械手输送过来的加工好的工件进行传输，输送至分拣区。导向器用于纠偏机械手输送过来的工件。3 个出料滑槽分别用于存放加工好的 3 种类型的工件。

2. 传送带驱动机构

传送带驱动机构如图 4-2 所示。传送带驱动机构采用的三相异步电动机用于拖动传送带输送工件。传送带驱动机构主要由电动机支架、减速电动机、联轴器等组成。

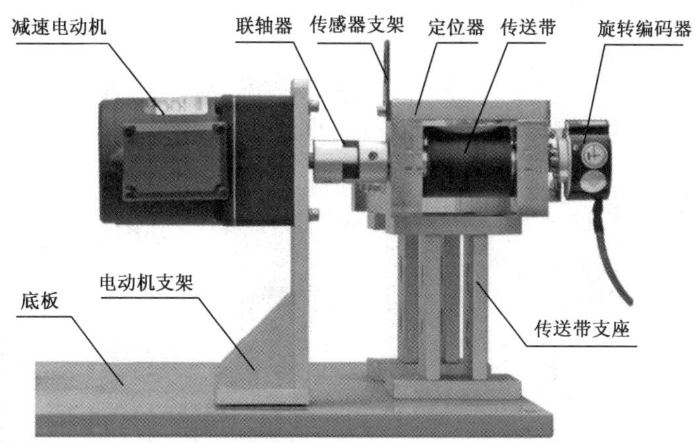

图 4-2　传送带驱动机构

三相异步电动机是传动机构的主要部分，电动机转速的快慢由变频器来控制，其作用是拖动传送带从而输送工件。电动机支架用于固定电动机。联轴器用于将电动机的轴和传送带主动轮的轴连接起来，从而组成一个传动机构。

3. 电磁换向阀组和气动控制回路

分拣站的电磁换向阀组使用了 3 个由二位五通的手控开关组成的单电控电磁换向阀，它们被安装在汇流板上。这 3 个阀分别对金属、白料和黑料推动气缸的气路进行控制，以改变各自的动作状态。

分拣站气动控制回路工作原理图如图 4-3 所示。1B1、2B1 和 3B1 分别为安装在各分拣气缸的前极限工作位置的磁性开关。1Y1、2Y1 和 3Y1 分别为控制 3 个分拣气缸电磁换向阀的电磁控制端。

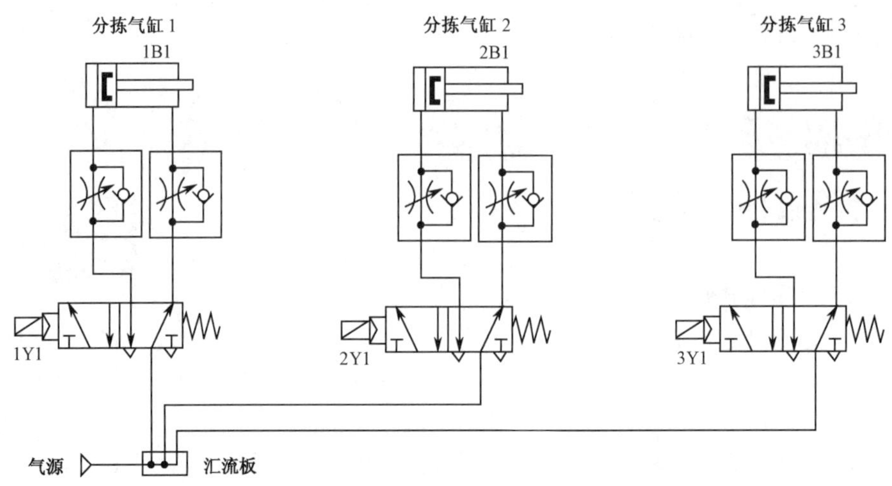

图 4-3　分拣站气动控制回路工作原理图

项目实施

基于本工作站的控制要求，完成自动生产线分拣站的安装与调试，完成 PLC 程序设计，并对其进行调试。

对学生归档文件的要求同前。

4.2　分拣站的安装

1．分拣站的机械安装

分拣站的机械安装可按如下 4 个步骤进行。

（1）完成传送机构组件安装，装配传送带装置及其支座，并将其安装到底板上，如图 4-4 所示。

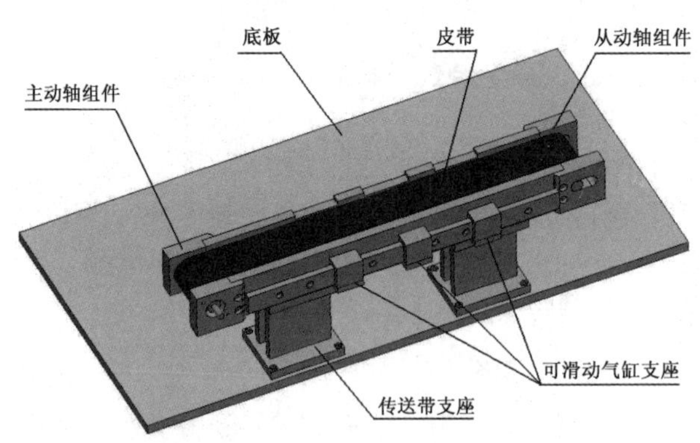

图 4-4　传送机构组件安装

（2）完成驱动电动机组件安装，进一步装配联轴器，将驱动电动机组件与传送机构相连并固定在底板上，如图 4-5 所示。

（3）继续完成推料气缸支架、推料气缸、传感器支架、出料滑槽及支撑板等的安装，机械部件安装完成时的效果图如图 4-6 所示。

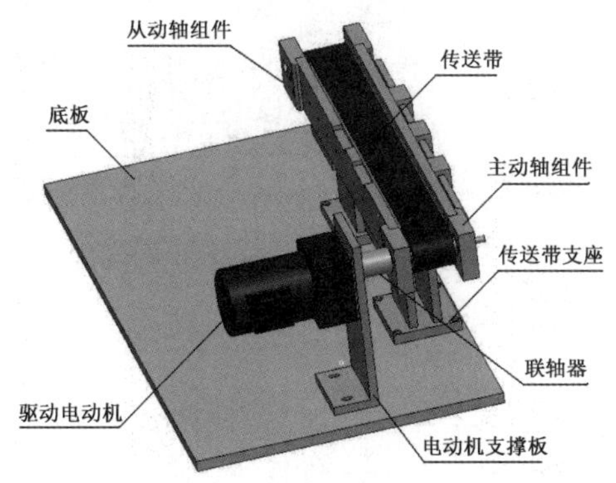

图 4-5 驱动电动机组件安装

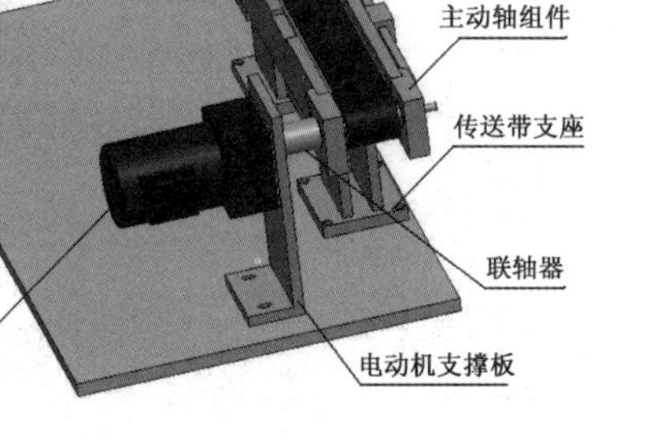

图 4-6 机械部件安装完成时的效果图

（4）完成各传感器、电磁换向阀组、装置侧接线端口等的安装。

传送带的安装注意事项如下。

（1）皮带托板与传送带两侧板的固定位置应调整好，以免皮带安装后凹入侧板表面，造成推料被卡住的现象。

（2）主动轴和从动轴的安装位置不能错，主动轴和从动轴的安装板的位置不能相互调换。

（3）皮带的张紧度应适中。

（4）保证主动轴和从动轴的平行。

（5）为了使传动部分平稳可靠、噪声小，特使用滚动轴承为动力回转件，但滚动轴承及其安装配合零件均为精密结构件，对其进行拆装时，需要有一定的技能和专用的工具，建议不要自行拆装。

（6）安装调试分拣站时，必须仔细调整电动机与主动轴连轴的同心度和皮带的张紧度。调节皮带张紧度的两个调节螺栓应平衡调节，避免皮带运行时跑偏。皮带张紧度以电动机在输入频率为 1Hz 时能顺利启动、低于 1Hz 时难以启动为宜。测试时可将变频器设置为在 BOP 操作板进行操作（启动/停止和频率调节）的运行模式，即设定参数 P0700＝1（使能 BOP 上的启动/停止按钮），P1000＝1（使能电动电位计的设定值），其操作方法见基础篇变频器参数设置方法。这部分调试在变频器主电路连接完成后进行。

2．分拣站的气路连接

按图 4-3 进行气路连接。

4.3 变频器的连接及参数设置

4.3.1 变频器的接线

YL-335B 型自动生产线的分拣站变频器主电路电源由配电箱通过自动开关 QF 单独提供一路三相电源供给，连接到变频器电源接线端子，电动机接线端子引出线则连接到电动机。注意，接地线 PE 必须连接到变频器接地端子，并连接到交流电动机的外壳。变频器接线图如图 4-7 所示。

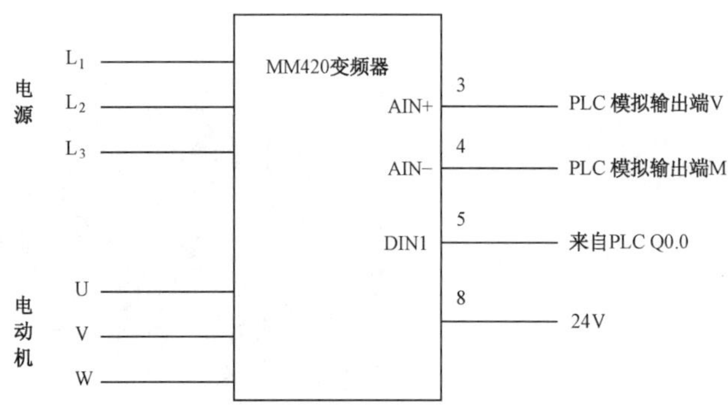

图 4-7　变频器接线图

扫一扫看变频器面板控制电动机启停微课视频

4.3.2　变频器电动机参数设置

扫一扫看变频器的快速调试微课视频

用 BOP 进行变频器的快速调试。快速调试包括电动机参数和斜坡函数的参数设定，并且电动机参数的修改仅当快速调试时有效。在进行快速调试前，必须完成变频器的机械和电气安装。当选择 P0010=1 时，进行快速调试。

按表 4-1 对 YL-335B 型自动生产线的分拣站的电动机参数进行设置。

表 4-1　电动机参数表

参数号	出厂值	设定值	说明
P0003	1	1	设用户访问级为标准级
P0010	0	1	快速调试
P0100	0	0	设置使用地区，0=欧洲，功率以 kW 表示，频率为 50Hz
P0304	400	380	电动机额定电压（V）
P0305	1.90	0.18	电动机额定电流（A）
P0307	0.75	0.03	电动机额定功率（kW）
P0310	50	50	电动机额定频率（Hz）
P0311	1395	1300	电动机额定转速（r/min）

扫一扫看变频器恢复出厂值微课视频

快速调试的进行与参数 P3900 的设定有关，当其被设定为 1 时，快速调试结束后，要完成必要的电动机计算，并使其他所有的参数（P0010=1 不包括在内）复位为工厂的默认设置。当 P3900=1 并完成快速调试后，变频器已经做好了运行准备。

4.3.3　脉冲当量的测试

YL-335B 型自动生产线的分拣站使用了通用型旋转编码器，如图 4-8 所示。通用型旋转编码器用于计算工件在传送带上的位置，它被直接连接到传送带主动轴上。该旋转编码器的三相脉冲采用 NPN 型集电极开路输出，分辨率为 500 线，工作电源为 DC 12～24V。本工作站没有使用 Z 相脉冲，A、B 两相输出端直接连接到 PLC（S7-224XP AC/DC/RLY 主站）的高速计数器输入端。

图 4-8　YL-335B 型自动生产线使用的通用型旋转编码器

计算工件在传送带上的位置时，需要确定每两个脉冲之间的距离，即脉冲当量。分拣站主动轴的直径d=43 mm，即电动机每旋转一周，皮带上的工件移动距离$L=\pi\times d=3.14\times 43=135.02$ mm，故脉冲当量$\mu=L/500\approx 0.27$ mm。

以上脉冲当量的计算只是理论上的。各种误差因素不可避免，如传送带主动轴直径（包括皮带厚度）的测量误差，传送带的安装偏差、张紧度、分拣站整体在工作台面上的定位偏差等，都将影响计算值，因此理论计算值只能作为估算值。脉冲当量的误差所引起的累积误差会随着工件在传送带上运动距离的增大而迅速增加，因而在安装调试分拣站时，除了要仔细调整以尽量减小安装偏差，还需要现场测试脉冲当量。

测试脉冲当量的步骤如下。

（1）驱动电动机组件安装调整结束后，完成变频器的电路连接，将变频器参数设置为：

P0700 = 2（指定命令源为“由端子排输入”）。

P0701 = 16（确定数字输入 DIN1 为“直接选择+ ON”命令）。

P1000 = 3（频率设定值的选择为固定频率）。

P1001 = 25Hz（DIN1 的频率设定值）。

（2）编写 PLC 测试程序，现场测试脉冲当量主程序如图 4-9 所示。

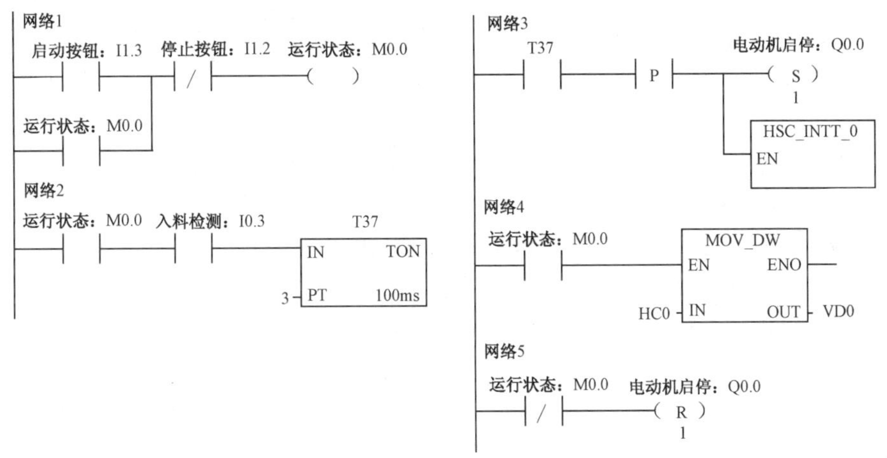

图 4-9　现场测试脉冲当量主程序

（3）运行 PLC 程序，并置于监控方式。在传送带进料口中心处放下工件后，按下启动按钮开始运行。工件被传送一段较长的距离后，按下停止按钮停止运行。观察 STEP7-Micro/Win 软件监控界面上 VD0 的读数，将此值填写到表 4-2 的“高速计数脉冲数”一栏中。在传送带上测量工件移动的距离，将测量值填写到表 4-2 中“工件移动距离”一栏中。计算高速计数脉冲数/4 的值，将计算结果填写到“编码器脉冲数”一栏中，则脉冲当量μ（计算值）=工件移动距离/编码器脉冲数，并将此值填写到相应栏中。连续测试 3 次，将测试结果填入表中。

表 4-2　脉冲当量现场测试数据

项　目	内　容			
序　号	工件移动距离（测量值）	高速计数脉冲数（测试值）	编码器脉冲数（计算值）	脉冲当量μ（计算值）
第 1 次				

续表

项　目	内　容			
序　号	工件移动距离（测量值）	高速计数脉冲数（测试值）	编码器脉冲数（计算值）	脉冲当量μ（计算值）
第2次				
第3次				

（4）求出脉冲当量μ的平均值：$\mu=(\mu_1+\mu_2+\mu_3)/3$。

在本项工作任务中，编程高速计数器的目的是，根据HC0当前值确定工件位置，与存储到指定变量存储器特定位置的数据进行比较，以确定程序的流向。传送带位置计算用图如图4-10所示。

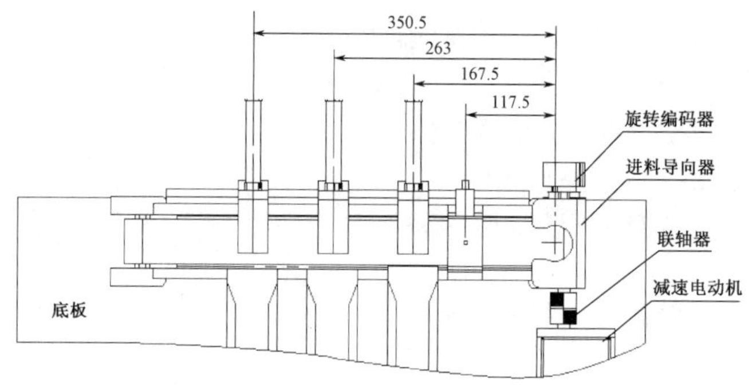

图4-10　传送带位置计算用图

特定位置数据如下。

- 进料口到传感器位置的脉冲数被存储在VD10站中（双整数）。
- 进料口到推杆1位置的脉冲数被存储在VD14站中。
- 进料口到推杆2位置的脉冲数被存储在VD18站中。
- 进料口到推杆3位置的脉冲数被存储在VD22站中。

可以使用数据块来对上述存储器赋值，在STEP7-Micro/Win界面项目指令树中，选择“数据块”→“用户定义1”窗口；在所出现的数据块界面上逐行输入存储器起始地址、数据值及其注释（可选），允许用逗号、制表符或空格作为地址和数据的分隔符号，如图4-11所示。

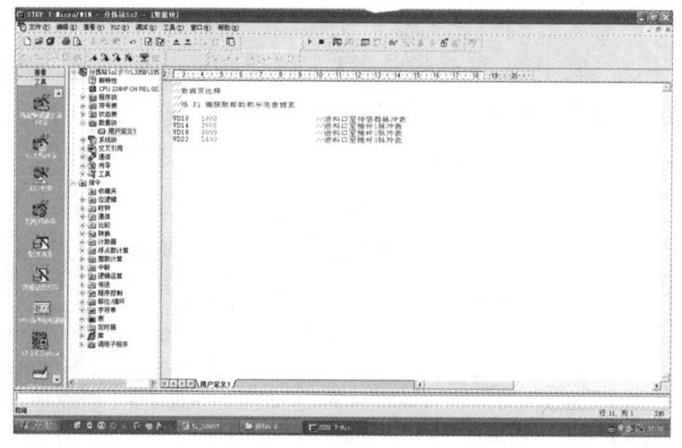

图4-11　使用数据块对存储器赋值

> ❗ **注意：** 特定位置数据均从进料口开始计算，因此，每当待分拣工件下料到进料口，电动机开始启动时，必须对 HC0 的当前值（存储在 SMD38 中）进行一次清零操作。

4.3.4　变频器的参数设置

根据分拣站电动机的控制要求按表 4-3 进行变频器参数设置。

表 4-3　变频器参数表

参数号	出厂值	设定值	说明
P0700	2	2	频率设定值输出频率由 3～4 端子两端的模拟电压（0～10V）设定
P0701	1	1	最低频率（Hz）
P1000	1	2	启动信号来自接线端子
P1080	50	50	最高频率（Hz）
P1082	0	0	最低频率（Hz）
P2000	50	50	基准频率（Hz）
P1121	10	0.2	斜坡下降时间（s）
P1120	10	1	斜坡上升时间（s）

将斜坡上升时间参数 P1120 设定为 1s，斜坡下降时间参数 P1121 设定为 0.2s。（注：由于驱动电动机功率很小，所以此参数设定不会引起变频器过电压跳闸。）

4.4　分拣站的电气线路设计及连接

扫一扫看变频器模拟量控制参数设置微课视频

分拣站 PLC 选用 S7-224 XP AC/DC/RLY 主站，该主站共有 14 点输入和 10 点继电器输出。选用 S7-224 XP 主站的原因是，当变频器的频率设定值由 HMI 指定时，该频率设定值是一个随机数，需要由 PLC 通过 D/A 变换方式向变频器输入模拟量的频率指令，以实现电动机速度的连续调整。S7-224 XP 主站集成有 2 路模拟量输入、1 路模拟量输出，有两个 RS-485 通信口，可满足 D/A 变换的编程要求。

本项目工作任务要求驱动传动电动机以触摸屏给定的速度运行。按要求选用 MM420 的端子“5”（DIN1）进行电动机的启动控制；频率在 40～50Hz 可调节，输出频率由 3～4 端子两端的模拟电压（0～10V）设定。分拣站 PLC 的 I/O 信号及装置侧的接线端口信号端子的分配表如表 4-4 所示，分拣站 PLC 的 I/O 接线原理图如图 4-12 所示。

表 4-4　分拣站 PLC 的 I/O 信号及装置侧的接线端口信号端子的分配表

输入信号					输出信号				
序号	PLC 输入点	信号名称	信号来源装置侧		序号	PLC 输出点	信号名称	信号输出目标装置侧	
			设备符号	端子号				设备符号	端子号
1	I0.0	旋转编码器 B 相	DECODE	2	1	Q0.0	电动机启动	变频器	
2	I0.1	旋转编码器 A 相		3	2	Q0.1	—	—	
3	I0.2	工件颜色检测（料）	SC1	4	3	Q0.2	—	—	
4	I0.3	工件颜色检测（芯）	SC2	5	4	—	—	—	
5	I0.4	进料口工件检测	SC3	6	5	Q0.3	—	—	
6	I0.5	金属工件检测	SC4	7	6	Q0.4	推杆 1 电磁换向阀	1Y	2

续表

输入信号					输出信号				
序号	PLC 输入点	信号名称	信号来源装置侧		序号	PLC 输出点	信号名称	信号输出目标装置侧	
			设备符号	端子号				设备符号	端子号
7	I0.6	—		8	7	Q0.5	推杆 2 电磁换向阀	2Y	3
8	I0.7	推杆 1 推出到位	1B	9	8	Q0.6	推杆 3 电磁换向阀	3Y	4
9	I1.0	推杆 2 推出到位	2B	10	9	Q0.7	HL1	按钮/指示灯模块	
10	I1.1	推杆 3 推出到位	3B	11	10	Q1.0	HL2		
11	I1.2	停止按钮	按钮/指示灯模块		11	V	模拟电压输出	变频器 AIN+（3）	
12	I1.3	启动按钮			12	M	模拟输出公共端	变频器 AIN-（4）	
13	I1.4	—			—	—	—	—	
14	I1.5	单站/全线							

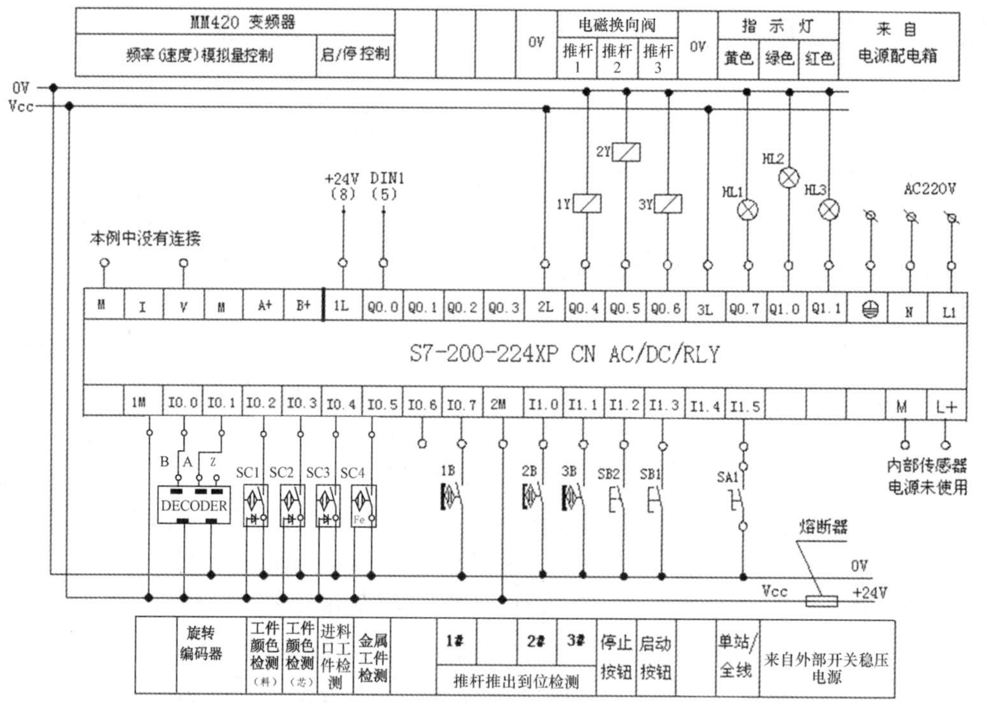

图 4-12　分拣站 PLC 的 I/O 接线原理图

4.5　分拣站的触摸屏组态软件设计

YL-335B 型自动生产线采用了昆仑通态研发的人机界面 TPC7062KS，TPC7062KS 是一款在实时多任务嵌入式操作系统 Windows CE 环境中运行的 MCGS 嵌入版组态软件。

扫一扫看分拣站的触摸屏组态软件设计微课视频

分拣站界面如图 4-13 所示。

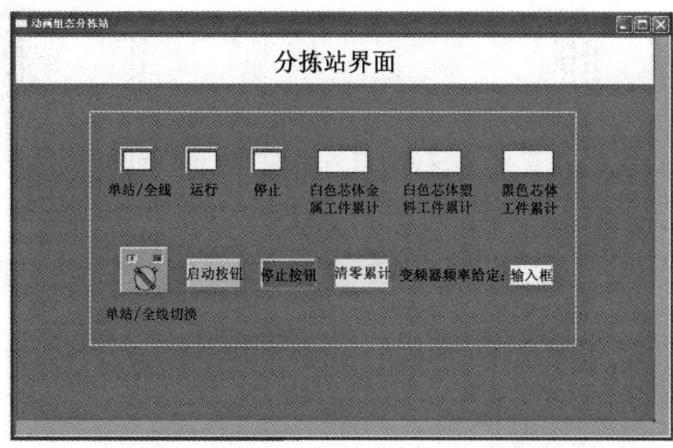

图 4-13　分拣站界面

分拣站界面中包含了如下内容。

- 状态指示：单站/全线（单机/联机）、运行、停止。
- 切换旋钮：单站/全线（单机/联机）切换。
- 按钮：启动（按钮）、停止（按钮）、清零累计按钮。
- 数据输入：变频器频率给定。
- 数据输出显示：白色芯体金属工件累计、白色芯体塑料工件累计、黑色芯体工件累计。
- 矩形框。

触摸屏组态画面各元件对应的 PLC 地址如表 4-5 所示。

表 4-5　触摸屏组态画面各元件对应的 PLC 地址

元件类别	名　称	输入地址	输出地址	备　注
位状态切换开关	单站/全线切换	M0.1	M0.1	—
位状态开关	启动按钮	—	M0.2	—
	停止按钮	—	M0.3	—
	清零累计按钮	—	M0.4	—
位状态指示灯	单站/全线指示灯	M0.1	M0.1	—
	运行指示灯	—	M0.0	—
	停止指示灯	—	M0.0	—
数值输入元件	变频器频率给定	VW1002	VW1002	最小值 40 最大值 50
数值输出元件	白色芯体金属工件累计	VW70	—	—
	白色芯体塑料工件累计	VW72	—	—
	黑色芯体工件累计	VW74	—	—

人机界面的组态步骤和方法如下所述。

1．设备连接

为了能够使触摸屏和 PLC 通信连接上，需要将定义好的数据对象和 PLC 内部变量进行连接，具体操作步骤如下。

（1）在“设备窗口”组态中双击“设备窗口”图标进入。

（2）单击工具条中的“工具箱”图标，打开“设备工具箱”窗口。

（3）在可选设备列表中，先双击“通用串口父设备”图标，然后双击“西门子_S7200PPI”图标，如图 4-14 所示。

（4）双击“通用串口父设备”图标，弹出“通用串口设备属性编辑”对话框，在该对话框中进行参数设置，如图 4-15 所示。

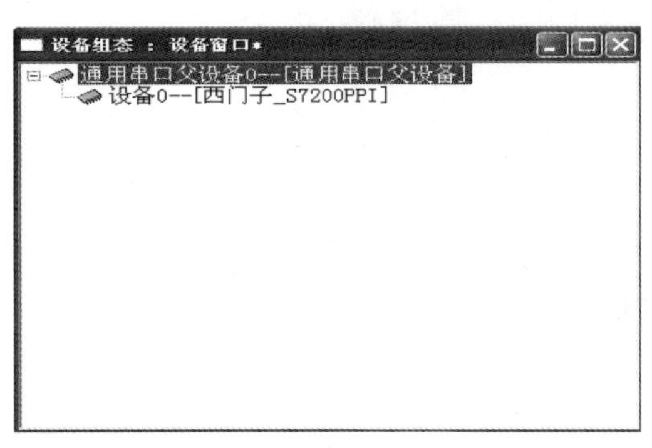

图 4-14　设置设备窗口

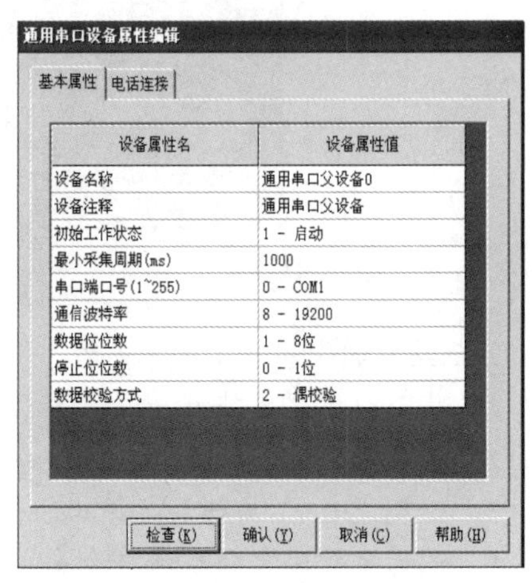

图 4-15　通用串口设备属性设置

2．创建工程

如果在 TPC 类型中找不到“TPC7062KS”选项，那么选择“TPC7062K”选项，工程名称为“335B-分拣站”。

3．画面和元件的制作

1）新建画面及属性设置

（1）在用户窗口中单击“新建窗口”按钮，建立“窗口 0”窗口。选中“窗口 0”窗口，单击“窗口属性”按钮，弹出“用户窗口属性设置”对话框。

（2）将窗口名称和窗口标题都改为“分拣画面”。

（3）单击“窗口背景”按钮，在“其他颜色”按钮中选择所需的颜色，如图 4-16 所示。

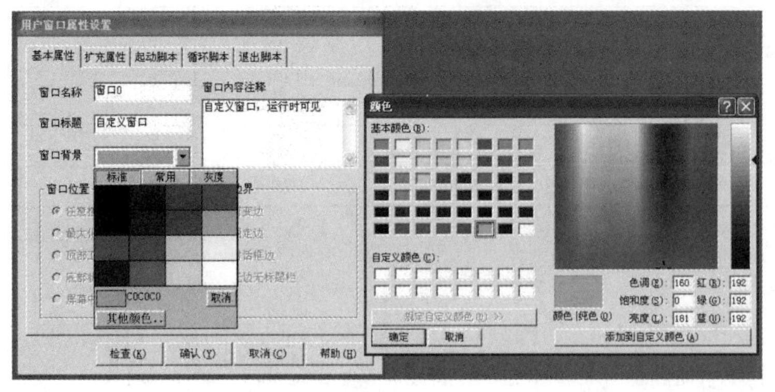

图 4-16　“用户窗口属性设置”对话框

2）制作文字框图

下面以标题文字的制作为例进行说明。

（1）单击工具条中的“工具箱”按钮，打开绘图工具箱。选择工具箱中的“标签”按钮A，在窗口顶端中心位置拖动鼠标，根据需要绘制出一个大小合适的矩形框，输入文字“分拣站界面”。

（2）选中文本框，进行如图 4-17 所示的设置。

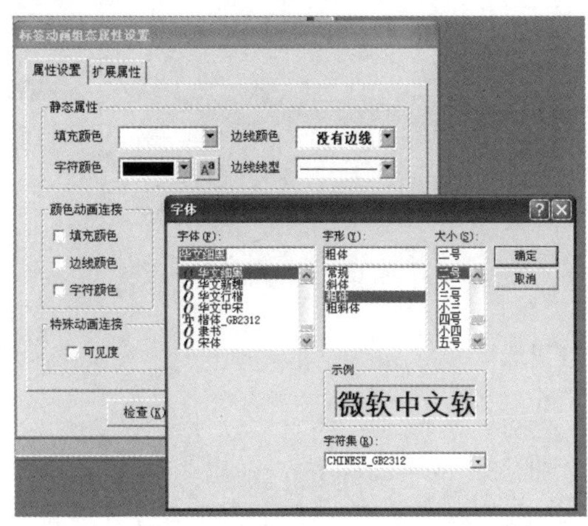

图 4-17　“标签动画组态属性设置”对话框

3）制作状态指示灯

下面以“单站/全线”指示灯为例进行说明。

（1）单击绘图工具箱中的“插入元件”图标，弹出“对象元件库管理”对话框，选择指示灯 6，双击该指示灯，弹出的“单元属性设置”对话框，如图 4-18 所示。

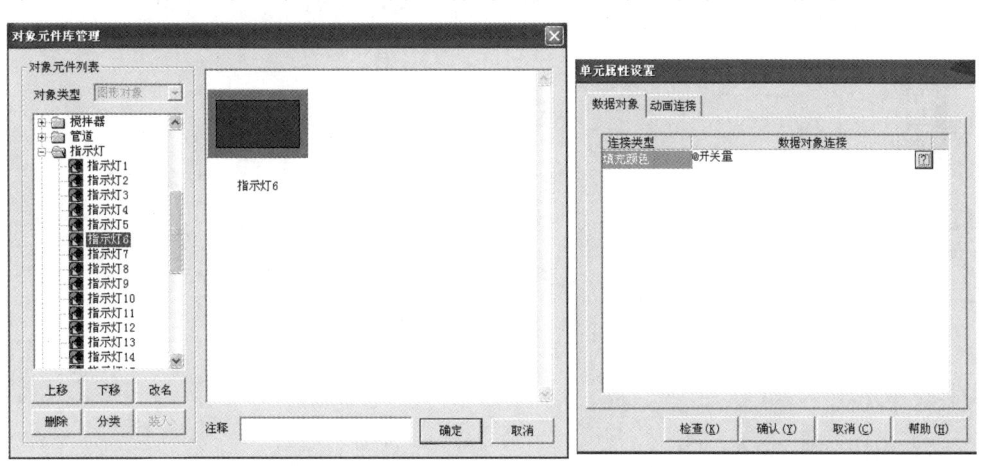

图 4-18　指示灯属性设置

（2）在“数据对象”选项卡中，单击右侧的“？”按钮，在数据中心选择“单站/全线切换”变量，也可以选择“根据采集信息生成”单选按钮，如图 4-19 所示。

（3）在“动画连接”选项卡中，单击“填充颜色”按钮，右边出现>按钮，单击>按钮，弹出如图 4-20 所示的对话框，在“属性设置”选项卡中，填充颜色选择白色。

（4）在“填充颜色”选项卡中，分段点 0 对应颜色选择白色；分段点 1 对应颜色选择浅绿色，如图 4-20 所示，单击“确认”按钮完成设置。

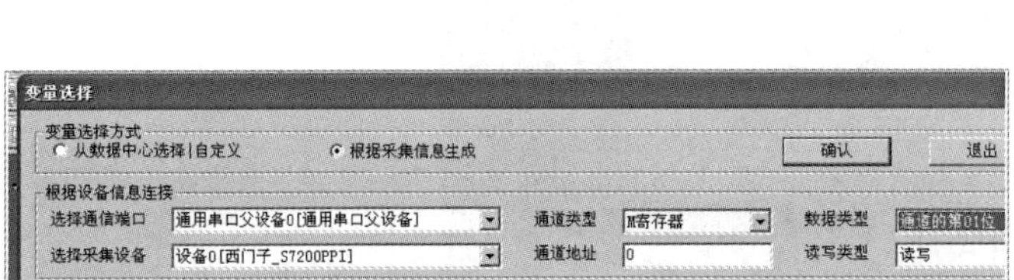

图 4-19　变量选择

图 4-20　填充颜色

4）制作切换旋钮

单击绘图工具箱中的“插入元件”图标，弹出“对象元件库管理”对话框，选择“开关 6”选项，单击“确认”按钮。双击旋钮，弹出如图 4-21 所示的“单元属性设置”对话框。在“数据对象”选项卡中，将“按钮输入”和“可见度”连接数据对象“单站/全线切换”。

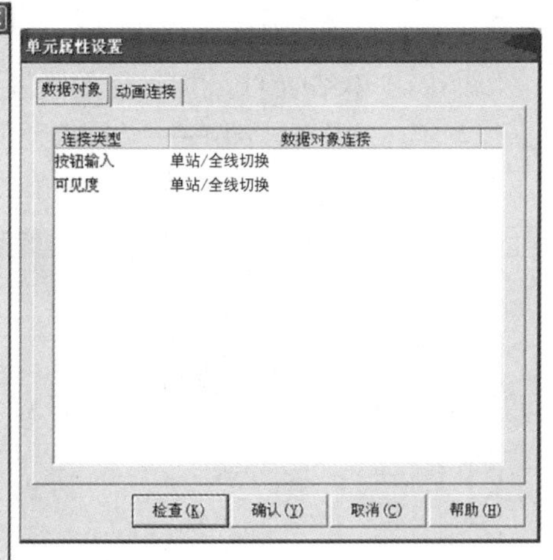

图 4-21　制作切换旋钮

5）制作按钮

以启动按钮为例进行说明。

单击绘图工具箱中的图标，在窗口中拖出一个大小合适的按钮，双击该按钮，弹出如图 4-22 所示的对话框，基本属性设置如图 4-22 所示，操作属性设置如图 4-23 所示。

启动按钮的按下功能设置请自行完成。

图4-22　基本属性设置

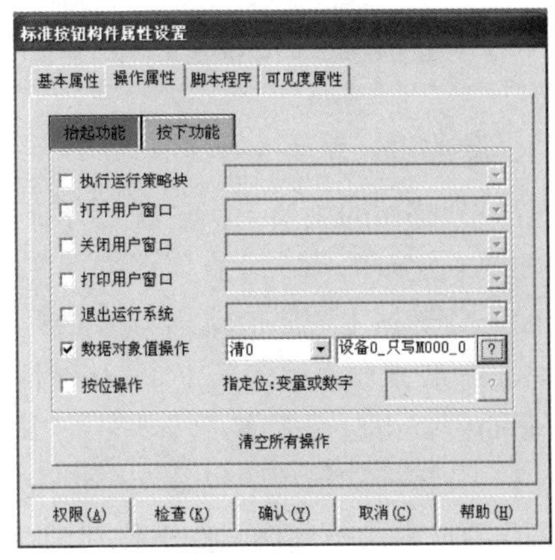

图4-23　操作属性设置

6）数值输入框

（1）选中工具箱中的“输入框”图标 abl，拖动鼠标，绘制一个输入框。

（2）双击“输入框”图标 输入框，进行操作属性设置，如图4-24所示。

7）数据显示

以白色金属工件累计数据显示为例。

（1）选中工具箱中的 A 图标，拖动鼠标，绘制一个显示框。

（2）双击显示框，在所弹出对话框的输入输出连接域中，选择“显示输出”选项，在“标签动画组态属性设置”对话框中会出现“显示输出”选项卡，单击“显示输出”选项卡，设置显示输出属性，显示输出属性设置如图4-25所示。

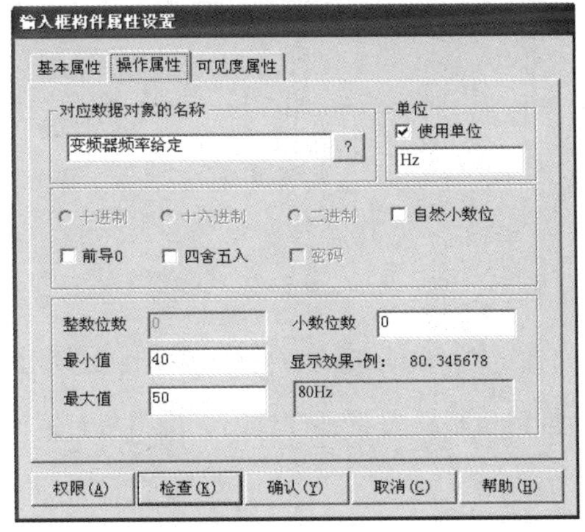

图4-24　操作属性设置

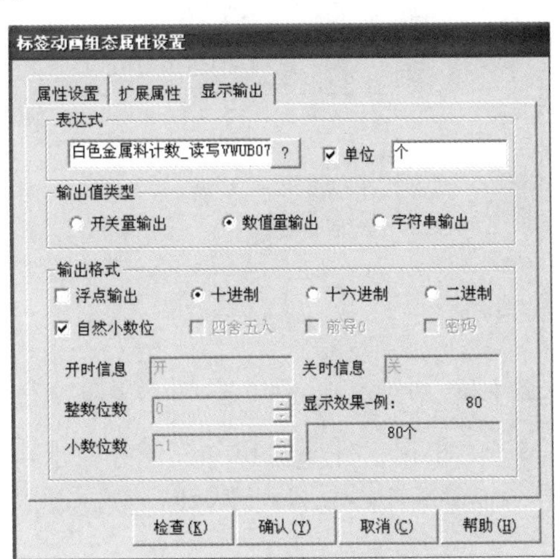

图4-25　显示输出属性设置

4．工程的下载

工程的下载过程见基础篇人机界面部分。

4.6 分拣站的 PLC 控制

1. 程序设计思路

（1）分拣站的主要工作过程是分拣控制，可编写一个子程序供主程序调用，对工作状态显示的要求比较简单，可直接在主程序中编写。

（2）分拣站主程序的流程与前面所述的供料站、加工站等是类似的，但由于使用高速计数器编程，必须在上电的第 1 个扫描周期调用 HSC_INIT 子程序，以定义并使能高速计数器。主程序的编制请自行完成。

（3）分拣控制子程序也是一个步进顺序控制程序，编程思路如下。

① 当检测到待分拣工件下料到进料口后，清零 HC0 当前值，以固定频率启动变频器驱动电动机运转。分拣控制子程序初始步梯形图如图 4-26 所示。

② 当工件经过安装在传感器支架上的光纤探头和电感式接近开关时，根据两个传感器动作与否判别工件的属性，决定程序的流向。HC0 当前值与传感器位置值的比较可采用触点比较指令实现。在传感器位置判别工件属性的梯形图如图 4-27 所示。

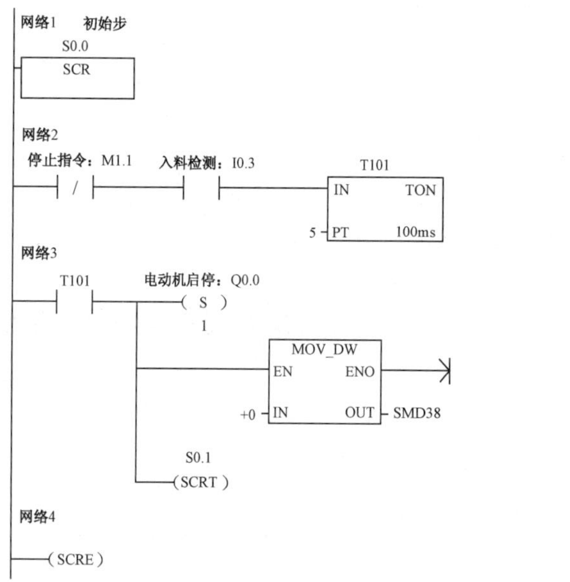

图 4-26 分拣控制子程序初始步梯形图

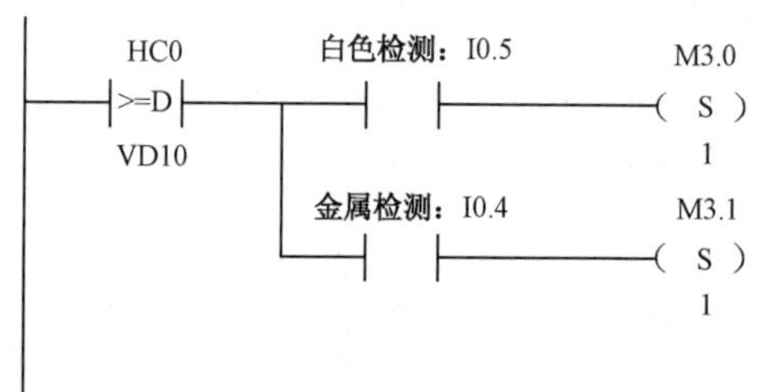

图 4-27 在传感器位置判别工件属性的梯形图

③ 根据工件属性和分拣任务要求，在相应的推料气缸位置将工件推出。推料气缸返回后，步进顺序控制子程序返回初始步。

2. 程序清单

程序清单全部参考程序梯形图清单，请扫码获取。

3. 程序检查与调试

使用模拟仿真软件进行程序的检查与调试。

4.7　分拣站的运行调试

分拣站的运行调试步骤如下。

（1）调整气动部分，检查气路是否正确、气压是否合理、气缸的动作速度是否合理。

（2）检查磁性开关的安装位置是否到位、磁性开关工作是否正常。

（3）检查 I/O 接线是否正确。

（4）检查光电传感器的安装是否合理、灵敏度是否合适，保证检测的可靠性。

（5）加入工件，运行程序，检查分拣站动作是否满足任务要求。

（6）调试各种可能出现的情况，如在任何情况下都有可能加入工件，系统都应能可靠工作。

（7）优化程序。

工作手册

<table>
<tr><td>课程名称</td><td colspan="4">自动生产线安装与调试</td><td colspan="2">地　点</td><td colspan="2"></td></tr>
<tr><td>指导教师</td><td colspan="2"></td><td colspan="2">时　间</td><td colspan="4">年　月　日</td></tr>
<tr><td>班　级</td><td></td><td colspan="2">姓　名</td><td colspan="2"></td><td colspan="2">学　号</td><td></td></tr>
<tr><td>项目 4</td><td colspan="8">分拣站的安装与调试</td></tr>
<tr><td>学习目标</td><td colspan="8">根据项目描述功能，学习分拣站相关旋转编码器、变频器和减速电动机知识，设计分拣站的气路、电路图，编写 PLC 程序并进行调试，培养学生综合应用 PLC 技术的能力。</td></tr>
<tr><td>注意事项</td><td colspan="8">1．将分拣站进行机械安装时，减速电动机、联轴器、定位器及旋转编码器应处于同一水平位置。
2．变频器电源输入及电动机输出接线位置，变频器的参数设置。
3．分拣站 3 个出料口距离脉冲当量测试。</td></tr>
<tr><td rowspan="5">任　务</td><td colspan="8">任务 1．分拣站的安装</td></tr>
<tr><td colspan="8">1．分拣站的结构组成。

2．分拣站的变频器参数设置。

3．脉冲当量测试程序及现场测试数据。</td></tr>
<tr><td colspan="8">任务 2．分拣站的 PLC 控制</td></tr>
<tr><td colspan="8">1．分拣站 PLC 的 I/O 信号及装置侧的接线端口信号端子的分配表。

2．分拣站的分拣过程流程图。</td></tr>
<tr><td colspan="8">任务 3．分拣站的运行调试</td></tr>
</table>

续表

课程名称	自动生产线安装与调试			地　　点	
指导教师		时　　间		年　　月　　日	
班　　级		姓　　名		学　　号	
任　　务	1．运行调试前检查内容。 2．运行调试过程中出现的问题及解决方法。				
总　　结					

项目评价单

课程名称	自动生产线安装与调试				
项目 4	分拣站的安装与调试				
项目	内容	要求	互评	教师评价	综合评价
任务书及成果清单的填写（30 分）	任务书（10 分）	搜集信息，引导学生正确回答问题			
	工作计划（3 分）	合理安排计划步骤			
		合理安排时间			
	材料清单（2 分）	材料齐全			
	气路图（3 分）	正确绘制气路图，画图规范			
	电路图（4 分）	正确绘制电路图，符号规范			
	程序清单（4 分）	程序正确			
	调试运行记录单（4 分）	记录单包括气路调试及整体运行调试两部分，如实填写运行调试记录单			
实施过程（40 分）	机械安装及装配工艺（20 分）	完成装配，坚固件不能有松动			
	气路连接工艺（10 分）	气路不能有漏气现象，气缸速度合适，气路连接整齐			
	电路连接工艺（10 分）	接线规范，连接牢固，电路连接整齐			
成果质量（20 分）	功能测试（20 分）	测试运行满足要求，传感器、磁性开关调试正确			
团队协作精神与职业素养（10 分）	团队协作精神（5 分）	小组成员有分工、有合作，配合紧密，积极参与			
	职业素养（5 分）	符合安全操作规程；工具摆放等符合职业岗位要求，遵规守纪			
总　　评					
班级		姓名		第　　组	组长签字
教师签字				日期	

项目 5　输送站的安装与调试

项目描述

输送站的基本功能：通过直线运动传动机构驱动抓取机械手装置到指定站的物料台上精确定位，并在该物料台上抓取工件，将抓取到的工件输送到指定地点后放下，实现传送工件的功能。输送站实物图如图 5-1 所示。

在 YL-335B 型自动生产线进行出厂配置时，输送站在网络系统中担任着主站的角色，它接收来自触摸屏的系统主令信号，读取网络上各从站的状态信息，将这些信号和信息加以综合后，向各从站发送控制要求，协调整个系统的工作。

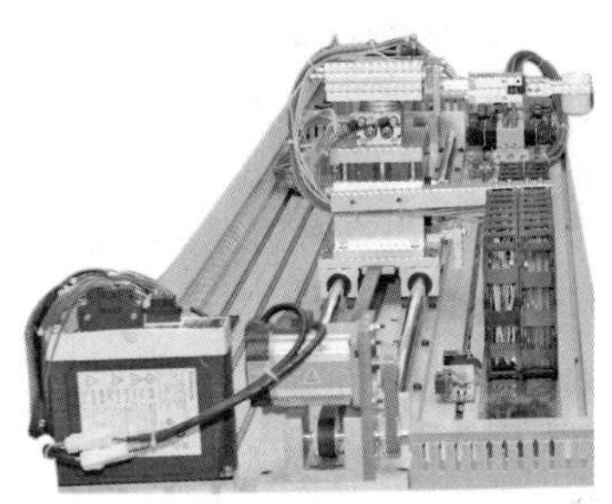

图 5-1　输送站实物图

输送站的工作任务如下。

输送站运行的目标是测试设备传送工件的功能。要求其他各工作站已经就位，并且在供料站的出料台上放置了工件。具体测试要求如下。

（1）在输送站通电后，按下复位按钮 SB1，执行复位操作，使抓取机械手装置回到原点位置。在复位过程中，“正常工作”指示灯 HL1 以 1Hz 的频率闪烁。

当抓取机械手装置回到原点位置，且输送站各个气缸满足初始位置的要求时，复位完成，“正常工作”指示灯 HL1 常亮。按下启动按钮 SB2，设备启动，“设备运行”指示灯 HL2 也常亮，开始功能测试过程。

（2）正常功能测试。

① 抓取机械手装置从供料站出料台抓取工件，抓取的顺序：手臂伸出→气爪夹紧，抓取工件→提升台上升→手臂缩回。

② 抓取动作完成后，伺服电动机驱动抓取机械手装置向加工站移动，移动速度不小于 300mm/s。

③ 抓取机械手装置移动到加工站物料台的正前方后，即将工件放到加工站物料台上。抓取机械手装置在加工站放下工件的顺序：手臂伸出→提升台下降→气爪松开，放下工件→手臂缩回。

④ 放下工件动作完成 2s 后，抓取机械手装置执行抓取加工站工件的操作。抓取的顺序与供料站抓取工件的顺序相同。

⑤ 抓取动作完成后，伺服电动机驱动抓取机械手装置移动到装配站物料台的正前方，将工件放到装配站物料台上，其动作顺序与加工站放下工件的顺序相同。

⑥ 放下工件动作完成 2s 后，抓取机械手装置执行抓取装配站工件的操作。抓取的顺序与供料站抓取工件的顺序相同。

⑦ 机械手手臂缩回后，摆台逆时针旋转 90°，伺服电动机驱动抓取机械手装置从装配站向分拣站运送工件，到达分拣站传送带上方入料口后将工件放下，动作顺序与加工站放下工件的顺序相同。

⑧ 放下工件动作完成后，机械手手臂缩回，执行返回原点的操作。伺服电动机驱动抓取机械手装置以 400mm/s 的速度返回，返回 900mm 后，摆台顺时针旋转 90°，以 100mm/s 的

速度低速返回原点停止。

当抓取机械手装置返回原点后，一个测试周期结束。当供料站的出料台上放置了工件时，再按一次启动按钮 SB2，开始新一轮的测试。

（3）非正常运行的功能测试。

若在工作过程中按下急停按钮 QS，则系统立即停止运行。在急停复位后，应从急停前的断点处开始继续运行。但是若按下急停按钮时，输送站抓取机械手装置正在向某一目标点移动，则急停复位后输送站抓取机械手装置应首先返回原点位置，然后向原目标点移动。

在急停状态下，“设备运行”指示灯 HL2 以 1Hz 的频率闪烁，直到急停复位后恢复正常运行时，HL2 才恢复常亮。

项目要求

以小组为单位，根据给定的任务，搜集资料，制订自动生产线输送站的安装与调试工作计划表，设计自动生产线输送站的气路、电路图，设计 PLC 程序并进行调试，填写调试运行记录，整理相关文件并进行检查评价。

项目资讯

5.1 输送站的结构组成

扫一扫看输送站的工作过程微课视频

输送站由抓取机械手装置、直线运动传动组件、拖链装置、PLC 模块、接线端口及按钮/指示灯模块等部件组成。图 5-1 所示为安装在工作台面上的输送站装置侧部分。

1. 抓取机械手装置

抓取机械手装置是一个能实现三自由度运动（升降、伸缩、气动手指夹紧/松开和沿垂直轴旋转的四维运动）的工作站，该装置整体被安装在直线运动传动组件的滑动溜板上，在传动组件带动下整体做往复直线运动，定位到其他各工作站的物料台，实现抓取和放下工件的功能。图 5-2 所示为抓取机械手装置。

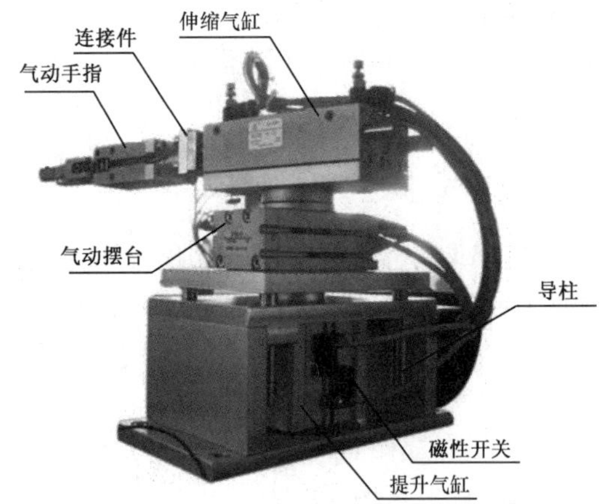

图 5-2 抓取机械手装置

抓取机械手装置的具体构成如下。

（1）气动手指（气爪）：用于在各个工作站物料台上抓取/放下工件，由一个二位五通双向电控阀控制。

（2）伸缩气缸：用于驱动手臂伸出和缩回，由一个二位五通单向电控阀控制。

（3）回转气缸（气动摆台）：用于驱动手臂进行正反向 90° 旋转，由一个二位五通单向电控阀控制。

（4）提升气缸：用于驱动整个机械手提升与下降，由一个二位五通单向电控阀控制。

2. 直线运动传动组件

直线运动传动组件用于拖动抓取机械手装置做往复直线运动，实现精确定位的功能。图 5-3 所示为直线运动传动组件的俯视图。

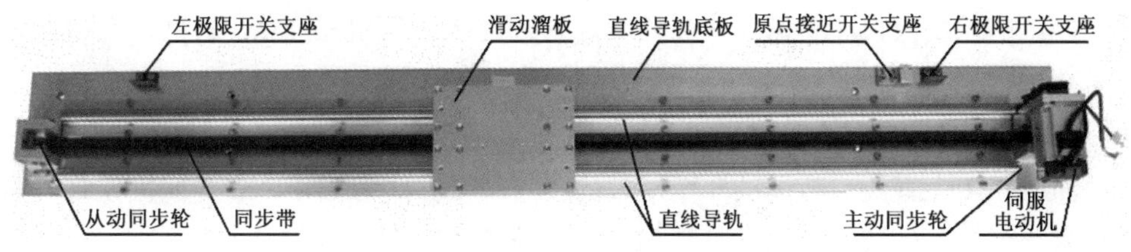

图 5-3 直线运动传动组件的俯视图

图 5-4 所示为直线运动传动组件和抓取机械手装置组装完成的示意图。

直线运动传动组件由直线导轨底板、伺服电动机、伺服电动机驱动器、同步轮、同步带、直线导轨、滑动溜板、拖链、原点接近开关、极限开关组成。

伺服电动机由伺服电动机驱动器驱动，通过同步轮和同步带带动滑动溜板沿直线导轨做往复直线运动，从而带动固定在滑动溜板上的抓取机械手装置做往复直线运动。同步轮齿距为 5mm，共 12 个齿，即旋转一周时抓取机械手装置位移 60mm。

抓取机械手装置上的所有气管和导线均沿拖链敷设，进入线槽后分别连接到电磁换向阀组和接线端口上。

将原点接近开关和右极限开关安装在直线导轨底板上，如图 5-5 所示。

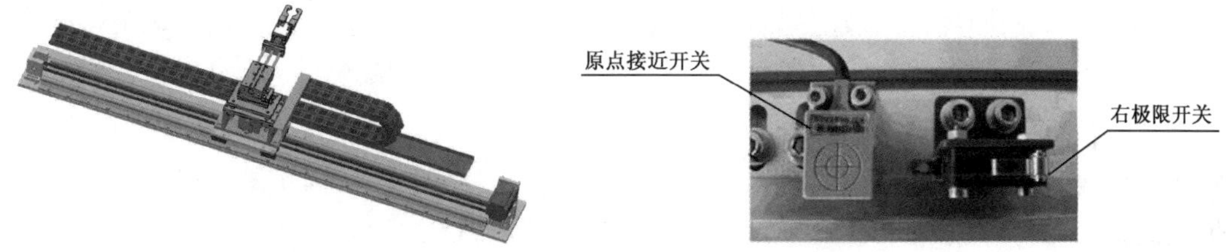

图 5-4 直线运动传动组件和抓取机械手装置组装完成的示意图　　图 5-5 原接近点开关和右极限开关

原点接近开关是一个无触点的电感式接近传感器，用来提供直线运动的起始点信号。左极限开关和右极限开关均是有触点的微动开关，用来提供越程故障时的保护信号：当滑动溜板在运动过程中越过左或右极限位置时，极限开关会动作，从而向系统发出越程故障信号。

项目实施

基于本工作站的控制要求，完成自动生产线输送站的安装与调试，完成 PLC 程序设计，并对其进行调试。

对学生归档文件的要求同前。

5.2 输送站的安装

为了加快安装的速度和提高安装的准确性，本工作站的安装同样遵循先完成组件、后总装的原则。

1. 组装直线运动组件

1）在底板上装配直线导轨

直线导轨是精密机械运动部件，其安装、调整都要遵循一定的方法和步骤，而且输送站中使用的导轨的长度较长，要快速、准确地调整好两导轨的相互位置，使其运动平稳、受力均匀、运动噪声小。

2）装配大溜板与 4 个滑块组件

将大溜板与两个直线导轨上的 4 个滑块的位置找准并进行固定，在拧紧固定螺栓时，应一边推动大溜板左右运动、一边拧紧螺栓，直到滑动顺畅为止。

3）连接同步带

将连接了 4 个滑块的大溜板从导轨的一端取出。由于用于滚动的钢球嵌在滑块的橡胶套内，一定要避免橡胶套受到破坏或用力太大致使钢球掉落。将两个同步带固定座安装在大溜板的反面，用于固定同步带的两端。

接下来调整两端同步轮安装支架组件、电动机侧同步轮安装支架组件上的同步轮，将同步轮套入同步带的两端，在此过程中应注意电动机侧同步轮安装支架组件的安装方向、两组件的相对位置，并将同步带两端分别固定在各自的同步带固定座内，同时要注意保持连接安装好后的同步带平顺一致。完成以上安装任务后，再将滑块套在柱形导轨上，套入时，一定不能损坏滑块内的滑动滚珠及滚珠的保持架。

4）同步轮安装支架组件装配

先将电动机侧同步轮安装支架组件用螺栓固定在导轨安装底板上，然后将调整端同步轮安装支架组件与底板连接，最后调整好同步带的张紧度，锁紧螺栓。

5）伺服电动机安装

将电动机安装板固定在电动机侧同步轮支架组件的相应位置，将电动机活动连接，并在主动轴、电动机轴上分别套接同步轮，安装好同步带，调整电动机位置，锁紧连接螺栓，安装左右极限开关及原点接近开关支座。

注意：在以上各构成零件中，轴承及轴承座均为精密机械零部件，拆卸及组装需要较熟练的技能和专用工具，因此，不可轻易对其进行拆卸或修配（具体安装过程请扫码获取）。图 5-4 中展示了完成组装的直线运动组件。

2. 组装抓取机械手装置

组装完成的提升机构示意图如图 5-6 所示。

抓取机械手装置的装配步骤如下。

（1）将气动摆台固定在组装好的提升机构上，在气动摆台上固定导向气缸安装板，安装时注意要先找好导向气缸安装板与气动摆台连接的原始位置，以便有足够大的回转角度。

（2）连接气爪和导向气缸，将导向气缸固定到导向气缸安装板上。完成抓取机械手装置的装配。

（3）将抓取机械手装置固定到直线运动组件的大溜板上，如图 5-7 所示。检查摆台上的导向气缸、气爪组件的回转位置是否满足在其余各工作站上抓取和放下工件的要求，进行适当的调整。

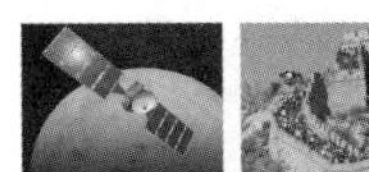

图 5-6　组装完成的提升机构示意图

图 5-7　装配完成的抓取机械手装置

3．气路连接和电气配线敷设

当抓取机械手装置做往复直线运动时，连接到机械手装置上的气管和电气连接线也随之运动。确保这些气管和电气连接线运动顺畅、不致在移动过程拉伤或脱落是安装过程中重要的一环。

连接到抓取机械手装置上的管线绑扎在拖链安装支架上并沿拖链敷设，进入管线线槽中。绑扎管线时要注意管线引出端到绑扎处要足够长，以免机构运动时被拉紧造成脱落。沿拖链敷设时注意管线间不要相互交叉。图 5-8 所示为装配完成的输送站装配侧。

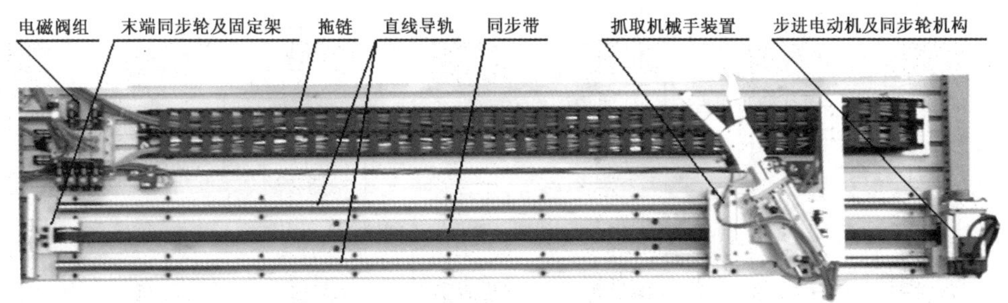

图 5-8　装配完成的输送站装配侧

5.3　输送站的伺服电动机控制

YL-335B 型自动生产线的输送站采用了松下 MHMD022P1U 交流伺服电动机及 MADDT1207003 交流伺服驱动器作为抓取机械手装置的运动控制装置。YL-335B 所使用的松下 MINAS A4 系列 AC 伺服电动机和驱动器的电动机编码器反馈脉冲为 2500 p/r。默认情况下，驱动器反馈脉冲电子齿轮的分-倍频值为 4 倍频。如果希望指令脉冲为 6000 p/r，那么应将指令脉冲电子齿轮的分-倍频值设置为 10000/6000，从而实现 PLC 每输出 6000 个脉冲，伺服电动机旋转一周，驱动机械手恰好移动 60mm 的整数倍。

1．伺服驱动器的接线

MADDT1207003 交流伺服驱动器面板上有多个接线端口。

X1：电源输入接口。AC 220V 电源连接到 L1、L3 主电源端子，同时连接到控制电源端子 L1C、L2C 上。

X2：电动机接口和外置再生放电电阻器接口。U、V、W 端子用于连接电动机。必须注意，电源电压务必按照驱动器铭牌上的指示设置，电动机接线端子（U、V、W）不可以接地

或短路，交流伺服电动机的旋转方向不像感应电动机可以通过交换三相相序来改变，必须保证驱动器上的U、V、W、E接线端子与电动机主回路接线端子按规定的次序一一对应，否则可能造成驱动器的损坏。电动机的接线端子、驱动器的接地端子及滤波器的接地端子必须保证可靠地连接到同一个接地点上，机身也必须接地。RB1、RB2、RB3端子是外接放电电阻，MADDT1207003的规格为100Ω/10W，YL-335B型自动生产线没有使用外接放电电阻。

X6：连接到电动机编码器信号接口，连接电缆应选用带有屏蔽层的双绞电缆，屏蔽层应接到电动机侧的接地端子上，并且应确保将编码器电缆屏蔽层连接到插头的外壳（FG）上。

X5：I/O控制信号端口，其部分引脚信号定义与选择的控制模式有关，不同模式下的接线请参考《松下A系列伺服电动机手册》。在YL-335B型自动生产线的输送站中，伺服电动机用于定位控制，它选用位置控制模式，采用简化接线方式，如图5-9所示。

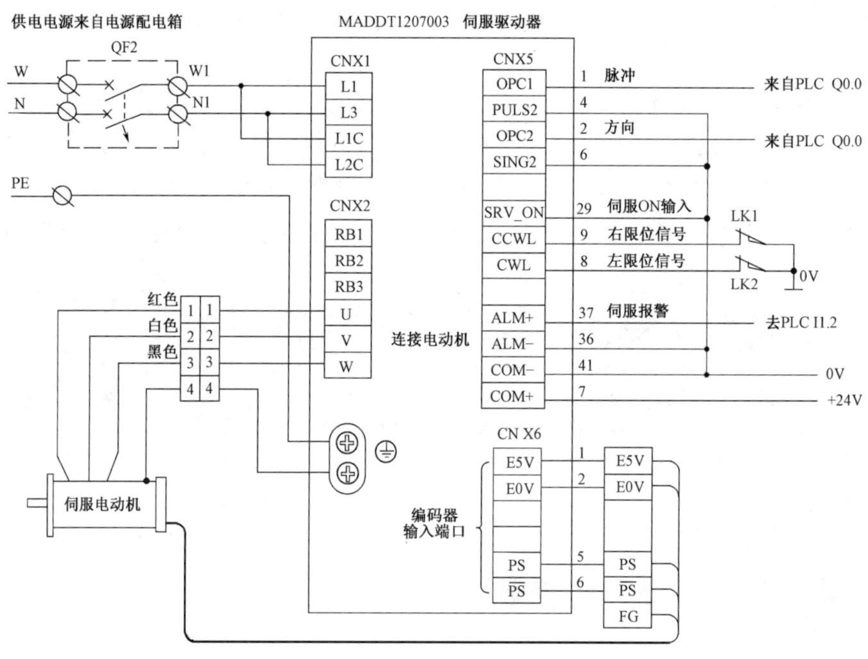

图5-9 伺服驱动器电气接线图

2．伺服驱动器的参数设置与调整

松下的伺服驱动器有7种控制运行方式，即位置控制、速度控制、转矩控制、位置/速度控制、位置/转矩控制、速度/转矩控制、全闭环控制。位置控制方式是指输入脉冲串来使电动机定位运行，电动机转速与脉冲串频率相关，电动机转动的角度与脉冲个数相关。速度方式有两种，一是通过输入直流-10～+10V指令电压调速；二是选用驱动器内设置的内部速度装置来调速。转矩方式通过输入直流-10～+10V指令电压调节电动机的输出转矩，这种方式下运行必须要进行速度限制，有如下两种方法：①设置驱动器内的参数来限制；②输入模拟量电压限速。

在YL-335B型自动生产线上，伺服驱动装置工作于位置控制模式，S7-226的Q0.0输出脉冲作为伺服驱动器的位置指令，脉冲的数量决定伺服电动机的旋转位移，即机械手的直线位移；脉冲的频率决定了伺服电动机的旋转速度，即机械手的运动速度。S7-226的Q0.1输出脉冲作为伺服驱动器的方向指令。对于控制要求较为简单的伺服驱动器，可采用自动增益

调整模式。根据上述要求，伺服驱动器参数设置表如表 5-1 所示。

表 5-1　伺服驱动器参数设置表

序号	参数		设置数值	功能和含义
	参数编号	参数名称		
1	Pr01	LED 初始状态	1	显示电动机转速
2	Pr02	控制模式	0	位置控制（相关代码 P）
3	Pr04	行程限位禁止输入无效设置	2	当左或右限位开关动作时，会出现 Err38 行程限位禁止输入信号出错报警。设置的此参数值必须在控制电源断电重启之后才能修改、写入成功
4	Pr20	惯量比	1678	该值通过自动调整得到，具体请参考 AC 伺服电动机·驱动器使用说明书第 82 页
5	Pr21	实时自动增益设置	1	实时自动调整为常规模式，运行时负载惯量的变化很小
6	Pr22	实时自动增益的机械刚性选择	1	此参数值设得越大，响应越快
7	Pr41	指令脉冲旋转方向设置	1	指令脉冲 + 指令方向。设置的此参数值必须在控制电源断电重启之后才能修改、写入成功
8	Pr42	指令脉冲输入方式	3	指令脉冲 + 指令方向 PULS SIGN　L低电平　H高电平
9	Pr48	指令脉冲分倍频第 1 分子	10000	每转所需指令脉冲数=编码器分辨器×$\frac{Pr4B}{Pr48\times 2^{Pr4A}}$ 现编码器分辨率为 10000（2500p/r×4），则，每转所需指令脉冲数=$10000\times\frac{Pr4B}{Pr48\times 2^{Pr4A}}=10000\times\frac{6000}{10000\times 2^{0}}=6000$
10	Pr49	指令脉冲分倍频第 2 分子	0	
11	Pr4A	指令脉冲分倍频分子倍率	0	
12	Pr4B	指令脉冲分倍频分母	6000	

也可使用伺服驱动器前面板进行参数设置，伺服驱动器前面板如图 5-10 所示。伺服驱动器面板按键的说明如表 5-2 所示。

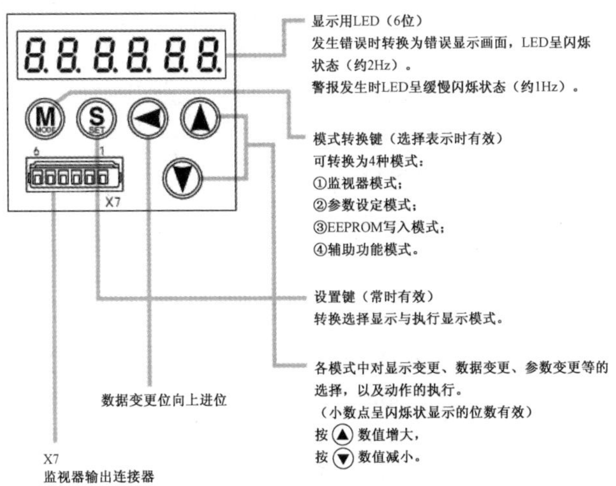

图 5-10　伺服驱动器前面板

表 5-2　伺服驱动器面板按键的说明

按键说明	激活条件	功　能
MODE	在模式显示时有效	在以下 5 种模式之间切换： ①监视器模式；②参数设置模式；③EEPROM 写入模式；④自动调整模式；⑤辅助功能模式
SET	一直有效	用来在模式显示和执行显示之间切换
▲ ▼	仅对小数点闪烁的那一位数据位有效	改变模式中的显示内容、更改参数、选择参数或执行选中的操作
◄		把小数点移动到更高位

注意： 设置参数前应先恢复出厂值，操作步骤如图 5-11 和图 5-12 所示。

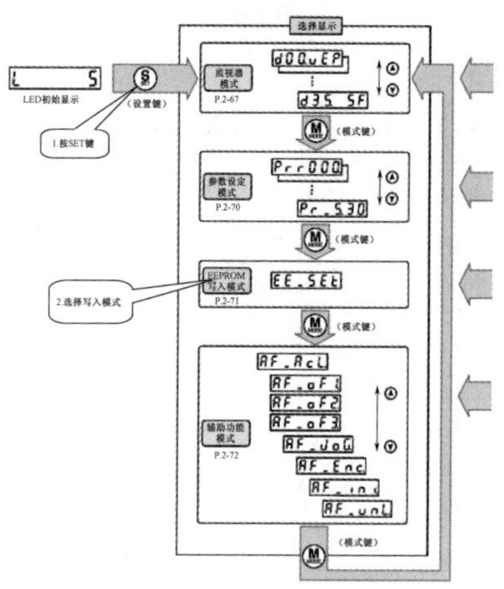

图 5-11　恢复出厂值操作 1

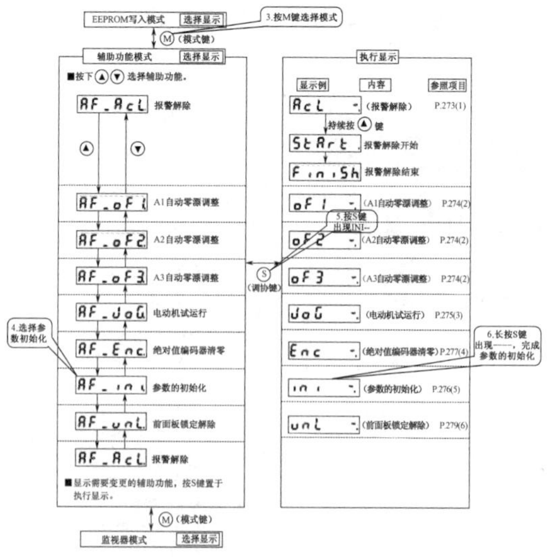

图 5-12　恢复出厂值操作 2

YL-335B 型自动生产线设备俯视图如图 5-13 所示。

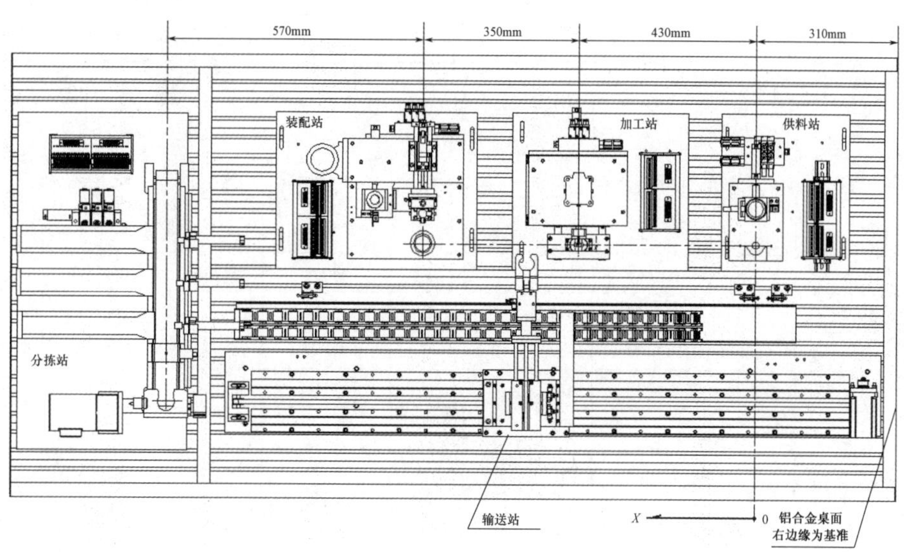

图 5-13 YL335B 型自动生产线设备俯视图

5.4 输送站的 PLC 控制

输送站所需的 I/O 点较多。其中，输入信号包括来自按钮/指示灯模块的按钮、开关等主令信号，以及各构件的传感器信号等；输出信号包括输出到抓取机械手装置各电磁换向阀的控制信号、输出到伺服电动机驱动器的脉冲信号和驱动方向信号；此外尚须考虑在需要时输出信号到按钮/指示灯模块的指示灯，以显示本工作站或系统的工作状态。

由于需要输出驱动伺服电动机的高速脉冲，所以 PLC 应采用晶体管输出型。

基于上述考虑，输送站 PLC 选用西门子 S7-226 DC/DC/DC 主站，该主站共有 24 点输入和 16 点晶体管输出。

5.4.1 输送站的 PLC 选型和 I/O 接线

输送站 PLC 接线原理图如图 5-14 所示，输送站 PLC 的 I/O 信号及装置侧的接线端口信号端子的分配表如表 5-3 所示。

表 5-3 输送站 PLC 的 I/O 信号及装置侧的接线端口信号端子的分配表

输入信号					输出信号				
序号	PLC 输入点	信号名称	信号来源装置侧		序号	PLC 输出点	信号名称	信号来源	
			设备符号	端子号				设备符号	端子号
1	I0.0	原点传感器检测	SC1	2	1	Q0.0	脉冲	4#	2
2	I0.1	右限位保护	LK1	3	2	Q0.1	方向	6#	3
3	I0.2	左限位保护	LK2	4	3	Q0.2	—	—	4
4	I0.3	机械手提升下限检测	1B1	5	4	Q0.3	提升台上升电磁换向阀	1Y	5
5	I0.4	机械手提升上限检测	1B2	6	5	Q0.4	回转气缸左旋电磁换向阀	2Y1	6
6	I0.5	机械手旋转左限检测	2B1	7	6	Q0.5	回转气缸右旋电磁换向阀	2Y2	7

续表

输入信号					输出信号				
序号	PLC 输入点	信号名称	信号来源装置侧		序号	PLC 输出点	信号名称	信号来源	
			设备符号	端子号				设备符号	端子号
7	I0.6	机械手旋转右限检测	2B2	8	7	Q0.6	气爪伸出电磁换向阀	3Y	8
8	I0.7	机械手伸出检测	3B1	9	8	Q0.7	气爪夹紧电磁换向阀	4Y1	9
9	I1.0	机械手缩回检测	3B2	10	9	Q1.0	气爪放松电磁换向阀	4Y2	10
10	I1.1	机械手夹紧检测	4B	11	10	Q1.1	—	—	
11	I1.2	伺服报警	ALM+	12	11	Q1.2	—	—	
12	I1.3	—	—		13	Q1.3	—	—	
13	I1.4	—	—		14	Q1.4	—	—	
14	I1.5	—	—		15	Q1.5	HL1	按钮/指示灯模块	
15	I1.6	—	—		16	Q1.6	HL2		
16	I1.7	—	—		17	Q1.7	HL3		
17	I2.0	—	—		—	—	—	—	
18	I2.1	—	—		—	—	—	—	
19	I2.2	—	—		—	—	—	—	
20	I2.3	—	—		—	—	—	—	
21	I2.4	停止按钮	按钮/指示灯模块		—	—	—	—	
22	I2.5	启动按钮			—	—	—	—	
23	I2.6	急停按钮			—	—	—	—	
24	I2.7	单站/全线			—	—	—	—	

图 5-14 中，左右两极限开关 LK1 和 LK2 的常开触点分别连接 PLC 输入点 I0.1 和 I0.2。必须注意的是，LK1、LK2 均提供一对转换触点，它们的静触点应连接到公共点 COM，而常闭触点必须连接到伺服驱动器的控制端口 CNX5 的 CCWL（9 脚）和 CWL（8 脚），作为硬联锁保护（见图 5-9），目的是防范由程序错误引起的超程故障而造成设备损坏。

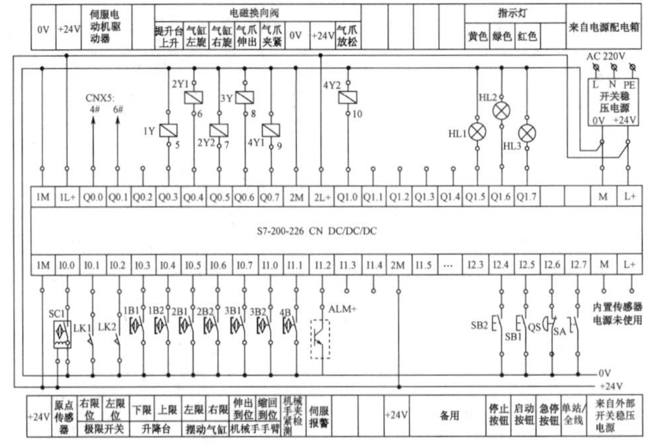

图 5-14　输送站 PLC 接线原理图

> **注意**：晶体管输出的 S7-200 系列 PLC 的供电电源采用 24V 的直流电源，与前面各工作站的继电器输出的 PLC 不同。接线时也请注意，千万不要把 AC 220V 电源连接到其电源输入端。

5.4.2 输送站的程序编制

1. 主程序编写思路

从任务可以看出，整个功能测试过程应包括上电后复位、传送功能测试、紧急停止处理和状态指示等部分，传送功能测试是一个步进顺序控制过程，在子程序中可采用步进指令驱动实现。

紧急停止处理过程也要编写一个子程序单独处理，这是因为当抓取机械手装置正在向某一目标点移动时，按下急停按钮，PTOx_CTRL 子程序的 D_STOP 输入端变成高位，停止启用 PTO，PTOx_RUN 子程序使能位 OFF 而终止，使抓取机械手装置停止运动。急停复位后，原来运行的包络已经终止，为了使抓取机械手装置继续向目标点移动，可使它首先返回原点，然后运行从原点到原目标点的包络。这样，当急停复位后，程序不能马上回到原来的顺序控制过程，而是要经过使抓取机械手装置返回原点的一个过渡过程。

输送站程序控制的关键点是伺服电动机的定位控制，在编写程序时，应预先规划好各段的包络满意度，然后借助位置控制向导组态 PTO 输出（也可采用 S7-200 系列 PLC 本身的 MAP 库指令来实现伺服电动机的位置控制，编程方法请参阅基础篇单元 6 的 6.2.8）。表 5-4 中的伺服电动机运行的运动包络数据，是根据工作任务的要求和图 5-10 中的各工作站的位置确定的。表 5-4 中的运动包络 5 和运动包络 6 用于急停复位，是经急停处理返回原点后重新运行的运动包络。

表 5-4 伺服电动机运行的运动包络

运动包络	站 点		脉 冲 量	移动方向
0	低速回零		单速返回	DIR
1	供料站→加工站	430mm	43000	—
2	加工站→装配站	350mm	35000	—
3	装配站→分拣站	260mm	26000	—
4	分拣站→高速回零前	900mm	90000	DIR
5	供料站→装配站	780mm	78000	—
6	供料站→分拣站	1040mm	104000	—

前面已经指出，当运动包络编写完成后，位置控制向导会要求为运动包络指定 V 存储区地址，V 存储区地址的起始地址被指定为 VB 524。

综上所述，主程序应包括上电初始化、复位过程（子程序）、准备就绪后投入运行等阶段。主程序梯形图如图 5-15 所示。

2. 初态检查复位子程序和回原点子程序

系统上电且按下复位按钮后，调用初态检查复位子程序，进入初始状态检查和复位操作阶段，目标是确定系统是否准备就绪，若未准备就绪，则系统不能启动并进入运行状态。

初态检查复位子程序的内容是检查各气动执行元件是否处在初始位置，抓取机械手装置是否在原点位置，否则进行相应的复位操作，直至准备就绪。初态检查复位子程序中，除调用回原点子程序外，主要是完成简单的逻辑运算。

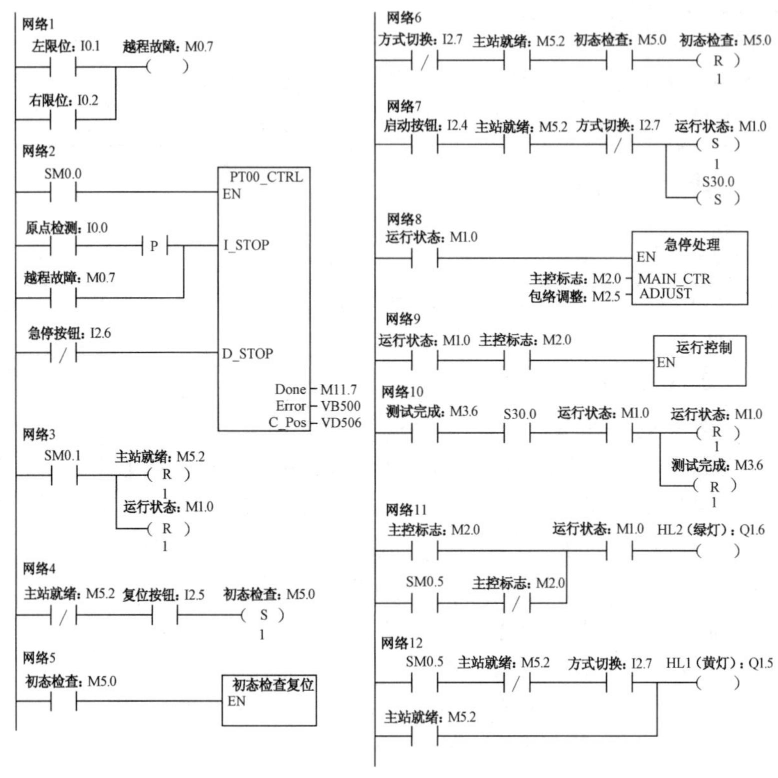

图 5-15　主程序梯形图

由于抓取机械手装置返回原点的操作在输送站的整个工作过程中都会频繁地进行，因此编写一个回原点子程序供需要时调用。回原点子程序是一个带形式参数的子程序，在其局部变量表中定义了一个 BOOL 型输入参数 START，当使能输入（EN）和 START 输入为 ON 时，启动子程序调用，如图 5-16（a）所示，回原点子程序梯形图如图 5-16（b）所示，当 START（局部变量 L0.0）输入为 ON 时，置位 PLC 的方向控制输出 Q0.0，并且这一操作放在 PTO0_RUN 指令之后，这就确保了方向控制输出的下一个扫描周期才开始输出脉冲。

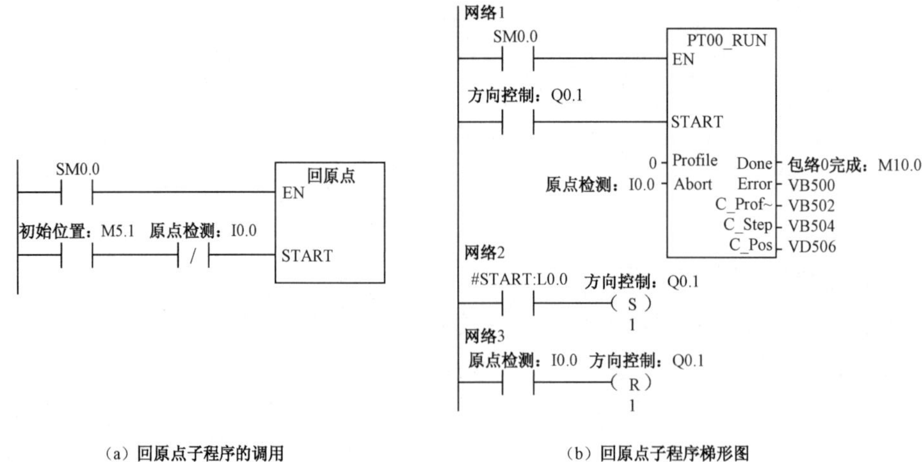

（a）回原点子程序的调用　　（b）回原点子程序梯形图

图 5-16　回原点子程序

带形式参数的子程序是西门子系列 PLC 的优异功能之一，输送站程序中的多个子程序均使用了这种编程方法。

3．急停处理子程序

当系统进入运行状态后，在每一个扫描周期都调用急停处理子程序。该子程序也带形式参数，在其局部变量表中定义了两个 BOOL 型的输入/输出参数 ADJUST 和 MAIN_CTR，参数 MAIN_CTR 传递给全局变量主控标志 M2.0，并由 M2.0 进行当前状态维持，此变量的状态决定了系统在运行状态下能否执行正常的传送功能测试过程。参数 ADJUST 传递给全局变量包络调整标志 M2.5，并由 M2.5 进行当前状态维持，此变量的状态决定了系统在移动抓取机械手装置的工序中是否需要调整运动包络号。

急停处理子程序梯形图如图 5-17 所示，说明如下。

（1）当急停按钮被按下时，MAIN_CTR 置 0、M2.0 置 0，传送功能测试过程停止。

（2）若急停前抓取机械手正在前进中，（从供料站向加工站、从加工站向装配站，或从装配站向分拣站），则当急停复位的上升沿到来时，需要启动使抓取机械手装置低速返回原点的过程。到达原点后，置位 ADJUST 输出，传递给包络调整标志 M2.5，以便在传送功能测试过程重新运行后，给处于前进步的过程调整包络用。例如，对于从加工站到装配站的过程，急停复位重新运行后，将执行从原点（供料站）到装配站的包络。

（3）若急停前抓取机械手装置正在高速返回中，则当急停复位的上升沿到来时，高速返回步复位，转到下一步，即摆台右转和低速返回。

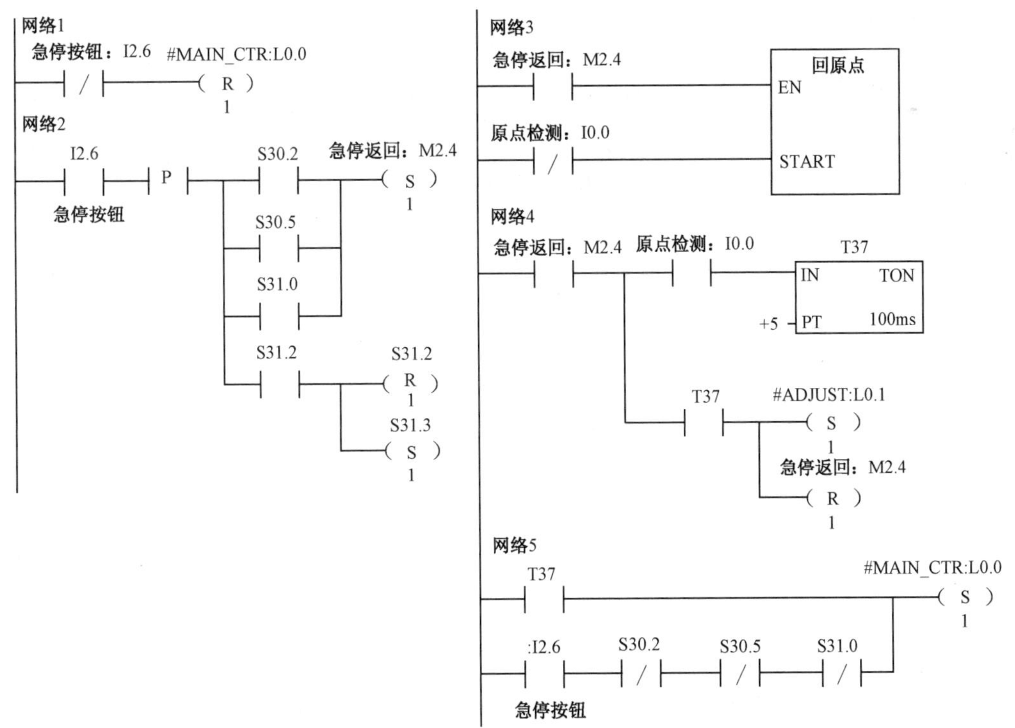

图 5-17　急停处理子程序梯形图

4．传送功能测试子程序的结构

传送功能测试过程是一个单序列的步进顺序控制过程。在运行状态下，若主控标志 M2.0 为 ON，则调用该子程序。传送功能测试过程的流程说明如图 5-18 所示。

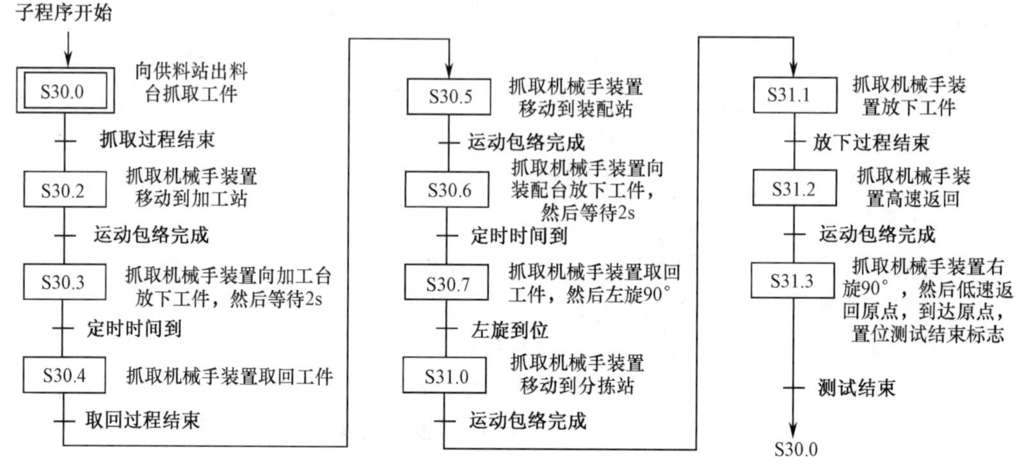

图 5-18　传送功能测试过程的流程说明

5.5　输送站的运行调试

输送站的运行调试步骤如下。

（1）调整气动部分，检查气路是否正确、气压是否合理、气缸的动作速度是否合理。

（2）检查磁性开关的安装位置是否到位、磁性开关工作是否正常。

（3）检查 I/O 接线是否正确。

（4）检查光电传感器的安装是否合理、灵敏度是否合适，保证检测的可靠性。

（5）运行程序，检查输送站动作是否满足任务要求。

（6）调试各种可能出现的情况，如在任何情况下都有可能加入工件，系统都应能可靠工作。

（7）优化程序。

工作手册

<table>
<tr><td>课程名称</td><td colspan="3">自动生产线安装与调试</td><td>地　　点</td><td colspan="2"></td></tr>
<tr><td>指导教师</td><td colspan="2"></td><td>时　　间</td><td colspan="3">年　　月　　日</td></tr>
<tr><td>班　　级</td><td></td><td>姓　　名</td><td colspan="2"></td><td>学　　号</td><td></td></tr>
<tr><td>项目 5</td><td colspan="6">输送站的安装与调试</td></tr>
<tr><td>学习目标</td><td colspan="6">根据项目描述功能，学习输送站相关原点接近开关、左右极限开关、旋转编码器、变频器和减速电动机知识，设计输送站的气路、电路图，编写 PLC 程序并进行调试，培养学生综合应用 PLC 技术的能力。</td></tr>
<tr><td>注意事项</td><td colspan="6">1．将输送站进行机械安装时，滑动溜板不能拆卸。
2．将输送站进行机械安装时，注意提升机构容易夹手，抓取机械手装置有上下之分。
3．伺服电动机接线及驱动器参数设置，必须进行限位保护参数设置。</td></tr>
</table>

续表

<table>
<tr><td>课程名称</td><td colspan="3">自动生产线安装与调试</td><td>地　　点</td><td colspan="2"></td></tr>
<tr><td>指导教师</td><td colspan="2"></td><td>时　　间</td><td colspan="3">年　　月　　日</td></tr>
<tr><td>班　　级</td><td></td><td>姓　　名</td><td colspan="2"></td><td>学　　号</td><td></td></tr>
<tr><td rowspan="6">任　　务</td><td colspan="6">任务 1．输送站的安装</td></tr>
<tr><td colspan="6">1．输送站的结构组成。

2．输送站的伺服驱动器参数设置。</td></tr>
<tr><td colspan="6">任务 2．输送站的 PLC 控制</td></tr>
<tr><td colspan="6">1．输送站 PLC 的 I/O 信号及装置侧的接线端口信号端子的分配表。

2．输送过程的流程图。</td></tr>
<tr><td colspan="6">任务 3．输送站的运行调试</td></tr>
<tr><td colspan="6">1．运行调试前检查内容。

2．运行调试过程中出现的问题及解决方法。</td></tr>
<tr><td>总　　结</td><td colspan="6"></td></tr>
</table>

项目评价单

课程名称	自动生产线安装与调试				
项目 5	输送站的安装与调试				
项目	内容	要求	互评	教师评价	综合评价
任务书及成果清单的填写（30分）	任务书（10分）	搜集信息，引导学生正确回答问题			
	工作计划（3分）	合理安排计划步骤			
		合理安排时间			
	材料清单（2分）	材料齐全			
	气路图（3分）	正确绘制气路图，画图规范			
	电路图（4分）	正确绘制电路图，符号规范			
	程序清单（4分）	程序正确			
	调试运行记录单（4分）	记录单包括气路调试及整体运行调试两部分，如实填写运行调试记录单			
实施过程（40分）	机械安装及装配工艺（20分）	完成装配，坚固件不能有松动			
	气路连接工艺（10分）	气路不能有漏气现象，气缸速度合适，气路连接整齐			
	电路连接工艺（10分）	接线规范，连接牢固，电路连接整齐			
成果质量（20分）	功能测试（20分）	测试运行满足要求，传感器、磁性开关调试正确			
团队协作精神与职业素养（10分）	团队协作精神（5分）	小组成员有分工、有合作，配合紧密，积极参与			
	职业素养（5分）	符合安全操作规程；工具摆放等符合职业岗位要求，遵规守纪			
总　评					
班级		姓名		第　组	组长签字
教师签字			日期		

项目6　自动生产线整体联调

项目描述

YL-335B型自动生产线系统采用每一个工作站由一台PLC承担其控制任务，各PLC之间通过RS-485串行通信实现互连的分布式控制方式。

自动生产线的工作任务为：将供料站料仓内的工件送往加工站的物料台，加工完成后，将加工好的工件送往装配站的装配台，然后将装配站料仓内的白色和黑色两种不同颜色的小圆柱工件嵌入装配台上的工件中，完成装配后的成品被送往分拣站分拣输出。已完成加工和装配的工件如图6-1所示。

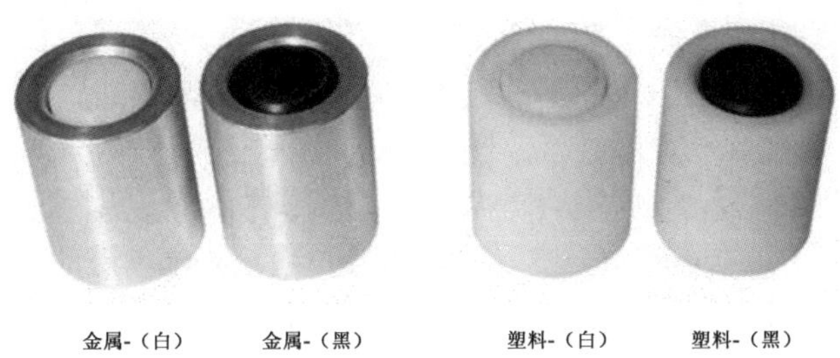

图6-1　已完成加工和装配的工件

自动生产线需要完成的工作任务如下所述。

1．自动生产线设备部件安装

完成YL-335B型自动生产线的供料站、加工站、装配站、分拣站和输送站的部分装配工作，并将这些工作站安装在YL-335B型自动生产线的工作桌面上。

YL-335B型自动生产线各工作站装置部分的安装位置按照项目5中图5-13所示的要求布局。

各工作站装置部分的装配要求如下。

（1）供料站、加工站和装配站等工作站的装配工作已经完成。

（2）完成分拣站装置侧的安装和调试，完成工作站在工作台面上的定位。

（3）输送站的直线导轨和底板组件已装配好，须将该组件安装在工作台上，并完成其余部件的装配，直至完成整个工作站的装置侧安装和调试。

2．气路连接与调试

（1）按照前面所介绍的分拣站和输送站气动控制回路图完成气路连接。

（2）接通气源后检查各工作站气缸初始位置是否符合要求，如不符合须适当调试。

（3）完成气路调试，确保各气缸运行顺畅和平稳。

3．电路设计和电路连接

根据生产线的运行要求完成分拣站和输送站的电路设计和电路连接。

（1）设计分拣站的电气控制电路，并根据所设计的电路图连接电路。电路图应包括PLC的I/O端子分配和变频器主电路及控制电路。电路连接完成后应根据运行要求设定变频器有

关参数，并现场测试旋转编码器的脉冲当量（测试 3 次，取平均值，有效数字为小数点后 3 位），并将参数进行记录。

（2）设计输送站的电气控制电路，并根据所设计的电路图连接电路。电路图应包括 PLC 的 I/O 端子分配、伺服电动机及其驱动器控制电路。电路连接完成后应根据运行要求设定伺服电动机驱动器有关参数，并将参数进行记录。

4．各工作站的 PLC 网络连接

系统采用 PPI 通信协议的分布式网络控制方式，并指定输送站作为系统主站。系统主令信号由触摸屏人机界面提供，但系统紧急停止信号由输送站的按钮/指示灯模块的急停按钮提供。安装在工作桌面上的指示灯应能显示整个系统的主要工作状态，如复位、启动、停止、报警等。

5．连接触摸屏并组态用户界面

触摸屏应连接到系统中主站的 PLC 编程口。

在 TPC7062K 人机界面上组态画面的要求：用户界面包括主画面和欢迎画面，其中，欢迎画面是启动界面，触摸屏上电后运行，屏幕上方的标题文字向右循环移动。

当触摸欢迎画面上的任意部位时，用户界面将切换到主画面。主画面组态应具有下列功能。

（1）提供系统工作方式（单站/全线）选择信号和系统复位、启动及停止信号。

（2）在人机界面上设定分拣站变频器的输入运行频率（40～50Hz）。

（3）在人机界面上动态显示输送站抓取机械手装置的当前位置（以原点位置为参考点，单位为 mm）。

（4）指示网络的运行状态（正常/故障）。

（5）指示各工作站的运行、故障状态，其中的故障状态包括：

① 供料站的物料不足状态和缺料状态。

② 装配站的物料不足状态和缺料状态。

③ 输送站抓取机械手装置的越程故障状态（左右极限开关动作）。

（6）指示全线运行时系统的紧急停止状态。

欢迎画面和主画面分别如图 6-2 和图 6-3 所示。

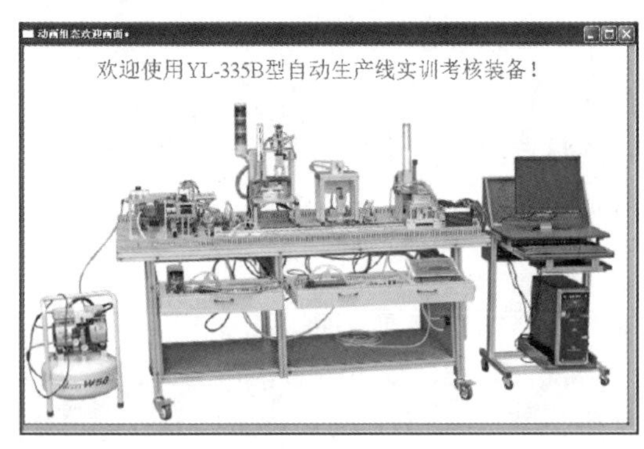

图 6-2　欢迎画面

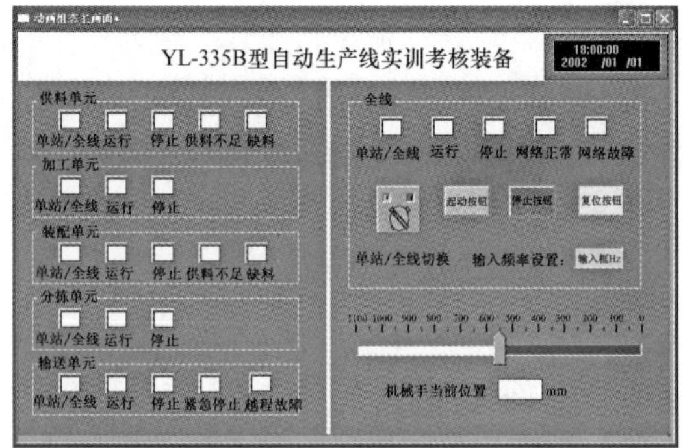

图 6-3　主画面

6．程序编制及调试

系统的工作模式分为单站（单机）工作模式和全线（联机）运行模式。

从单站工作模式切换到全线运行模式的条件：各工作站均处于停止状态，各工作站的按钮/指示灯模块上的工作方式选择开关置于全线运行模式，此时若将人机界面中的选择开关切换到全线运行模式，则系统进入全线运行状态。

要从全线运行模式切换到单站工作模式，仅限当前工作周期完成后，将人机界面中的选择开关切换到单站运行模式时才有效。

在全线运行模式下，各工作站仅通过网络接收来自人机界面的主令信号，除主站急停按钮外，所有本工作站的主令信号无效。

1）单站运行模式测试

在单站运行模式下，各工作站的主令信号和工作状态显示信号均来自其 PLC 旁边的按钮/指示灯模块。并且，按钮/指示灯模块上的工作方式选择开关 SA 应置于“单站方式”位置。对各工作站的具体控制要求如下。

（1）供料站单站运行工作要求。

① 设备上电和气源接通后，若工作站的两个气缸满足初始位置要求，且料仓内有足够多的工件，则“正常工作”指示灯 HL1 常亮，表示设备准备好；否则，该指示灯以 1Hz 的频率闪烁。

② 若设备准备好，则按下启动按钮，工作站启动，“设备运行”指示灯 HL2 常亮。工作站启动后，若出料台上没有工件，则应将工件推到出料台上。出料台上的工件被人工取出后，若没有停止信号，则进行下一次推出工件操作。

③ 若在运行过程中按下停止按钮，则在完成本工作周期任务后，各工作站停止工作，指示灯 HL2 熄灭。

④ 若在运行过程中料仓内工件不足，则工作站继续工作，但“正常工作”指示灯 HL1 以 1Hz 的频率闪烁，“设备运行”指示灯 HL2 保持常亮。若料仓内没有工件，则指示灯 HL1 和指示灯 HL2 均以 2Hz 的频率闪烁。工作站在完成本工作周期任务后停止工作。除非向料仓内补充足够多的工件，否则工作站不能再次启动。

（2）加工站单站运行工作要求。

①上电和气源接通后，若各气缸满足初始位置要求，则 “正常工作”指示灯 HL1 常亮，表示设备准备好；否则该指示灯以 1Hz 的频率闪烁。

② 若设备准备好，则按下启动按钮，设备启动，“设备运行”指示灯 HL2 常亮。当工件被送到加工台上并被检出后，设备执行将工件夹紧→送往加工区域冲压→完成冲压动作后返回待料位置的工件加工工序。如果没有停止信号输入，当再有工件被送到加工台上时，加工站又开始下一周期的工作。

③ 在工作过程中，若按下停止按钮，则加工站在完成本工作周期任务后停止工作，指示灯 HL2 熄灭。

④ 当工件被检出而加工过程开始后，如果按下急停按钮，那么本工作站所有机构应立即停止运行，指示灯 HL2 以 1Hz 的频率闪烁。急停按钮复位后，设备从急停前的断点处开始继续运行。

（3）装配站单站运行工作要求。

① 设备上电和气源接通后，若各气缸满足初始位置要求，料仓内有足够多的小圆柱工

件，且工件装配台上没有待装配工件，则“正常工作”指示灯 HL1 常亮，表示设备准备好；否则，该指示灯以 1Hz 的频率闪烁。

② 若设备准备好，则按下启动按钮，装配站启动，“设备运行”指示灯 HL2 常亮。如果回转台上的左料盘内没有小圆柱工件，则执行下料操作；如果左料盘内有小圆柱工件而右料盘内没有小圆柱工件，将其那么执行回转台回转操作。

③ 如果回转台上的右料盘内有小圆柱工件且装配台上有待装配工件，那么装配机械手抓取小圆柱工件，将其放入待装配工件中。

④ 完成装配任务后，装配机械手应返回初始位置，等待下一次装配。

⑤ 若在运行过程中按下停止按钮，则供料机构应立即停止供料，在装配条件满足的情况下，装配站在完成本次装配后停止工作。

⑥ 在运行过程中发生“物料不足”报警时，指示灯 HL3 以 1Hz 的频率闪烁，指示灯 HL1 和指示灯 HL2 常亮；在运行过程中发生“缺料”报警时，指示灯 HL3 以亮 1s、灭 0.5s 的方式闪烁，指示灯 HL2 熄灭，指示灯 HL1 常亮。

（4）分拣站单站运行工作要求。

① 分拣站初始状态：设备上电和气源接通后，若工作站的 3 个气缸满足初始位置要求，则 “正常工作”指示灯 HL1 常亮，表示设备准备好；否则，该指示灯以 1Hz 的频率闪烁。

② 若设备准备好，则按下启动按钮，分拣站启动，“设备运行”指示灯 HL2 常亮。当传送带入料口人工放下已装配好的工件时，变频器即启动，驱动传动电动机以 30Hz 的频率将工件带往分拣区。

③ 如果金属工件上的小圆柱工件颜色为白色，那么该工件到达 1 号出料滑槽中间时，传送带停止，工件被推到 1 号出料滑槽中；如果塑料工件上的小圆柱工件颜色为白色，那么该工件到达 2 号出料滑槽中间时，传送带停止，工件被推到 2 号出料滑槽中；如果工件上的小圆柱工件颜色为黑色，那么该工件到达 3 号出料滑槽中间时，传送带停止，工件被推到 3 号出料滑槽中。工件被推出出料滑槽后，该工作站的一个工作周期结束。仅当工件被推出出料滑槽后，才能再次向传送带下料。

如果在运行期间按下停止按钮，那么该工作站在本工作周期结束后停止运行。

（5）输送站单站运行工作要求。

输送站单站运行的目标是测试设备传送工件的功能。输送站单站运行的前提是其他各工作站已经就位，并且在供料站的出料台上放置了工件。具体测试过程要求如下。

① 输送站在通电后，按下复位按钮 SB1，执行复位操作，使抓取机械手装置回到原点位置。在复位过程中，“正常工作”指示灯 HL1 以 1Hz 的频率闪烁。

当抓取机械手装置回到原点位置，且输送站各个气缸满足初始位置的要求后，复位完成，“正常工作”指示灯 HL1 常亮。按下启动按钮 SB2，设备启动，“设备运行”指示灯 HL2 常亮，开始功能测试过程。

② 抓取机械手装置在供料站出料台抓取工件，抓取的顺序是：手臂伸出→气爪夹紧，抓取工件→提升台上升→手臂缩回。

③ 抓取动作完成后，伺服电动机驱动抓取机械手装置向加工站移动，移动速度不小于 300mm/s。

④ 抓取机械手装置移动到加工站物料台的正前方后，即将工件放到加工站物料台上。抓

取机械手装置在加工站放下工件的顺序是：手臂伸出→提升台下降→气爪松开，放下工件→手臂缩回。

⑤ 放下工件动作完成 2s 后，抓取机械手装置执行抓取加工站工件的操作，抓取的顺序与供料站抓取工件的顺序相同。

⑥ 抓取动作完成后，伺服电动机驱动抓取机械手装置移动到装配站物料台的正前方，然后将工件放到装配站物料台上，其动作顺序与加工站放下工件的顺序相同。

⑦ 放下工件动作完成 2s 后，抓取机械手装置执行抓取装配站工件的操作，抓取的顺序与供料站抓取工件的顺序相同。

⑧ 机械手手臂缩回后，摆台逆时针旋转 90°，伺服电动机驱动抓取机械手装置从装配站向分拣站运送工件，抓取机械手装置到达分拣站传送带上方入料口后将工件放下，其动作顺序与加工站放下工件的顺序相同。

⑨ 放下工件动作完成后，机械手手臂缩回，执行返回原点的操作。伺服电动机驱动抓取机械手装置以 400mm/s 的速度返回，返回 900mm 后，摆台顺时针旋转 90°，然后以 100mm/s 的速度低速返回原点并停止。

当抓取机械手装置返回原点后，一个测试周期结束。当供料站的出料台上放置了工件时，再按一次启动按钮 SB2，开始新一轮的测试。

2）系统正常的全线运行模式测试

全线运行模式下各工作站部件的工作顺序及对输送站抓取机械手装置运行速度的要求与单站运行模式下的一致。全线运行步骤如下所述。

（1）系统上电运行。

系统上电，PPI 网络正常后开始工作。触摸人机界面上的复位按钮，执行复位操作，在复位过程中，绿色指示灯以 2Hz 的频率闪烁，红色指示灯和黄色指示灯均熄灭。

复位过程包括：使输送站抓取机械手装置回到原点位置和检查各工作站是否处于初始状态。

各工作站的初始状态是指：

① 各工作站气动执行元件均处于初始位置。

② 供料站料仓内有足够多的工件。

③ 装配站料仓内有足够多的小圆柱工件。

④ 输送站的紧急停止按钮未被按下。

当输送站机械手装置回到原点位置，且各工作站均处于初始状态时，复位完成，绿色指示灯常亮，表示允许启动系统。这时若触摸人机界面上的启动按钮，则系统启动，绿色指示灯和黄色指示灯均常亮。

（2）供料站运行。

系统启动后，若供料站的出料台上没有工件，则应将工件推到出料台上，并向系统发出出料台上有工件的信号。若供料站的料仓内没有工件或工件不足，则供料站向系统发出报警或预警信号。出料台上的工件被输送站抓取机械手装置取出后，若系统仍然需要推出工件进行加工，则进行下一次推出工件操作。

（3）输送站运行。

当工件被推到供料站出料台上后，输送站抓取机械手装置应执行抓取供料站工件的操

作。抓取动作完成后，伺服电动机驱动抓取机械手装置移动到加工站物料台的正前方，将工件放到加工站的物料台上。

（4）加工站运行。

加工站加工台的工件被检出后，执行加工过程。当加工好的工件重新被送回待料位置时，加工站向系统发出加工完成信号。

（5）输送站运行。

系统接收到加工完成信号后，输送站抓取机械手装置应执行抓取已加工工件的操作。抓取动作完成后，伺服电动机驱动抓取机械手装置移动到装配站物料台的正前方，将工件放到装配站物料台上。

（6）装配站运行。

装配站物料台的传感器检测到工件到来后，开始执行装配过程。装配动作完成后，装配站向系统发出装配完成信号。

如果装配站的料仓或出料滑槽内没有物料或物料不足，则装配站向系统发出报警或预警信号。

（7）输送站运行。

系统接收到装配完成信号后，输送站抓取机械手装置应执行抓取已装配工件的操作，并从装配站向分拣站运送工件，抓取机械手装置到达分拣站传送带上方入料口后将工件放下，执行返回原点的操作。

（8）分拣站运行。

输送站抓取机械手装置放下工件、回到原点后，分拣站的变频器即启动，驱动传动电动机以 80%最高运行频率（由人机界面指定）的速度，将工件带入分拣区进行分拣，工件分拣原则与单站运行时相同。当分拣气缸活塞杆推出工件并返回后，分拣站应向系统发出分拣完成信号。

（9）工作周期结束。

仅当分拣站分拣工作完成，且输送站抓取机械手装置回到原点后，系统的一个工作周期才结束。如果在工作周期内没有触摸过停止按钮，那么系统在延时 1s 后开始下一周期的工作。如果在工作周期内曾经触摸过停止按钮，那么系统工作结束，黄色指示灯熄灭，绿色指示灯仍保持常亮。系统工作结束后，若再按下启动按钮，则系统重新工作。

3）异常工作状态测试

（1）工件供给状态的信号警示。

如果系统发出来自供料站或装配站的“物料不足”的预报警信号或“缺料”的报警信号，则系统动作如下。

① 如果出现“物料不足”的预报警信号，那么红色指示灯以 1Hz 的频率闪烁，绿色指示灯和黄色指示灯保持常亮，系统继续工作。

② 如果出现“缺料”的报警信号，那么红色指示灯以亮 1s、灭 0.5s 的方式闪烁，黄色指示灯熄灭，绿色指示灯保持常亮。

若“缺料”的报警信号来自供料站，且供料站物料台上已推出工件，则系统继续运行，直至完成该工作周期尚未完成的工作。该工作周期工作结束后，系统将停止工作，除非“工件没有”的报警信号消失，否则系统不能再启动。

若“缺料”的报警信号来自装配站，且装配站回转台上已落下小圆柱工件，则系统继续运行，直至完成该工作周期尚未完成的工作。该工作周期工作结束后，系统将停止工作，除非“缺料”的报警信号消失，否则系统不能再启动。

（2）急停与复位。

若在系统工作过程中按下输送站的急停按钮，则输送站立即停车。在急停复位后，程序应从急停前的断点处开始继续运行。但若急停按钮被按下时，抓取机械手装置正在向某一目标点移动，则急停复位后输送站抓取机械手装置应首先返回原点位置，然后向原目标点移动。

项目要求

YL-335B 型自动生产线整体联调是一项综合性的工作，要在 18 学时内完成机械部分、传感器、气路的安装与调试，完成 PLC 程序设计，并对其进行调试。

制订输送站安装与调试工作计划表，工作计划表同前 5 个实践项目。

项目资讯

6.1　触摸屏组态

扫一扫看触摸屏组态微课视频

根据工作任务，对工程进行分析并进行如下规划。

（1）工程框架：有两个用户窗口，即欢迎画面和主画面，其中欢迎画面是启动界面。还有 1 个策略，即循环策略。

（2）数据对象：各工作站及全线的工作状态指示灯，单站/全线切换旋钮，启动、停止、复位按钮，变频器输入频率设定、机械手当前位置等。

（3）图形制作。

欢迎画面窗口：①图片——通过位图装载实现；②文字——通过标签实现；③按钮——由对象元件库引入。

主画面窗口：①文字——通过/标签构件实现；②各工作站及全线的工作状态指示灯、时钟——由对象元件库引入；③单站/全线切换旋钮，启动、停止、复位按钮——由对象元件库引入；④输入频率设置——通过输入框构件实现；⑤机械手当前位置——通过标签构件和滑动输入器实现。

（4）流程控制：通过循环策略中的脚本程序策略块实现。

进行上述规划后，可以创建工程并进行组态，具体步骤是：先在用户窗口中单击“新建窗口”按钮，建立“窗口 0”和“窗口 1”窗口，然后分别设置两个窗口的属性。

1. 欢迎画面组态

1）建立欢迎画面

选中“窗口 0”窗口，单击“窗口属性”按钮，弹出“用户窗口属性设置”对话框，执行以下操作。

① 将窗口名称改为“欢迎画面”。

② 将窗口标题改为“欢迎画面”。

③ 在用户窗口中选中“欢迎”窗口，右击，选择下拉菜单中的“设置为启动窗口”命令，将该窗口设置为运行时自动加载的窗口。

2）编辑欢迎画面

选中“欢迎画面”窗口图标，单击“动画组态”按钮，弹出“动画组态”对话框，开始编辑画面。

（1）装载位图。

单击工具箱中的“位图”按钮，光标呈“十”字形，在窗口左上角位置拖动鼠标，绘制出一个矩形，使其填充整个窗口。

在位图上右击，选择“装载位图”选项，找到要装载的位图，单击选择该位图，单击“打开”按钮，图片便被装载到窗口中。

（2）制作循环移动的文字框图。

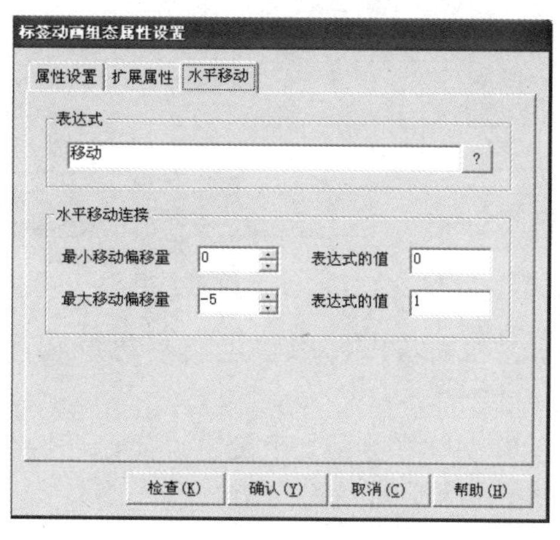

图 6-4　设置水平移动属性

① 选择工具箱中的“标签”按钮，将其拖到窗口上方中心位置，根据需要绘制出一个大小适合的矩形。在光标闪烁位置输入文字“欢迎使用 YL-335B 型自动生产线实训考核装备!”，按回车键或在窗口任意位置单击，完成文字输入。

② 静态属性设置如下。文字框的背景颜色为“没有填充”，文字框的边线颜色为“没有边线”，字符颜色为“艳粉色”，文字字体为“华文细黑”，字形为“粗体”，字号为“二号”。

③ 为了使文字循环移动，在“位置动画连接”中勾选“水平移动”复选框，这时在对话框上端就增加了“水平移动”选项卡。设置水平移动属性如图 6-4 所示。

设置说明如下。

为了实现“水平移动”动画连接，首先要确定对应连接对象的表达式，然后定义表达式的值所对应的位置偏移量。图 6-4 中，将定义一个内部数据对象“移动”作为表达式，它是一个与文字对象的位置偏移量成比例的增量值，当表达式“移动”的值为 0 时，文字对象的位置向右移动 0 点（不动），当表达式“移动”的值为 1 时，对象的位置向左移动 5 点（−5），这就是说“移动”变量与文字对象的位置之间是斜率为−5 的线性关系。

将触摸屏图形对象所在的水平位置定义为：以左上角为坐标原点，单位为像素点，向左为负方向，向右为正方向。TPC7062KS 的分辨率是 800 像素×480 像素，文字串“欢迎使用 YL-335B 型自动生产线实训考核装备!”向左全部移出的偏移量约为−700 像素，故表达式“移动”的值为+140。文字循环移动的策略是，如果文字串向左全部移出，那么文字串返回初始位置重新移动。

3）组态“循环策略”

组态“循环策略”的具体操作如下。

（1）在“运行策略”窗口中双击“循环策略”图标，打开策略组态窗口。

（2）双击图标，弹出“策略属性设置”对话框，将循环时间设置为 100ms，单击“确

认”按钮。

（3）在策略组态窗口中，单击工具条中的“新增策略行”图标，增加一策略行，如图6-5所示。

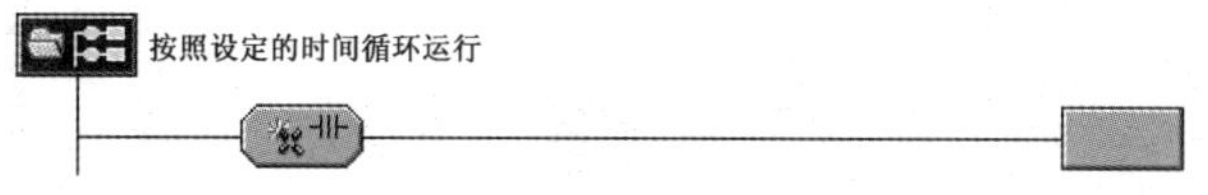

图6-5　增加策略行

（4）单击“策略工具箱”中的“脚本程序”图标，将鼠标指针移到策略块图标上并单击，添加脚本程序构件，如图6-6所示。

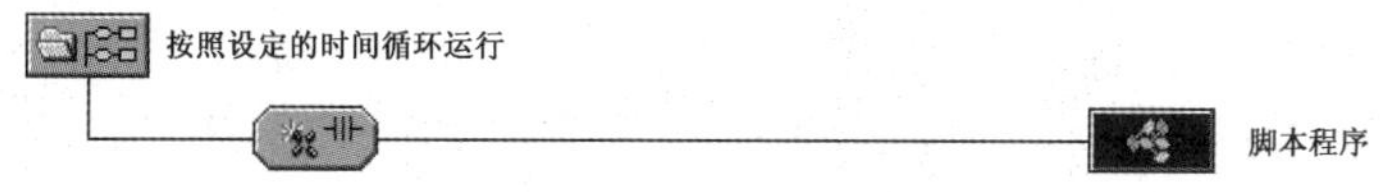

图6-6　添加脚本程序构件

（5）双击图标进入策略条件设置界面，在表达式文本框中输入“1”，即始终满足条件。

（6）双击图标进入脚本程序编辑环境，输入下面的程序。

```
if 移动<=140 then
   移动=移动+1
else
   移动=-140
endif
```

（7）单击“确认”按钮，脚本程序编写完毕。

2. 主画面组态

1）建立主画面

① 选中“窗口1”窗口，单击“窗口属性”按钮，弹出“用户窗口属性设置”对话框。

② 将窗口名称改为“主画面”，将窗口标题改为“主画面”；在“窗口背景”中选择所需的颜色。

2）定义数据对象

各工作站及全线的工作状态指示灯，单站/全线切换旋钮，启动、停止、复位按钮，变频器输入频率设定，机械手当前位置等，都是需要与PLC连接并进行信息交换的数据对象。表6-1所示为全部与PLC连接的数据对象表。人机界面与PLC的连接变量的设备通道如表6-2所示。

表6-1　全部与PLC连接的数据对象表

序　号	对象名称	类　型	序　号	对象名称	类　型
1	HMI就绪	开关型	15	单站/全线_供料	开关型
2	越程故障_输送	开关型	16	运行_供料	开关型
3	运行_输送	开关型	17	物料不足_供料	开关型
4	单站/全线_输送	开关型	18	缺料_供料	开关型
5	单站/全线_全线	开关型	19	单站/全线_加工	开关型
6	复位按钮_全线	开关型	20	运行_加工	开关型

续表

序　号	对象名称	类　型	序　号	对象名称	类　型
7	停止按钮_全线	开关型	21	单站/全线_装配	开关型
8	启动按钮_全线	开关型	22	运行_装配	开关型
9	单站/全线切换_全线	开关型	23	物料不足_装配	开关型
10	网络正常_全线	开关型	24	缺料_装配	开关型
11	网络故障_全线	开关型	25	单站/全线_分拣	开关型
12	运行_全线	开关型	26	运行_分拣	开关型
13	急停_输送	开关型	27	气爪当前位置_输送	数值型
14	变频器频率_分拣	数值型	—	—	—

表6-2　人机界面与PLC的连接变量的设备通道

序　号	连接变量	通道名称	序　号	连接变量	通道名称
1	越程故障_输送	M0.7（只读）	14	单站/全线_供料	V1020.4（只读）
2	运行状态_输送	M1.0（只读）	15	运行状态_供料	V1020.5（只读）
3	单站/全线_输送	M3.4（只读）	16	物料不足_供料	V1020.6（只读）
4	单站/全线_全线	M3.5（只读）	17	缺料_供料	V1020.7（只读）
5	复位按钮_全线	M6.0（只写）	18	单站/全线_加工	V1030.4（只读）
6	停止按钮_全线	M6.1（只写）	19	运行状态_加工	V1030.5（只读）
7	启动按钮_全线	M6.2（只写）	20	单站/全线_装配	V1040.4（只读）
8	方式切换_全线	M6.3（读/写）	21	运行状态_装配	V1040.5（只读）
9	网络正常_全线	M7.0（只读）	22	物料不足_装配	V1040.6（只读）
10	网络故障_全线	M7.1（只读）	23	缺料_装配	V1040.7（只读）
11	运行状态_全线	V1000.0（只读）	24	单站/全线_分拣	V1050.4（只读）
12	急停状态_输送	V1000.2（只读）	25	运行状态_分拣	V1050.5（只读）
13	输入频率_全线	VW1002（读/写）	26	气爪位置_输送	VD2000（只读）

3）设备连接

将定义好的数据对象和PLC内部变量进行连接，步骤如下。

（1）打开“设备工具箱”窗口，在可选设备列表中双击“通用串口父设备”图标，双击“西门子_S7200PPI”图标，出现“通用串口父设备”和“西门子_S7200PPI”。

（2）设置通用串口父设备的基本属性，如图6-7所示。

4）主画面制作和组态

按如下步骤制作和组态主画面。

（1）制作主画面的标题文字、插入时钟、在工具箱中选择直线构件，将标题文字下方的区域划分为如图6-8所示的两部分。在区域左侧制作各从站画面，在区域右侧制作主站输送站画面。

（2）制作各从站画面并组态。以供料站组态为例，供料站画面如图6-9所示。图6-9中还指出了各构件的名称，这些构件的制作和属性设置在前面已有详细介绍，但对“物料不足”和“缺料”两种状态的指示灯有报警时闪烁的要求，下面通过制作供料站缺料报警指示灯来介绍这个属性的设置方法。

图 6-7　设置通用串口父设备的基本属性

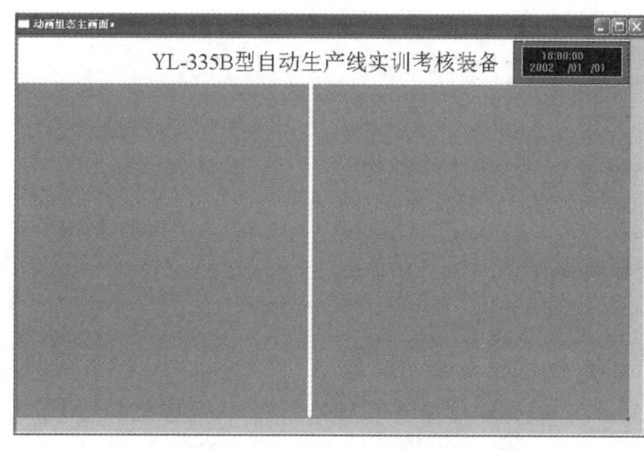

图 6-8　制作主画面的标题文字

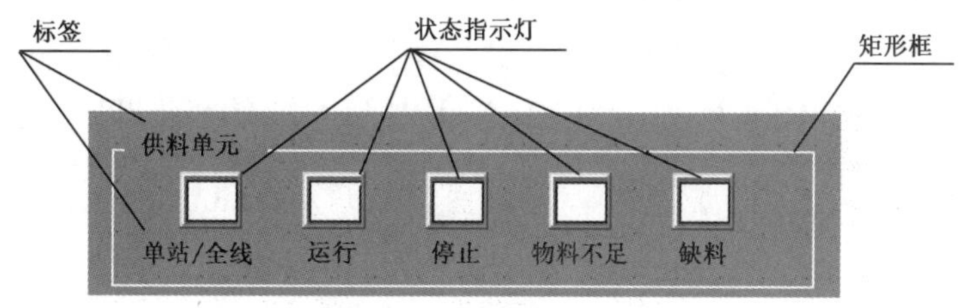

图 6-9　供料站画面

与其他指示灯组态不同的是：缺料报警分段点 1 的颜色是红色，并且需要具有组态闪烁功能，报警指示灯设置如图 6-10 所示。

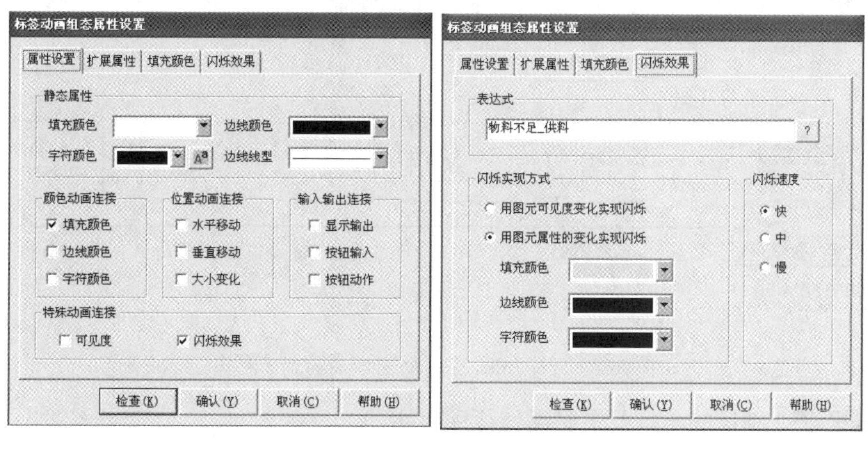

图 6-10　报警指示灯设置

（3）制作主站输送站画面。这里只着重说明滑动输入器的制作方法，步骤如下。

① 选中工具箱中的滑动输入器图标，当鼠标指针呈“十”字形后，拖动鼠标，将滑动块调整到适当的位置。

② 双击滑动输入器构件，弹出“属性设置”对话框。按照下面的值设置各个参数。

- 在“基本属性”选项卡中，将滑块指向设置为“指向左（上）”。
- 在“刻度与标注属性”选项卡中，将主划线数目设置为“11”，将次划线数目设置为“2”，将小数位数设置为“0”。
- 在“操作属性”选项卡中，对应数据对象名称为“气爪当前位置_输送”，滑块在最左（下）边时对应的值为“1100”，滑块在最右（上）边时对应的值为“0”。
- 其他为默认值。

③ 单击“权限”按钮，弹出“用户权限设置”对话框，选择管理员组，单击“确认”按钮完成制作。

项目实施

6.2 触摸屏控制的 PLC 程序设计

6.2.1 通信方式及通信数据规划

YL-335B型自动生产线是一个分布式控制的自动生产线。在网络中将输送站指定为主站，其余各工作站均为从站。图 6-11 所示为 YL-335B 型自动生产线的 PPI 网络。应首先从它的系统性着手，通过组建网络，规划通信数据，使系统组织起来。然后根据各工作站的工艺任务，分别编制各工作站的控制程序，采用 PPI 通信协议进行通信。PPI 协议是 S7-200 系列 PLC 的 CPU 最基本的通信方式，通过原来自身的端口（PORT0 或 PORT1）就可以实现通信，是 S7-200 系列 PLC 默认的通信方式。PPI 是一种主-从协议通信，主-从站在一个令牌环网中，主站发送指令到从站器件，从站器件响应；从站器件不发送信息，只是等待主站的指令并做出响应。如果在用户程序中使能 PPI 主站模式，那么就可以在主站程序中使用网络读/写指令来读/写从站信息，而从站程序没有必要使用网络读/写指令。

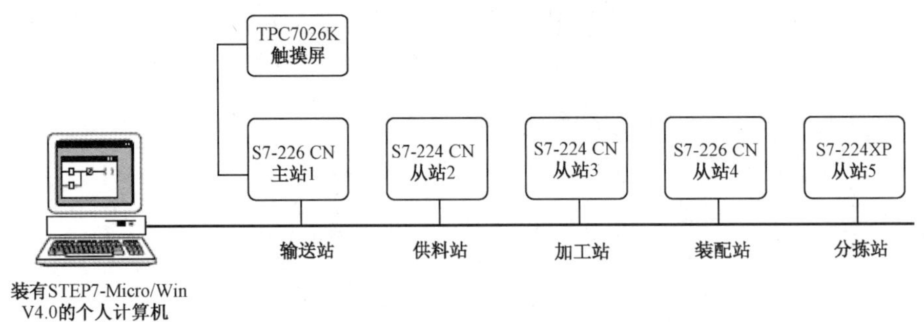

图 6-11　YL-335B 型自动生产线的 PPI 网络

1. 实现 PPI 通信的步骤及主站通信程序编写

（1）利用 PPI/RS-485 编程电缆对网络上每一台 PLC 设置其系统块中的通信端口参数。先打开设置端口界面，在输送站 CPU 系统块中设置端口 0 为 1 号站，波特率为 19.2kbit/s，如图 6-12 所示。用同样的方法分别设置供料站、加工站、装配站和分拣站 CPU 端口 0 为 2、3、4 和 5 号站，波特率均为 19.2kbit/s。将各系统块下载到相应的 PLC 中。

（2）利用网络接头和网络线将各台 PLC 中用作 PPI 通信的端口 0 连接起来，所使用的网络接头中，从站用的是标准网络连接器，主站用的是带编程接口的连接器。该编程口通过 RS-232/PPI 多主站电缆与个人计算机连接。

利用 STEP7 V4.0 软件和 PPI/RS-485 编程电缆搜索出 PPI 网络上的工作站，如图 6-13 所示。

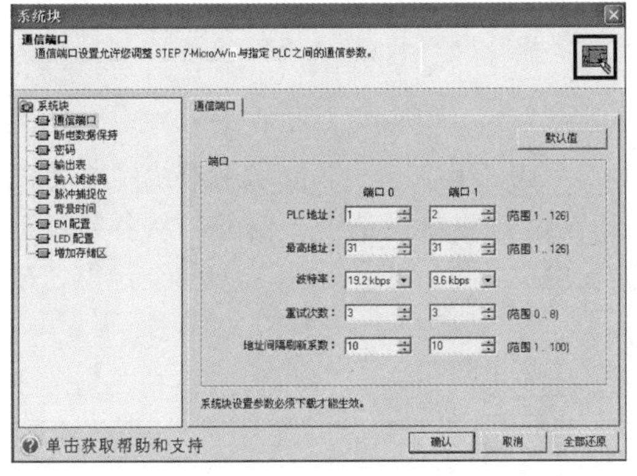

图 6-12　设置输送站 PLC 端口 0 参数

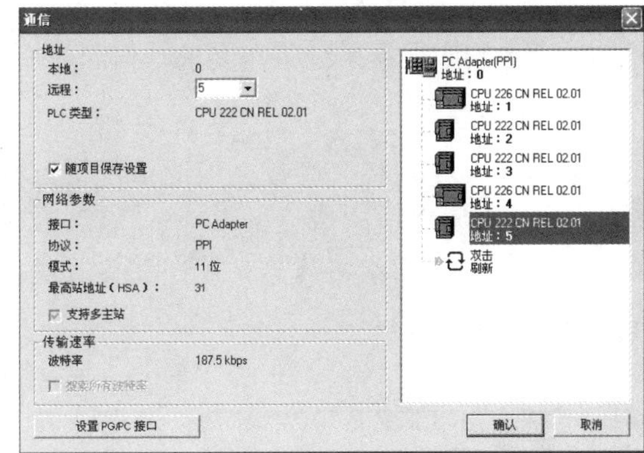

图 6-13　PPI 网络上的工作站

图 6-13 表明，5 个工作站已经完成 PPI 网络连接。

（3）PPI 网络的主站 PLC 程序中，必须在上电第 1 个扫描周期内用特殊存储器 SMB30 指定其主站属性，从而使能其主站模式。SMB30 是 S7-200 系列 PLC PORT-0 自由通信口的控制字节，SMB30 各位的意义如表 6-3 所示。

表 6-3　SMB30 各位的意义

<table>
<tr><th>bit7</th><th>bit6</th><th>bit5</th><th>bit4</th><th>bit3</th><th>bit2</th><th>bit1</th><th>bit0</th></tr>
<tr><td>p</td><td>p</td><td>d</td><td>b</td><td>b</td><td>b</td><td>m</td><td>m</td></tr>
<tr><td colspan="3">pp:校验选择</td><td colspan="2">d: 每个字符的数据位</td><td colspan="3">mm:协议选择</td></tr>
<tr><td colspan="3">00=不校验</td><td colspan="2">0=8 位</td><td colspan="3">00=PPI/从站模式</td></tr>
<tr><td colspan="3">01=偶校验</td><td colspan="2">1=7 位</td><td colspan="3">01=自由口模式</td></tr>
<tr><td colspan="3">10=不校验</td><td colspan="2" rowspan="2"></td><td colspan="3">10=PPI/主站模式</td></tr>
<tr><td colspan="3">11=奇校验</td><td colspan="3">11=保留（未用）</td></tr>
<tr><td colspan="8">bbb: 自由口波特率　　（单位：bit/s）</td></tr>
<tr><td colspan="3">000=38400</td><td colspan="2">011=4800</td><td colspan="3">110=115200</td></tr>
<tr><td colspan="3">001=19200</td><td colspan="2">100=2400</td><td colspan="3">111=57600</td></tr>
<tr><td colspan="3">010=9600</td><td colspan="2">101=1200</td><td colspan="3"></td></tr>
</table>

在 PPI 模式下，控制字节的第 2～7 位是被忽略的，即控制字节 SMB30=0000 0010，通过此设置定义 PPI 主站。SMB30 中协议选择默认值是 00=PPI 的从站，因此，从站侧不需要初始化。

（4）编写主站网络读/写程序段：如前所述，在 PPI 网络中，只有在主站程序中使用网络读/写指令来读/写从站信息，而从站程序没有必要使用网络读/写指令。

在编写主站的网络读/写程序前，应预先规划好如下数据。

① 主站向各从站发送数据的长度（字节数）。

② 发送的数据位于主站何处。

③ 数据发送到从站的何处。

④ 主站从各从站接收数据的长度（字节数）。

⑤ 主站从各从站的何处读取数据。

⑥ 接收到的数据放在主站何处。

以上数据应根据系统工作要求、信息交换量等统一进行规划。

2. 数据规划

根据项目要求和信息量交换的情况规划数据。考虑 YL-335B 型自动生产线中，各工作站 PLC 需要交换的信息量不大，主站向各从站发送的数据只是主令信号，从各从站读取的也只是各从站状态信息，发送和接收的数据长度达到 1 个字（2 字节）已经足够。确定的通信数据如表 6-4～表 6-9 所示。

表 6-4　网络读/写数据规划表

输送站 1#站（主站）	供料站 2#站（从站）	加工站 3#站（从站）	装配站 4#站（从站）	分拣站 5#站（从站）
发送数据长度	2B	2B	2B	2B
从主站何处发送	VB1000	VB1000	VB1000	VB1000
发往从站何处	VB1000	VB1000	VB1000	VB1000
接收数据长度	2B	2B	2B	2B
数据来自从站何处	VB1020	VB1030	VB1040	VB1050
将数据保存到主站何处	VB1020	VB1030	VB1040	VB1050

表 6-5　输送站（1#站）发送缓冲区数据位定义

输送站 位地址	数据意义	供料站 位地址	加工站 位地址	装配站 位地址	分拣站 位地址
V1000.0	全线运行信号	V1000.0	V1000.0	V1000.0	V1000.0
V1000.2	急停信号	V1000.2	V1000.2	V1000.2	V1000.2
V1000.4	复位标志	V1000.4	V1000.4	V1000.4	V1000.4
V1000.5	全线复位	V1000.5	V1000.5	V1000.5	V1000.5
V1000.7	HMI 联机	V1000.7	V1000.7	V1000.7	V1000.7
V1001.2	允许供料信号	V1001.2	—	—	—
V1001.3	允许加工信号	—	V1001.3	—	—
V1001.4	允许装配信号	—	—	V1001.4	—
V1001.5	允许分拣信号	—	—	—	V1001.5
V1001.6	供料站物料不足	V1001.6	—	—	—
V1001.7	供料站缺料	V1001.7	—	—	—
VD1002	变频器最高频率输入	—	—	—	VD1002

表 6-6　输送站（2#站）接收缓冲区数据位定义（数据来自供料站）

输送站位地址	供料站位地址	数据意义	备　注
V1020.0	V1020.0	供料站在初始状态	—
V1020.1	V1020.1	一次推料完成	—

续表

输送站位地址	供料站位地址	数据意义	备　注
V1020.4	V1020.4	单站/全线方式信号	1=全线，0=单站
V1020.5	V1020.5	单站运行信号	—
V1020.6	V1020.6	物料不足	—
V1020.7	V1020.7	缺料	—

表 6-7　输送站（3#站）接收缓冲区数据位定义（数据来自加工站）

输送站位地址	加工站位地址	数据意义	备　注
V1030.0	V1030.0	加工站在初始状态	—
V1030.1	V1030.1	冲压完成信号	—
V1030.4	V1030.4	单站/全线方式信号	1=全线，0=单站
V1030.5	V1030.5	单站运行信号	—

表 6-8　输送站（4#站）接收缓冲区数据位定义（数据来自装配站）

输送站位地址	装配站位地址	数据意义	备　注
V1040.0	V1040.0	装配站在初始状态	—
V1040.1	V1040.1	装配完成信号	—
V1040.4	V1040.4	单站/全线方式信号	1=全线，0=单站
V1040.5	V1040.5	单站运行信号	—
V1040.6	V1040.6	料仓物料不足	—
V1040.7	V1040.7	料仓缺料	—

表 6-9　输送站（5#站）接收缓冲区数据位定义（数据来自分拣站）

输送站位地址	分拣站位地址	数据意义	备　注
V1050.0	V1050.0	分拣站在初始状态	—
V1050.1	V1050.1	分拣完成信号	—
V1050.4	V1050.4	单站/全线方式信号	1=全线，0=单站
V1050.5	V1050.5	单站运行信号	—

根据上述数据即可编制主站的网络读/写程序，更简便的方法是借助网络读/写向导程序。这个向导程序可以快速简单地配置复杂的网络读/写指令操作，为所需的功能提供一系列选项。配置一旦完成，向导将为所选配置生成程序代码，并初始化指定的 PLC 为 PPI 主站模式，同时使能网络读/写操作。

要启动网络读/写向导程序，在 STEP7 V4.0 软件命令菜单中选择“工具”→“指令导向”命令，并在“指令向导”窗口中选择“NETR/NETW（网络读/写）”，单击“下一步”按钮后，就会弹出“NETR/NETW 指令向导”对话框，如图 6-14 所示。

本界面和紧接着的下一个界面，将要求用户提供希望配置的网络读/写操作总数、指定进行读/写操作的通信端口、指定配置完成后生成的子程序名称，完成这些设置后，将进入对具体每一条网络读/写指令的参数进行配置的界面。

图 6-15 所示为网络写操作配置，即主站向各从站发送数据；图 6-16 所示为网络读操作配置，即主站读取各从站数据。

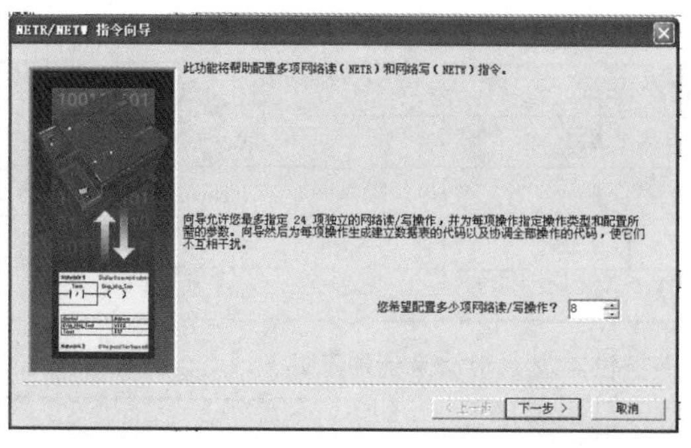

图 6-14 “NETR/NETW 指令向导”对话框

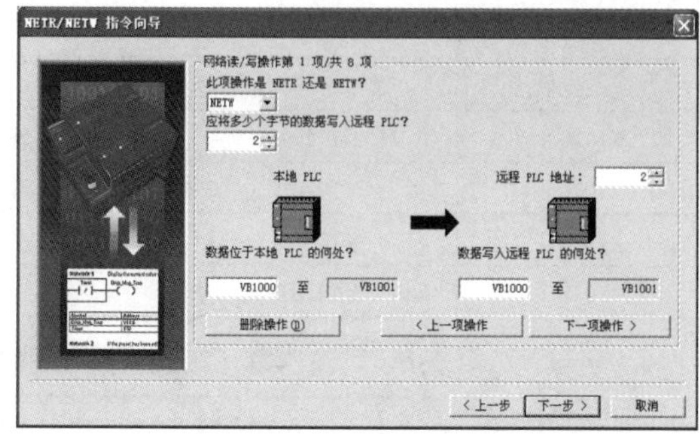

图 6-15 网络写操作配置

配置完成后，单击“下一步”按钮，向导程序将要求指定一个 V 存储区的起始地址，以便将此配置放入 V 存储区。这时若在选择框中填入一个 VB 值（如 VB100），或单击“建议地址”按钮，则程序自动建议一个大小合适且未使用的 V 存储区地址范围，如图 6-17 所示。

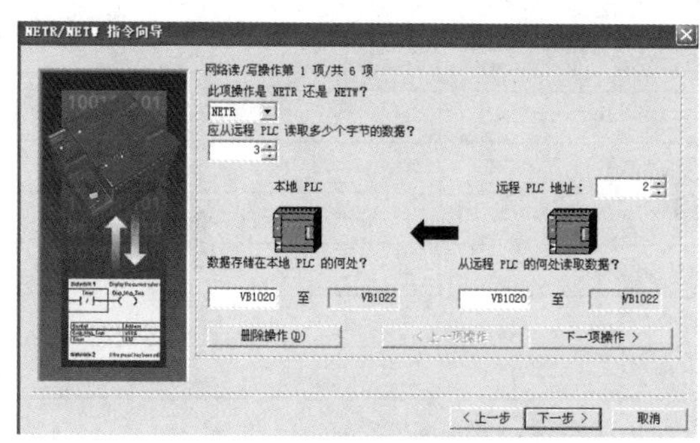

图 6-16 网络读操作配置

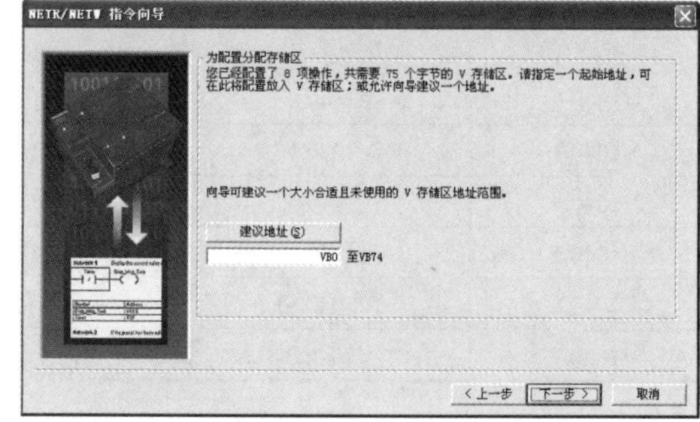

图 6-17 为配置分配存储区

单击“下一步”按钮，全部配置完成，向导将为所选的配置生成项目组件，如图 6-18 所示。修改或确认图中各栏目后，单击“完成”按钮，借助网络读/写向导程序配置网络读/写操作的工作结束。这时，指令向导界面将消失，程序编辑器窗口将增加 NET_EXE 子程序标记。

要在程序中使用上面所完成的配置，就需要在主程序块中加入对子程序“NET_EXE”的调用。使用 SM0.0 在每个扫描周期内调用此子程序，这将开始执行配置的网络读/写操作，子程序 NET_EXE 的调用梯形图如图 6-19 所示。

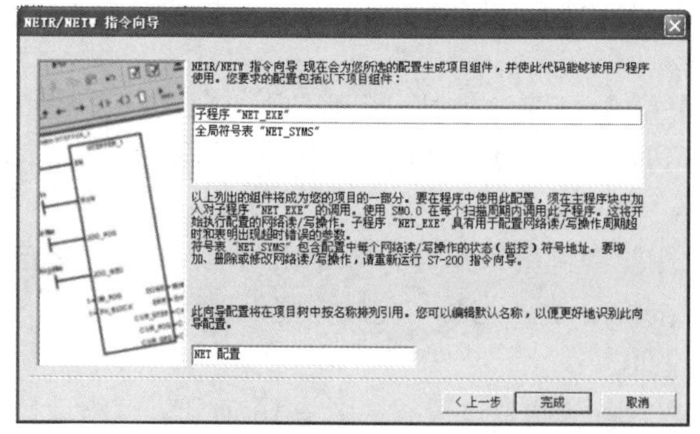

图 6-18 生成项目组件

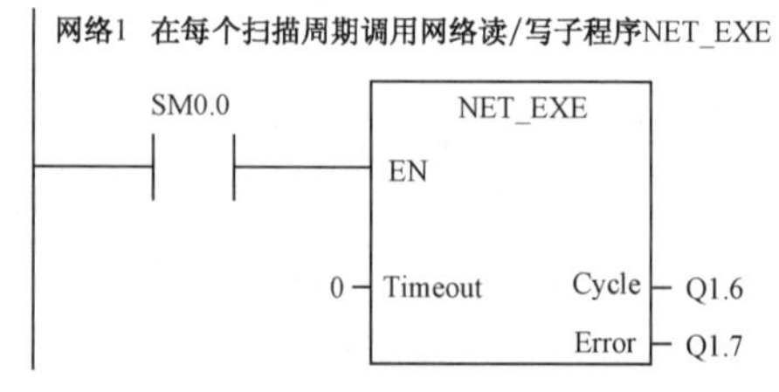

图 6-19 子程序 NET_EXE 的调用梯形图

由图 6-19 可见，NET_EXE 有 Timeout、Cycle、Error3 个参数，它们的含义如下。

- Timeout：设定的通信超时时限，它的取值范围为 1～32767s，若 Timeout=0，则不计时。
- Cycle：输出开关量，每完成一次网络读/写操作都切换状态。
- Error：发生错误时的报警输出。

本例中，将 Timeout 设定为 0；Cycle 输出到 Q1.6，故网络通信时，Q1.6 所连接的指示灯将闪烁；Error 输出到 Q1.7，当发生错误时，所连接的指示灯将常亮。

如前所述，在 PPI 网络中，只有主站程序中使用网络读/写指令来读/写从站信息，而从站程序没有必要使用网络读/写指令。

在编写主站的网络读/写程序前，根据系统工作要求、信息交换量等统一规划的数据如表 6-4～表 6-9 所示。网络读/写指令可以向远程站发送或接收 16 字节的信息，在 CPU 内同一时间最多可以有 8 条指令被激活。YL-335B 型自动生产线有 4 个从站，因此考虑同时激活 4 条网络读指令和 4 条网络写指令。根据上述数据，即可编制主站的网络读/写程序。

在项目中，对 8 项网络读/写操作进行如下安排：第 1～4 项为网络写操作，主站向各从站发送数据；主站读取各从站数据。第 5～8 项为网络写操作，主站读取各从站数据。图 6-15 所示为第 1 项操作配置界面，选择 NETW 操作，由表 6-5 可知，主站（输送站）向各从站发送的数据都位于主站 PLC 的 VB1000～VB1001 处，所有从站都在其 PLC 的 VB1000～VB1001 处接收数据，所以前 4 项数据都是相同的，仅站号不同。

完成前 4 项数据填写后，单击“下一项操作”按钮，进入第 5 项配置，第 5～8 项都是选择网络读操作，按表 6-4～表 6-9 中各工作站的规划逐项填写数据，直至 8 项操作均配置完成。

6.2.2　从站控制程序的编制

YL-335B 型自动生产线的各工作站在全线运行情况下，根据工作任务规定，各从站工艺过程是基本固定的，原单站程序中工艺控制子程序基本变动不大。可在单站程序的基础上修改、编制全线运行程序。下面首先以供料站的全线编程为例说明编程思路。

全线运行情况下，一是主令信号来自系统通过网络下传的信号；二是各工作站之间通过网络不断交换信号，由此确定各工作站的程序流向和运行条件。

对于前者，首先须明确工作站当前的工作模式，以确定当前有效的主令信号。工作任务书明确规定了工作模式切换的条件，目的是避免误操作的发生，确保系统可靠运行。工作模式切换条件的逻辑判断应在主程序开始时进行，图 6-20 所示为工作站当前工作模式判断梯形图。

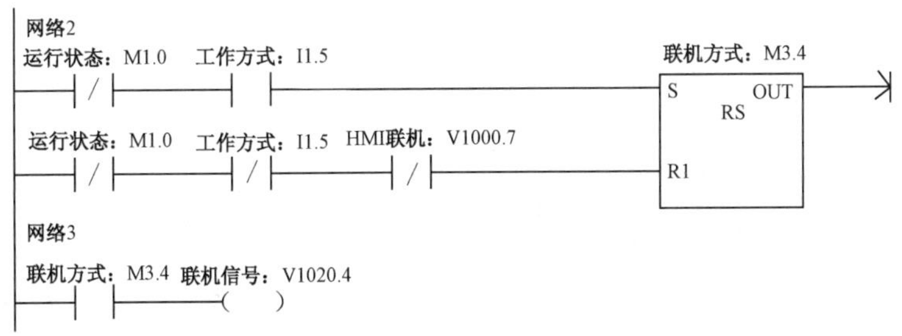

图 6-20　工作站当前工作模式判断梯形图

根据当前工作模式，确定当前有效的主令信号（启动、停止等），如图 6-21 所示。

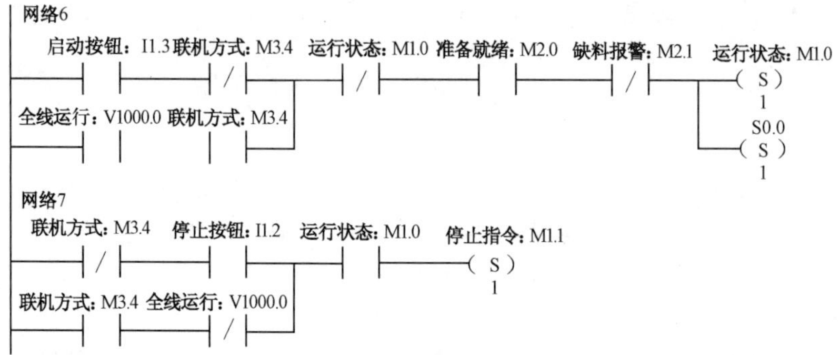

图 6-21　全线或单站方式下的启动与停止

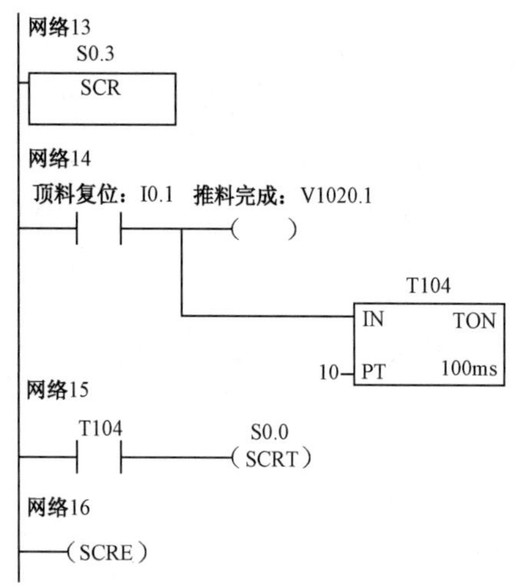

图 6-22　供料站推料完成梯形图

在程序中处理工作站之间通过网络交换信息的方法有两种，一种方法是直接使用网络下传来的信号，同时在需要上传信息时立即在程序的相应位置插入上传信息，如直接使用系统发来的全线运行指令（V1000.0）作为全线运行的主令信号（见图 6-21）。在需要上传信息时，如在供料控制子程序的最后工步，当推料完成、顶料气缸缩回到位时，即向系统发出持续 1s 的推料完成信号，然后返回初始步。系统在接收到推料完成信号后，即令输送站抓取机械手装置前来抓取工件，从而实现了网络信息交换。供料站推料完成梯形图如图 6-22 所示。

对于网络信息交换量不大的系统，上述方法是可行的。如果网络信息交换量很大，那么可以采用另一种方法，即专门编写一个通信子程序，主程序在每个扫描周期中对其进行调用。这种方法使程序更清晰、更具有可移植性，主站输送站的网络信息交换采用这种方式。其他从站的编程方法与供料站基本类似。

6.2.3　主站控制程序的编制

输送站是 YL-335B 型自动生产线系统中最为重要、也是承担任务最繁重的工作站，在网络系统中担任着主站的角色。输送站的作用主要体现在以下几个方面。

（1）输送站 PLC 与触摸屏相连，接收来自触摸屏的主令信号，同时将系统状态信息回馈到触摸屏。

（2）作为网络的主站，输送站要进行大量的网络信息处理。

（3）全线运行方式下的工艺生产任务与单站运行时略有差异。

因此，将输送站的单站控制程序修改为全线控制，工作量要大一些。下面着重讨论编程中应注意的问题和有关编程思路。

1. 内存的配置

为了使程序更为清晰合理，编写程序前应尽可能详细地规划所需要使用的内存。前面已经规划了供网络变量使用的内存，它们从V1000站开始。第一，在借助NETR/NETW指令向导生成网络读/写子程序时，指定了所需要的V存储区的地址范围（VB395～VB481，共占87字节的V存储区）；第二，在借助位控向导组态PTO时，也要指定所需的V存储区的地址范围。YL-335B型自动生产线的出厂例程编制中，指定的输出 Q0.0的PTO包络表在V存储区的首址为VB524，VB500～VB523范围内的存储区是空着的，留给位控向导所生成的子程序PTO0_CTR、PTO0_RUN等使用。

此外，在人机界面组态中规划了人机界面与PLC的连接变量的设备通道，如表6-2所示。

只有在配置了上面所提及的存储器后，才能考虑编程中所需要用到的其他中间变量。避免非法访问内部存储器，是编程中必须注意的问题。

2. 主程序结构

由于输送站承担的任务较多，全线运行时，主程序有较大的变动。

（1）在每一个扫描周期，除调用PTO0_CTR子程序、使能PTO外，还须调用网络读/写子程序和通信子程序。

（2）完成系统工作模式的逻辑判断，除了输送站本身要处于全线方式，所有从站都必须处于全线方式。

（3）全线方式下，系统复位的主令信号由HMI发出。在初始状态检查中，系统准备就绪的条件，除输送站本身要就绪外，所有从站均应准备就绪。因此，在初态检查复位子程序中，除了完成输送站本站的初始状态检查和复位操作，还要通过网络读取各从站准备就绪的信息。

（4）总的来说，整体运行过程仍按初态检查→准备就绪，等待启动→投入运行等几个阶段逐步进行，但阶段的开始或结束的条件会发生变化。

以上是主程序编程思路，下面给出主程序清单，如图6-23～图6-26所示。

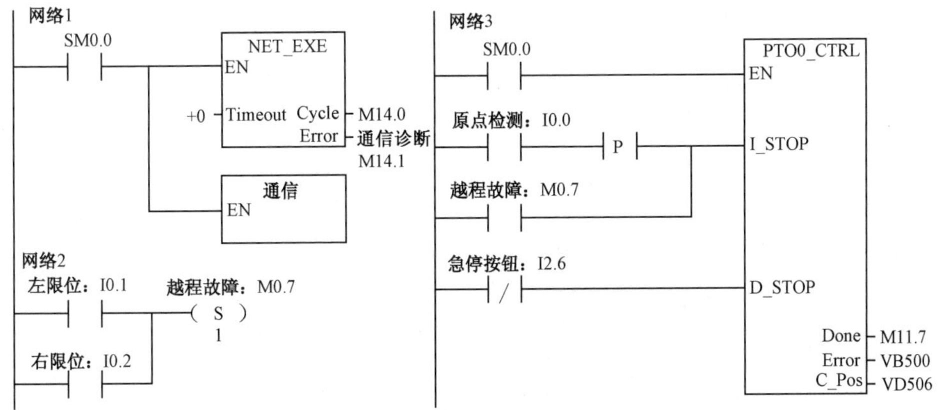

图6-23 NET_EXE子程序和PTO0_CTRL子程序的调用

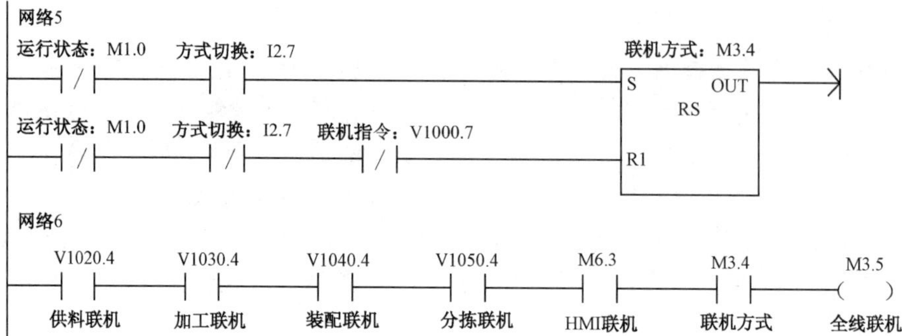

图 6-24　系统联机运行模式的确定

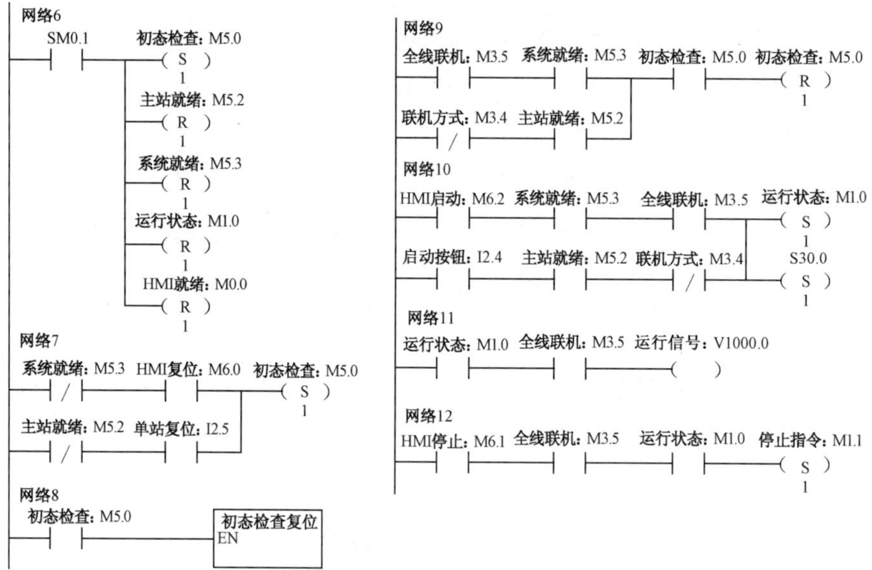

图 6-25　初态检查及启动操作

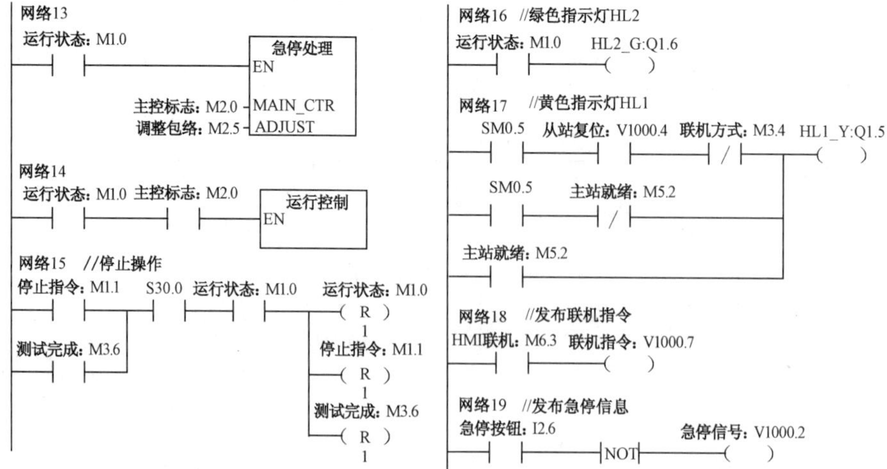

图 6-26　运行过程、停止操作和状态显示

3. 运行控制子程序的结构

输送站全线的工艺过程与单站过程略有不同，需要修改之处并不多，主要有以下几点。

（1）工作任务中，传送功能测试子程序在初始步就开始执行机械手往供料站出料台抓取工件的操作，而全线方式时，初始步的操作应为：通过网络向供料站请求供料，收到供料站供料完成信号后，如果没有停止指令，那么转移下一步即执行抓取工件操作。

（2）单站运行时，机械手在加工站加工台放下工件，等待2s取回工件，而全线方式时，取回工件的条件是收到来自网络的加工完成信号。装配站的情况与此相同。

（3）单站运行时，测试过程结束即退出运行状态。全线方式时，一个工作周期完成后，返回初始步，如果没有停止指令，那么开始下一工作周期。运行控制子程序流程说明如图6-27所示。

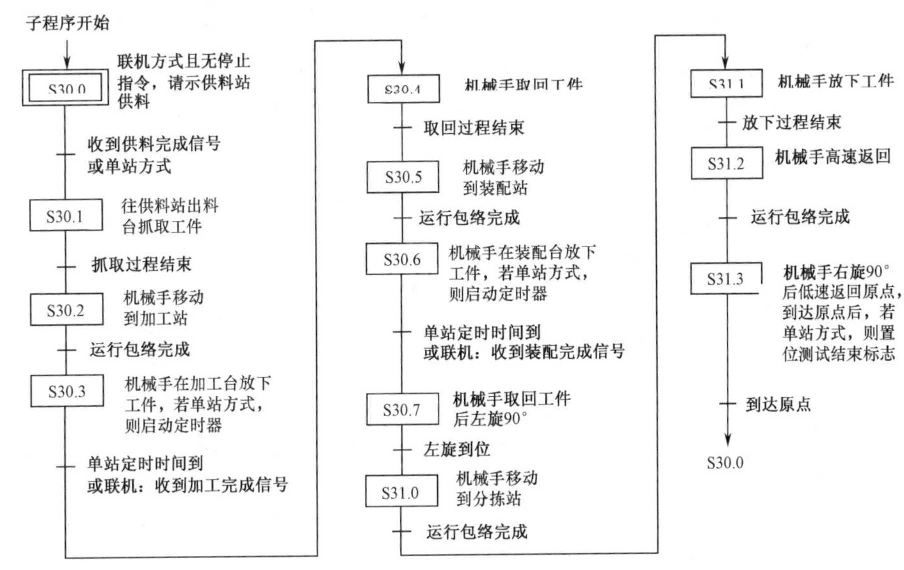

图6-27　运行控制子程序流程说明

4. 通信子程序

通信子程序的功能包括从站报警信号处理、转发（从站间、HMI）及向HMI提供输送站机械手当前位置信息。主程序在每一个扫描周期都调用这个子程序。

（1）报警信号处理、转发包括如下内容。

① 将供料站物料不足和缺料的报警信号向装配站转发，为指示灯工作提供信息。

② 处理供料站“缺料”或装配站“缺料”的报警信号。

③ 向HMI提供网络正常/故障信息。

（2）向HMI提供输送站机械手当前位置信息，通过调用PTO0_LDPOS装载位置子程序实现。

① 在每一个扫描周期，将由PTO0_LDPOS输出参数C_Pos报告的、以脉冲数表示的当前位置转换为长度信息（mm），转发给HMI的连接变量VD2000。

② 当机械手运动方向改变时，相应改变高速计数器HCO的计数方式（增或减计数）。

③ 每当返回原点信号被确认后，PTO0_LDPOS输出参数C_Pos被清零。

6.3 触摸屏控制的运行调试（手动工作模式及自动工作模式）

1. 手动工作模式

手动工作模式的调试过程参考各工作站的单独运行的调试过程。

2. 自动工作模式

自动工作模式的调试参考控制要求进行模式的调试过程。

工作手册

<table>
<tr><td>课程名称</td><td colspan="3">自动生产线安装与调试</td><td>地　　点</td><td></td></tr>
<tr><td>指导教师</td><td colspan="2"></td><td>时　　间</td><td colspan="2">年　　月　　日</td></tr>
<tr><td>班　　级</td><td></td><td>姓　　名</td><td></td><td>学　　号</td><td></td></tr>
<tr><td>项目 6</td><td colspan="5">自动生产线整体联调</td></tr>
<tr><td>学习目标</td><td colspan="5">根据项目描述功能，理解 5 个工作站 PLC 的网络连接，掌握连接触摸屏知识并组态用户界面，实现自动生产线整体联调功能，培养学生应用 PLC 技术实现多台 PLC 综合控制的能力。</td></tr>
<tr><td>注意事项</td><td colspan="5">1．5 台 PLC 的网络连接 PPI 通信及参数设置。
2．触摸屏连接主站。</td></tr>
<tr><td rowspan="3">任　　务</td><td colspan="5">触摸屏控制的 PLC 程序设计</td></tr>
<tr><td colspan="5">1．5 台 PLC 网络参数设置。

2．全线或单站方式下的启动与停止部分程序。</td></tr>
<tr><td colspan="5">3．运行控制子程序流程图。

4．运行调试前检查内容。

5．运行调试过程中出现的问题及解决方法。</td></tr>
<tr><td>总　　结</td><td colspan="5"></td></tr>
</table>

项目评价单

<table>
<tr><td>课程名称</td><td colspan="5">自动生产线安装与调试</td></tr>
<tr><td>项目 6</td><td colspan="5">自动生产线整体联调</td></tr>
<tr><td>项目</td><td>内容</td><td>要求</td><td>互评</td><td>教师评价</td><td>综合评价</td></tr>
<tr><td rowspan="8">任务书及成果清单的填写（30 分）</td><td>任务书（10 分）</td><td>搜集信息，引导学生正确回答问题</td><td></td><td></td><td></td></tr>
<tr><td rowspan="2">工作计划（3 分）</td><td>合理安排计划步骤</td><td></td><td></td><td></td></tr>
<tr><td>合理安排时间</td><td></td><td></td><td></td></tr>
<tr><td>材料清单（2 分）</td><td>材料齐全</td><td></td><td></td><td></td></tr>
<tr><td>气路图（3 分）</td><td>正确绘制气路图，画图规范</td><td></td><td></td><td></td></tr>
<tr><td>电路图（4 分）</td><td>正确绘制电路图，符号规范</td><td></td><td></td><td></td></tr>
<tr><td>程序清单（4 分）</td><td>程序正确</td><td></td><td></td><td></td></tr>
<tr><td>实施过程记录单（4 分）</td><td>记录单包括安装过程中的问题、气路调试及整体运行调试 3 部分，如实填写运行调试记录单</td><td></td><td></td><td></td></tr>
<tr><td rowspan="3">实施过程（40 分）</td><td>机械安装及装配工艺（20 分）</td><td>完成装配，坚固件不能有松动</td><td></td><td></td><td></td></tr>
<tr><td>气路连接工艺（10 分）</td><td>气路不能有漏气现象，气缸速度合适，气路连接整齐</td><td></td><td></td><td></td></tr>
<tr><td>电路连接工艺（10 分）</td><td>接线规范，连接牢固，电路连接整齐</td><td></td><td></td><td></td></tr>
<tr><td>成果质量（20 分）</td><td>功能测试（20 分）</td><td>测试运行满足要求，传感器、磁性开关调试正确</td><td></td><td></td><td></td></tr>
<tr><td rowspan="2">团队协作精神与职业素养（10 分）</td><td>团队协作精神（5 分）</td><td>小组成员有分工、有合作，配合紧密，积极参与</td><td></td><td></td><td></td></tr>
<tr><td>职业素养（5 分）</td><td>符合安全操作规程；工具摆放等符合职业岗位要求，遵规守纪</td><td></td><td></td><td></td></tr>
<tr><td colspan="3">总　评</td><td></td><td></td><td></td></tr>
</table>

<table>
<tr><td>班级</td><td></td><td>姓名</td><td></td><td>第　　组</td><td>组长签字</td><td></td></tr>
<tr><td>教师签字</td><td colspan="3"></td><td>日期</td><td colspan="2"></td></tr>
</table>